“十四五”普通高等教育本科部委级规划教材

菜品设计

周爱东　宫润华　主编

中国纺织出版社有限公司

图书在版编目（CIP）数据

菜品设计 / 周爱东，宫润华主编 . -- 北京：中国纺织出版社有限公司，2023.12
“十四五”普通高等教育本科部委级规划教材
ISBN 978-7-5229-1224-0

Ⅰ . ①菜… Ⅱ . ①周… ②宫… Ⅲ . ①菜谱－设计－高等学校－教材 Ⅳ . ① TS972.12

中国国家版本馆 CIP 数据核字（2023）第 213944 号

责任编辑：舒文慧　　责任校对：高　涵　　责任印制：王艳丽

中国纺织出版社有限公司出版发行
地址：北京市朝阳区百子湾东里 A407 号楼　邮政编码：100124
销售电话：010—67004422　传真：010—87155801
http://www.c-textilep.com
中国纺织出版社天猫旗舰店
官方微博 http://weibo.com/2119887771
三河市宏盛印务有限公司印刷　各地新华书店经销
2023 年 12 月第 1 版第 1 次印刷
开本：710 × 1000　1/16　印张：17
字数：274 千字　定价：58.00 元

编委名单

主　编　周爱东　宫润华

副主编　陆广念　陈欢欢

编　委　周晓燕　孟祥忍　曹仲文

徐孝洪　侯新庆　宫润华

陆广念　陈欢欢　周爱东

推荐序

菜品是中国饮食的核心，也是餐饮行业产品的核心。餐饮行业的从业人员以及消费者都经常使用菜品这个词，但对于菜品的概念却是比较模糊的。在本教材中，第一次在烹饪教育的背景中明确了菜品的内涵与外延，这样关于菜品设计的研究就可以展开了。这就是古人所谓的“必也正乎名”。

那么，菜品设计的理念应该以什么为基础呢？

首先，我以为应该是鉴古知今。中国有上下五千年的历史，曾经出现过的菜品如恒河沙数，曾经出现过的烹调方法多有精巧构思。五千年的历史，从蒙昧洪荒到文明斑斓，几乎各种类型各种风格的菜品都曾出现过。这是一个宝库，这应该是我们现代中餐菜品设计的一个基本资料库。

其次，我以为应该是兼容并包。中国地域辽阔，地势复杂，有五十六个民族，各有特色，四季三餐的民俗不同，口味不同，具体的饮食类型也不同。这些不分高低，都是中国饮食的瑰宝。放眼中国之外，中华饮食文明曾经广泛地影响世界，并与当地的饮食结合，也都发展出自己的特色，更有远至欧美、非洲的菜品，这些都可以为我所用。他山之石，可以攻玉。

最后，我以为现代的菜品设计应该结合现代科学。这就好像每个时代都有每个时代的文学、艺术，也应该有这个时代的美食，而我们正处在一个科技飞速发展的时代，现代科学当然应该在我们的菜品中有所体现，正如历史上每一个时代的菜品中都能看到当时科技的印记，比如中国古代炼丹术的发展就催生了豆腐、松花蛋等食物。

“菜品设计”是扬州大学旅游烹饪学院烹饪与营养教育专业一门重要的专业课程，这门课的开设几乎与行业的发展同步，这体现了行业发展的敏感性，但也因此没有现成可用的教材。周爱东老师在连续六年多的教学过程中，深入行业第一线，亲自参与菜品设计工作，并将其用于各个档次的餐饮企业的经营，在大量的行业经验基础之上，形成了自己的理论框架，并编写了这本教材，对于烹饪教育与餐饮行业来说都是一个重要的成果。这本教材的内容真实地反映了现代餐饮业对于一个高层次厨师的要求，能够胜任“菜品设计 ”工作的一定是一位复合型人才，需要熟练掌握烹饪的基本技术、需要对各种食材的特点了如指掌、需要对菜品相关的历史文化有所了解、需要熟悉现代社会的流行文化、需要有一定的美学与心理学常识。所有这些在本教材中都有比较专业的讲解，有些部分如第二章中国古代菜品设计与第八章现代菜品设计的潮流，更能发前人所未发，为学习者提供了很好的角度。

设计能力是一个行业可以持续发展的核心能力，我们需要通过设计创造出有中餐鲜明特色的新产品，创造出有国际地位的中国菜品。我们所说的国际化并不是西化，而是国内和国际的消费都喜欢接受的菜品，为国际餐饮提供中餐新样本，为全球餐饮业提供中国的文化价值，让新时代的餐饮从设计开始。

周晓燕

2023 年 7 月

前言

2016年我承担了扬州大学旅游烹饪学院的“菜品设计”课程的教学工作，这是一门新课程，没有相同层次的同类教材可供参考，一切都是从零开始。我关于菜品设计课程的相关思考其实也比较早，早在2009年就与多位同事探讨过这个话题，当时我正好与一些餐饮企业有工作上的联系，这些想法被企业用在了经营的场合，于是有了比较多的印证的机会。设计产品或成果只有经过市场检验才能评估其价值。也正是在这段时间积累了一些资料与经验，为我后来承担这门课程的教学工作积累了经验。

设计类的课程需要的是多种知识与技能，所以在学习这门课程之前，学生应该对烹饪工艺、烹饪原料、饮食风俗、国内外饮食文化与菜肴史、饮食诗文、餐饮美学与烹饪工艺美术、心理学、中医养生学、营养学、烹饪器械和设备等知识与技能有一定的了解。烹饪工艺是菜品设计的核心，是处理烹饪原料的方法；国内外饮食文化与菜肴史在很大程度上是菜品品种与技艺的创意来源，餐饮美学与烹饪工艺美术则是菜品美学风格和造型手法的知识基础；饮食风俗关联的是菜品风味的应用场景，这样的场景与饮食诗文结合，共同构成菜品的文化外延；中医养生的学说深刻在中国人的文化基因里，而营养学则是现代饮食养生的重要理论来源，这两者一起成为现代中国菜品的食养理论基础；心理学的一些知识可以解释人们为什么会选择某些菜品，可用于针对特定人群进行菜品的风味设计；烹饪器械设备之类的知识可以解决烹饪工艺中的一些技术问题，将原本复杂的或高难度的技术简单化，更有利于设计效果的达成。此外，还有花道、茶道、香道、园林、剪纸、书法、绘画、雕塑、物理、化学等多方面的知识与技能，可以为菜品的效果增加趣味和渲染氛围。

设计类的工作需要打破思维的固有边界。在教学过程中，太多原本与饮食无关的事物被我引入菜品设计中。这也不是我的创举，古人早就这样做了。五代时期尼姑梵正的“辋川小样”把王维的绘画作品搬上了餐桌；明清时期的盐商们把原本作为文房用具的哥窑瓷器拿来作为餐具，等等。现代就更多了，最为典型的是分子料理，用本是科学实验的方法来制作美食。因此，我要求学生们在设计菜品时也要有开放性的思维，传统文化可以作为菜品设计的素材，现代流行文化当然也是可以的，中餐和西餐品种与技法的应用也是根据菜品设计的需求来选择。除了要关心流行文化，当然还应该关心一下美学、哲学的发展。对于餐饮业的从业人员来说，并不要求非常精深的学习，但要了解一下它们对于饮食生活的影响。现代西式的一些装盘手法就是受到美学和哲学潮流影响的。当然这部分内容我们需要批判地学习，毕竟中国餐饮文化的发展不是为少数精英服务的，而是要把人民大众作为我们服务的对象。

菜品设计的方法与成果要紧密结合市场的需求。需求不同，同一菜品也需要有不同的呈现状态，因此在不违反法律法规、不违反公序良俗的前提下，设计其实并无高下对错之分，只是适应的对象不同。高端菜品的设计体现的是中国餐饮文化形象，需要美轮美奂；中端菜品的设计贴近的是人们的日常工作与生活，要有人情慰藉；低端菜品的设计满足的是人间风尘中的小憩，要实惠、要除乏。从某种程度上来说，中低端菜品的设计更能体现水平，因为这类菜品面向的人群更为复杂。要做好菜品设计，研究市场是必做的功课，在市场这个大标题下还要分出区域、收入水平、文化程度、消费目的等小标题，所以菜品设计不是一拍脑袋的灵感，而是基于对市场的扎实调研。

本教材得到了扬州大学出版基金和“兴滇英才支持计划”项目经费支持的资助。教材的编写以我在扬州大学从 2016 ～ 2018 年的讲课题纲与讲稿为基础，其间经过多次调整，原讲稿不仅用于扬州大学旅游烹饪学院的本科教学，也用于烹饪专业成人教育的教学，还多次用在中式烹调高级技师的教学中。正式编写时，为使内容更贴近现实需要，还邀请普洱学院的宫润华老师编写第四章的第二节与第三节，并承担本教材的部分统稿任务；邀请广州工程职业技术学院的陈欢欢老师编写第六章；邀请扬州大学旅游烹饪学院的陆广念老师编写第三章的第一节与第四章的第一节，并审阅本教材中关于烹饪化学、营养学的相关知识点。全书完成后，还特请扬州大学旅游烹饪学院的周晓燕教授、孟祥忍教授、曹仲文教授审看斧正，徐孝洪教授、侯新庆大师也对本教材中相关内容提供了宝贵意见，在此一并表示感谢。

编　者

2023 年 9 月

《菜品设计》教学内容及课时安排

章／课时	课程性质／课时	节	课程内容
第一章（1课时）	菜品文化（10课时）		绪论
第二章（5课时）			中国古代菜品设计
		一	先秦时期菜品设计的特点
		二	汉唐时期菜品设计的特点
		三	宋元时期菜品设计的特点
		四	明清时期菜品设计的特点
第三章（4课时）			菜品的构成元素
		一	材料元素
		二	工艺元素
		三	艺术元素
		四	文化元素
第四章（6课时）	菜品工艺与形式（10课时）		菜品的工艺设计
		一	原料特性的利用
		二	古代菜品工艺的挖掘
		三	现代菜品工艺的设计
第五章（4课时）			菜品的艺术设计
		一	菜品的审美
		二	现代菜品审美的类型
		三	菜品造型的方法与构图
		四	菜品色彩的变化与应用
		五	声音在菜品设计中的应用
第六章（4课时）	菜品文化附加（6课时）		菜品的文化设计
		一	菜品文化分类与体现
		二	历史文化与菜品的厚重感
		三	民俗文化与菜品的朴素感
		四	文学与菜品雅致风格
第七章（2课时）			心理学在菜品中的应用
		一	感觉与情境
		二	造型与色彩的心理作用
		三	音乐与菜品的感知
		四	食欲与情绪

（续表）

章 / 课时	课程性质 / 课时	节	课程内容
第八章（4 课时）	菜品潮流与设计评价（10 课时）		现代菜品设计的潮流
		一	突破区域局限的菜品设计
		二	突破风味局限的菜品设计
		三	突破文化局限的菜品设计
		四	突破学科局限的菜品设计
第九章（6 课时）			菜品设计评价
		一	评价指标的设定
		二	评价人员的组织
		三	菜品设计目标达成
		四	菜品评价的设计

目录

第一章　绪　论……………………………………………… 1

第二章　中国古代菜品设计……………………………… 7

第一节　先秦时期菜品设计的特点………………………… 8

第二节　汉唐时期菜品设计的特点………………………… 17

第三节　宋元时期菜品设计的特点………………………… 34

第四节　明清时期菜品设计的特点………………………… 49

第三章　菜品的构成元素………………………………… 61

第一节　材料元素…………………………………………… 62

第二节　工艺元素…………………………………………… 74

第三节　艺术元素…………………………………………… 77

第四节　文化元素…………………………………………… 83

第四章　菜品的工艺设计………………………………… 89

第一节　原料特性的利用…………………………………… 90

第二节　古代菜品工艺的挖掘……………………………… 98

第三节　现代菜品工艺的设计……………………………… 105

第五章　菜品的艺术设计………………………………… 117

第一节　菜品的审美………………………………………… 118

第二节　现代菜品审美的类型……………………………… 122

第三节　菜品造型的方法与构图…………………………… 125

第四节　菜品色彩的变化与应用…………………………… 133

第五节　声音在菜品设计中的应用………………………… 137

第六章　菜品的文化设计………………………………… 143

第一节　菜品文化分类与体现……………………………… 144

第二节　历史文化与菜品的厚重感…………………………………………… 149
第三节　民俗文化与菜品的朴素感…………………………………………… 157
第四节　文学与菜品雅致风格………………………………………………… 164

第七章　心理学在菜品中的应用…………………………………………… 171
第一节　感觉与情境…………………………………………………………… 172
第二节　造型与色彩的心理作用……………………………………………… 176
第三节　音乐与菜品的感知…………………………………………………… 180
第四节　食欲与情绪…………………………………………………………… 184

第八章　现代菜品设计的潮流……………………………………………… 191
第一节　突破区域局限的菜品设计…………………………………………… 192
第二节　突破风味局限的菜品设计…………………………………………… 200
第三节　突破文化局限的菜品设计　………………………………………… 205
第四节　突破学科局限的菜品设计　………………………………………… 213

第九章　菜品设计评价……………………………………………………… 219
第一节　评价指标的设定……………………………………………………… 220
第二节　评价人员的组织……………………………………………………… 227
第三节　菜品设计目标达成…………………………………………………… 231
第四节　菜品评价的设计……………………………………………………… 238

参考文献……………………………………………………………………… 247

后　记 ……………………………………………………………………… 249

彩　图 ……………………………………………………………………… 251

第一章 绪 论

本章内容： 介绍菜品设计的概念以及古今菜品设计的特点，提出本课程的任务与学习要求。

教学时间： 1 课时

教学目的： 通过理解菜品设计的概念与古今菜品的基本特点，了解本课程的学习方法。

教学方式： 课堂讲授。

教学要求： 1. 使学生大致明确本课程的内容与用途。

2. 使学生了解本课程的学习与研究方法。

作业要求： 搜集与菜品设计相关的资料。

一、菜品设计

菜品设计的概念是近三十年逐渐形成并受到业内人士广泛关注的。这三十年是我国经济文化迅速发展的时期，餐饮业也得到了极大的发展，可以说，各行各业的成果都在餐饮业中有所体现。农业和养殖业的发展丰富了菜品的原料品种；食品加工业的发展分担了传统餐饮业的部分工作并提供了大量的半成品；历史学和考古学的知识为餐饮业提供了更多的文化素材；影视产业的发展推动了对于传统饮食加工工艺的复制研究；各种艺术思潮与技法影响了菜品的造型与色彩；物理与化学中的一些小技法进入菜品设计后，出现了风靡一时的低温烹饪与分子烹饪。最终对菜品设计提出需求的是商业经济的发展，高档会所的文化餐饮、观光农业中的民俗餐饮、遍布街巷的大众餐饮、大型酒店中的婚庆餐饮等。

研究菜品设计，首先要对菜品的概念进行定义。一直以来，中餐菜品都是按单品种的应用及制作特点来分的，冷菜、热菜、点心、酒水等各不相干。但现代菜品从中餐到西餐都有了全新的内涵。什么是菜品？菜品是以菜肴、点心为主体，结合饮料、餐具等饮食元素，被赋予了相关文化背景与消费心理的综合体。所谓菜品设计，就是根据菜品的使用目的、应用场所来对菜品的工艺和文化进行规划、表达的过程。也就是说，现代的菜品设计不仅关注菜品的制作工艺，更关心客户对菜品的消费体验。

二、古代菜品设计的特点

菜品设计经历了一个自在到自为的过程。人类社会中最初的食物生产并没有刻意的设计，是自然而然产生的，当社会的经济、文化发展到一定程度，人们开始有意识地在菜品上附加一些个人的或社会的需求。总地说来，古代的菜品设计有下列五个特点。

1. 制度性

制度性是政治和宗教体制对菜品的形式提出要求。先秦时期，菜品是礼的一部分，礼就是制度。古人所说的“礼之初，始诸饮食”“民以食为天”都强调了菜品在制度中的重要性。《论语·乡党》记载了乡饮酒礼中食物制作与搭配的规矩，其中“食不厌精、脍不厌细、不时不食、割不正不食、不得其酱不食”等，说的就是关于菜品设计的一些要求。《周礼》《礼记》《仪礼》中所记载的菜品更多一些，其中有关于宫廷饮食配置的，也有关于不同季节、不同身份人群的饮食制度。

2. 偶然性

偶然性是一些偶然事件促生新的菜品。菜品的发展与古代其他科技发展类似，人们因为一些偶发事件做出了一些食品，进而推广并流传下来。传说淮南王刘安发明豆腐，就很可能源自他在炼制丹药过程中出现的一个偶然情况：盐卤或石膏被混进了豆浆里，于是便出现了豆腐。松花蛋的出现很可能也是类似的偶然事件。这些因偶然事件而发明的新技术为菜品提供了新食材，当然也会促进新菜品的出现。

3. 长期性

长期性是每一时期都有一些食物经过长期积淀，自然淘汰而流传下来，有些菜品的流行时间长达千年。经过时间的淘汰，最有普适性的菜品才是最有生命力的。如“狮子头”这样的菜，至少有五百多年的历史，曾经出现过的做法也很多，其中最适合现代人的做法被流传了下来。再比如一些烧烤类的菜品，有几千年的历史，具体的做法却没有太大的变化。

4. 非主观性

非主观性是指菜品形成并非制度或人们的主观需要，而是经济发展、文化冲突与融合的结果。汉唐以来，经济文化迅速发展，各民族的激烈冲突使得周边地区的饮食与中原地区的饮食相互影响。新的食材传了进来，新的做法传了进来，新式饮食审美的观念也传了进来。

5. 游戏性

游戏性是基于文人情趣而设计的菜品。有一部分食物的出现，与文人的游戏态度有关。宋、元、明、清时期的文人，越来越多地追求生活的趣味，在一些平常的食物中寻找、发现美学价值，更有的会事先立一个主题，再设计出饮食品种。这些是现代菜品设计的先驱。宋朝人对于诗词歌赋和琴棋书画的文雅生活的追求，使他们比较多地在菜品设计中增加了美学元素，出现了像雪霞羹、拨霞供、蟹酿橙等充满文人趣味的菜品。

三、现代菜品设计的特点

我国的现代餐饮业竞争激烈，菜品翻新快，传统餐饮中老店名菜的现象很少能见到了。如果饭店长时间没有更新菜肴，消费者一定会有较大的流失。在这样的情况下，现代菜品设计应注意以下四个特点。

1. 即时性

即时性是现代餐饮业应客户要求而做的临时创意。现代餐饮业对于厨师的应变能力有很高的要求。当遇到客户突然提出加菜、换菜要求的时候，很多厨师会拿出平时没有做过的菜品来。古代也会有这样的情况，但不常见。这种临时创意的菜肴不一定有很强的生命力，但也有一部分精品会流行。2000 年左右曾流行过一段时间的“江湖菜”就是此类创意。

2. 主动性

主动性是厨师主动地应对主题要求而做的菜品设计。改革开放以来，全国搞过多次烹饪大赛，还多次派厨师出国参加国际厨艺大赛，这些活动对于菜品设计起到了很大的推动作用。厨师们为了在各项厨艺大赛中获得好成绩，精心设计了相当多的菜品。改革开放之初的仿唐宴、仿宋宴、红楼宴这样的主题餐饮也是菜品设计的一个推手。近年来，主题餐饮及会所餐饮的流行，也推动了相当一批个性菜品的出现。

3. 融合性

融合性是指现代菜品在设计时模糊了地域风味特点和传统菜品功能。现代社会人口流动、信息交流以及物资流通都相当发达，尤其是大城市，聚集着来自全国甚至世界各地的人，必须有适合他们品味的菜品。经过几十年的发展，不同地方的菜品相互吸收、借鉴，融合已经是大势所趋，而融合的思路也使得厨师在菜品设计时眼界更加开阔。

4. 跨界性

跨界性是指不同门类的学科知识及艺术风格被应用在菜品设计中。现代菜品设计已经不是局限在厨房里可以完成的事，有些过去看来毫不相关的专业手法也被用在菜品上。花道与园林叠石的手法被用在菜品的装盘造型上；茶道的器皿被拿来当餐具使用；物理、化学的方法设计出了低温烹调与分子美食等。这些跨界情况，有的是继承，比如五代时期梵正所做的“辋川小样”用的就是园林叠石的手法；有的则完全是创新，比如分子美食。

四、菜品设计的任务与应用

菜品设计的任务是根据主题要求设计相应的菜品。现代餐饮业的菜品设计，一定是主题先行，根据主题要求，来确定菜品的形式与内容。

提到菜品设计，很多人会条件反射地觉得很高端的饮宴场所才会用得到。实际上菜品设计可以应用在各个层次的餐饮业态中。

低端菜品设计对象有小吃、排档、农家菜、快餐等。这一类的菜品生存的公式是“低价 + 美味”，要设计出低价且美味的菜品并不是一件容易的事情，现在有一些小餐馆、小饮食摊就是靠一两样拿手菜生存着。低端餐饮菜品的同质化竞争现象是最严重的，原来各个城市还会有一些著名的小吃、排档，现在随着人口的流动，不同城市的小吃已经越来相似了。

中端菜品设计对象是普通的社会餐饮、中高档宾馆餐饮，这一层次是餐饮业的主流，一个城市的餐饮业的发展情况、一个城市的风味特色都集中体现在中端餐饮的品种与水平上。 中端餐饮的同质化竞争也是相当严重的，一个城市的流行菜品几乎会出现在每一家的餐桌上。该层次的企业一般没有菜品的研发能力。

高端菜品设计要紧贴消费者的文化需求，这是区别于中低端菜品设计的最主要的地方。高端菜品一般用于高级会所、高星级酒店、宴请接待等场合。

除上述几个方面，各种餐饮比赛也是菜品设计的一个重要应用场合。比赛对于菜品的创意要求以及其时间、场地的限制，使这部分的设计与正常经营的菜品有较大的不同，当然也有相当一部分比赛的菜品来自餐饮企业的常供品种，或在比赛后应用于普通的餐饮企业。

五、本课程的学习要求

1. 以烹饪工艺为基础

烹饪工艺永远是菜品设计的基础，所有的创意最终都要建立在工艺的基础上，所以要学好本课程，必须有扎实的烹饪工艺基础，并且不拘泥于中餐、西餐、日餐之类的差别，掌握得越多，设计时的表达能力就越强。

2. 以饮食文化为外延

吃什么、怎么吃，归根到底是一个文化的问题。要了解并理解古今中外的饮食文化，这样才能设计出合乎市场需求的菜品。这里所说的饮食文化并不是过去所说的狭义的概念，营养学、人类学、伦理学等都在改变着人们的饮食生活的方式与内容。

3. 以各类艺术为表现

烹饪是艺术，现代烹饪更是各种艺术的集合。因此，要学会用各种艺术手段来表现菜品的风味特点。这要求设计者对艺术有一定的理解，这样才能有开阔的艺术视角。

4. 以现代科学为方向

烹饪永远是当下的艺术，所有传统的美食都将被时代所改变。现代科学提供了新的营养观念、新的技术手段和新的食材。只有以现代科学为方向，才可以使菜品设计真正地贴合时代。

六、本课程的学习方式与方法

本课程采用课堂教学与自主学习相结合的方法。教材里分享的是一些已经出现过流行过的经验，但菜品设计这项工作是不能拿过去的经验来应付的，所以需要学习者有大量的课外阅读与实习。大体说来，本课程的学习方法有以下几种。

1. 资料分析法

整理古今中外的相关文献资料，既要整理饮食制度、风俗、伦理、艺术等方面的资料，也要对文献中菜品的制法及特点进行分析。

2. 田野调查法

实地调查菜品的流行情况，掌握相关菜品的制作工艺，理解菜品风格产生的社会文化背景。

3. 模拟设计法

通过对菜品构成元素的分解重组，确定菜品的制作工艺与呈现方式。这部分需要有一定的图案绘制能力与文案写作能力。

4. 实物呈现法

菜品的设计方案完成后，需要有实际的实验来进行工艺细节的完善，并对方案进行评价修改。

第二章　中国古代菜品设计

本章内容：介绍中国历代菜品的情况，包括菜点品种、餐具及相关的应用潮流。

教学时间：5 课时

教学目的：通过学习，了解中国灿烂悠久的菜品文化，理解古人的匠心与巧思；基本掌握古代菜品设计的基本方法及餐具的情况，使之成为现代菜品设计的创意来源。

教学方式：课堂讲授。

教学要求：1. 使学生对古代各个时期的菜品有一个整体的认识。

2. 使学生对古代著名的菜品有一定的了解。

作业要求：除教材中的内容，搜集整理古代的菜品资料。

“礼之初，始诸饮食。”但人类文明初期的菜品状况，只能通过考古资料和现存于世的原始部落的饮食情况来推测。有明确文字资料可查的中国古代菜品始于先秦时期，更准确地说是周朝的相关资料。之后历代对饮食的态度不同，留下的文献资料繁简各异，但大多数不涉及制作方法。从现有文献资料看，中国古代菜品的设计还是以实用为主，虽然有闲阶层会有一些趣味类的设计，但并不对菜品的制作风格产生太大的影响。

第一节　先秦时期菜品设计的特点

一、先秦典籍中的菜品

先秦指秦朝建立之前的历史时期，包括旧石器、新石器时期和夏、商、周、春秋、战国时期。文献资料可以从甲骨文算起，但详细记载饮食的资料不是很多，主要有《诗经》《楚辞》《仪礼》《周礼》《礼记》，其他如《论语》《左传》《孟子》《吕氏春秋》等著作中也有不少饮食资料。

（一）中原及齐鲁菜品

《仪礼》《周礼》《礼记》《诗经》《左传》《论语》等书中提到的多是中原和齐鲁地区的菜品，因为这是先秦时期的政治与文化的中心地区。

1. 炙

烤肉。包括牛炙、羊炙、豕炙、鱼炙、脍炙、獾炙。

2. 羹

先秦时期的羹制法不一，不完全是今天羹的含义。包括羹定、带汁肉、脂羹（肉汁），也可以指用荤素原料单独或混合烧制成的浓汤。用蔬菜原料时，汤不容易稠浓，人们会往里面加米粉来增加稠度。

3. 脯

薄片状的肉干。有鹿脯、田豕脯、麋脯、麇脯。

4. 脩

条状干肉，加姜桂调味捶打后称为锻脩。脩可以一束束扎起来，称为束脩，自《论语》以后，成为老师酬金的代称。

5. 醢、臡

肉酱。切碎的干肉加粱曲、盐、酒腌渍发酵而成。周天子用膳，醢人为他准备的醢有 120 瓮，当然这些不是一餐中食用的。醢多汁的称为“醓醢”。有骨的醢称为臡，著名的有三臡，即麋臡、鹿臡、麇臡。

6, 齑、菹

齑是切细腌渍的蔬菜，菹是整腌的蔬菜，腌渍时要用醢醢来调味。著名的五齑其中有三种是动物原料——牛百叶、蚌肉、猪肋；菹也有鹿菹、麋菹等，可见，齑与菹的原料不问荤素，但最主要的原料还是各种蔬菜。周代最有名的七菹——韭菹、菁菹、葵菹、茆菹、芹菹、箈菹、笋菹。

7. 脍

脍也写作鲙，是细切的肉，也就是肉丝，原材料有鱼肉和牛、羊肉，但用的最多的是鱼肉，做的时候还会把红肉与白肉分开切。在食用时，常用齑来调味。

8. 糁

一般认为这是周八珍里的菜品，也有认为是周礼糁食。糁是用猪、牛、羊肉切成末，三合为一，与稻米拌和，二分稻米，一分肉，用小火煎熟。

9. 八珍

八珍是周天子饮食中的“珍用八物”，包括淳熬、淳毋、炮豚、炮牂、捣珍、渍、熬、肝膋，也有学者认为炮豚与炮牂应合在一起称“炮”，然后再加上糁为八珍。

10. 濡

濡是一类腌渍后蒸煮的菜肴，《礼记》中有濡豚、濡鸡、濡鳖、濡鱼。

11. 蒸豚

蒸豚即蒸乳猪，阳货曾用作拜访孔子的馈赠品。

12. 胹熊蹯

胹熊蹯即烂煮的熊掌，孟子用“舍鱼而取熊掌”来比喻舍生取义，可见这是当时很名贵的菜。

（二）吴楚及巴蜀菜品

《楚辞》中记载的是吴楚一带的菜品，当然也会有一些与中原地区相似乃至相同的菜品。《吕氏春秋》中记载的食物有好些是巴蜀的。另外，由于进贡的关系，南方的一些菜品也见于《周礼》《礼记》等资料中。

1. 臛

以动物原料煮成的浓汤，类似肉羹，区别在于北方的肉羹会放些蔬菜，臛是不放菜的，且比羹要浓稠，见于《楚辞》。

2. 蕙肴

用兰蕙等香草包裹带骨的肉，《楚辞》中有“蕙肴蒸兮兰藉”，用来祭祀大神东皇太一。

3. 臑、胹

烂煮的菜品。见于《楚辞》的“肥牛之腱，臑若芳些”，指煮烂的牛筋；臑蠵，指煮烂的大龟；胹鳖，煮烂的甲鱼。

4. 吴羹

吴地的羹，见于《楚辞》，吴楚地接，饮食交流比较多。吴羹的特点是“和酸若苦”。

5. 露鸡

卤鸡或烙鸡，见于《楚辞》。

6. 炮羔

烤的小羊羔，见于《楚辞》。

7. 苦狗

苦味的狗肉，可能是用豆豉调味烹制而成，见于《楚辞》。

8. 鹄酸

腌渍发酵的天鹅肉，有酸味，见于《楚辞》。

9. 臇凫

野鸭羹，见于《楚辞》。

10. 粔籹、蜜饵

《楚辞》中的“粔籹蜜饵，有餦餭些”，餦餭是类似于麦芽糖的调味品，这两种点心都是甜味的。粔籹是一种环形的饼，也有认为是类似于炒米糖的饼。蜜饵是甜味的米粉点心。

11. 吴酸蒿蒌

产自吴地用蒿蒌做的菹菜。蒿蒌古今有两类说法，一种认为有可能是指白蒿、蒌蒿，另一种认为是产于秋季产于荆楚的一种蒿类时蔬，见于《楚辞》。

12. 蚳醢

用蚂蚁卵制作的醢，见于《礼记》。

二、炊、餐具的使用与菜品风格

（一）陶器炊、餐具

1. 罐

陶罐是常见的器皿，从新石器时期人们就开始制作陶罐，形式多样，多用来盛水或盛酒，也可用来盛汤。图 2-1 是齐家文化彩陶罐，高 11.7 厘米，口径 7.6 厘米，底径 5.2 厘米。齐家文化是黄河上游地区新石器时代晚期至青铜时代早期的文化，早期年代约为公元前 2000 年，主要分布在甘肃、青海境内的黄河沿岸及其支流渭河、洮河、大夏河、湟水流域。

2. 杯

陶杯一般都不大，是日常饮水、饮酒常用的器具。图 2-2 的杯高 18.5 厘米，口径 14.5 厘米，足径 6.3 厘米。高柄杯是薄胎黑陶中仅有的一种器形，因此也最具代表性。此杯壁厚度均匀，薄如蛋壳。最薄处仅为 0.2 ～ 0.3 毫米，但其质地却极为细腻坚硬，被世界各国考古界誉为“四千年前地球文明最精致之制作”。

图 2–1　齐家文化彩陶罐

图 2–2　薄胎黑陶高柄杯罐

3. 盆和碗

盆可以用来盛水、盛汤、盛煮熟的食物，用途广泛。图 2–3 的彩陶盆高 22.6 厘米，口径 38.2 厘米，专家推测这是一件水器。碗是个体使用的食器，一般用来盛主食。碗的器形与今天相差不多。图 2–4 的碗与今天日本和韩国的碗形非常相似。

图 2–3　仰韶文化彩陶盆

图 2–4　红山文化彩陶碗

4. 簋

簋的器型延续的时间很长，新石器时期已有不少。图 2–5 的簋是由细泥红陶制成，敛口，腹壁平直，腹底部内折并出棱，喇叭型高圈足，圈足中部有三个等距离的圆孔，腹壁外施白色陶衣，用黑彩绘出三层纹饰，上层为连续的编索纹，中间为间隔的树叶纹，下层为斜线纹，后代的簋主要在圈足部位有较多的改动。

图 2-5　新石器时期陶簋

（二）青铜炊、餐具

1. 鼎、鬲、镬

这一时期鼎的大小与造型变化比较大。著名的司母戊大方鼎重 875 千克，带耳高 1.33 米，是迄今所知的中国古代第一大鼎。作为祭器的鼎和作为炊具的鼎一般都比较大，下面可以生火，而放在食案上的鼎则要小得多，鼎足之间不需要生火。先秦贵族列鼎而食，说的应该是食案上所放的鼎。图 2-6 的方鼎通高 23 厘米，口长 18.3 厘米，宽 14.5 厘米。除去腿与耳，其大小与今天的餐具尺寸差不多。

图 2-7 的圆鼎稍大一些，高 37.8 厘米，口径 34.5 厘米。西周时期祭祀与宴飨制度，贵族列鼎而食，天子九鼎，诸侯七鼎，大夫五鼎，士三鼎，这些鼎的型制图案或相似，但大小依次递减。

图 2-6　西周早期蚕纹方鼎

图 2-7　西周晚期环带纹鼎

鬲三足中空，饮食中的用途与鼎相似，部分专家认为“鬲”的形制由鼎发展而来，其受火面积和加热空间、储藏容量大于同体积的鼎，主要应用于主食加工，后人常常鼎鬲互文。在春秋战国时期，鬲逐渐衰落，被其他器具代替。

镬是无足之鼎，圆形，类似后代的大锅。

2. 簋

簋的器型结构与新石器时期的基本相似。在使用时，簋与鼎配，簋是双数，天子九鼎八簋。簋一般是圆口双耳，无足。簋通常是用来盛饭食。后世簋与鼎一样，成为餐具的代称，用途也不限于盛饭食，在鼎衰落以后，簋是餐桌上常见的盛大菜的餐具。图 2-8 的簋通高 25.5 厘米，座边长 21.6 厘米，口径 21.6 厘米。西安市长安区花园村出土。敞口束颈，鼓腹，圈足，下连方座，腹两侧设凤鸟形耳。图 2-9 是一件有盖无座的簋，通高 25 厘米，最大腹径 16 厘米，足径 13 厘米。西安市长安区马王村出土。敛口，鼓腹，耳下有珥，圈足外撇，下设三兽足。有盖，盖顶有圈形握手。簋的大小与今天的汤碗、汤盆的容量相近。

图 2-8　西周早期凤鸟纹方座簋

图 2-9　西周晚期太师小子簋

3. 甗

这是由鬲和甑组合而成蒸锅，上部为甑，放置食材，下部为鬲，用来煮开水。图 2-10 是商代著名的“三联甗”，通高 68 厘米，长 103.7 厘米，宽 27 厘米，甑高 26.2 厘米，口径 33 厘米，底径 15 厘米，重 138.2 千克。该甗由并列的三个大圆甑和一长方形承甑器组成。甑为圆形敞口，敛腹，腹两侧有牛首半圆形耳。腹底内凹，有三扇形孔。此甗分为上下两部分，上部为甑，用以盛物，下部为鬲，用以盛水，中间有箅以通蒸汽。此器出土时案面有丝织物残痕，腹、足有烟炱痕迹，可见为实用器。这样的甗可以同时蒸煮几种食物，为后代的一灶数眼炊具的制造打下了基础。

4. 盘

盘有两大类，一类是用作炊餐具的，1978 年，湖北随州曾侯乙墓出土了一只青铜炉盘（图 2-11），通高 21.2 厘米，上层为盘，口径 39.2 厘米，上盘足高 9.6 厘米，下层为放木炭的炉，口径 38.2 厘米，下盘足高 7.5 厘米，链长 20 厘米，重 8.4 千克。出土时盘内还有鲫鱼骨，专家推测为煎烤食物的器具。《楚辞》中“煎鲼”，就是煎鲫鱼，应该是在类似的炉盘上煎的。另一类原来是用作盥洗具的，但后来也被人拿来用作炊餐具。

图 2-10　妇好三联甗

图 2-11　曾侯乙青铜炉盘

5. 豆

这是先秦时期普遍使用的一种礼器、餐具。在使用时既用来盛放煮熟的食物，也用来盛放齑、菹等腌制的食物。早期的豆没有盖，周朝以后至春秋时期，带盖的豆逐渐流行。盖既可以保温，也可以翻过来当盛器用。图 2-12 是春秋蔡昭侯时期的豆，通高 35 厘米，口径 17.5 厘米，足径 13.2 厘米，器身作半球状，口缘下附四环耳，短校，圈镫。器盖扁圆，与器身相合成球状，反置可作盛器。

6. 盉

古代酒器，用青铜制成，多为圆口，腹部较大，三足或四足，用以温酒或调和酒水的浓淡。盛行于中国商代后期和西周初期，是后世壶的雏形。图 2-13 是战国时期的一件提梁盉，通高 23.2 厘米，口径 10 厘米，腹径 19.6 厘米，腹深 14.2 厘米。虎形提梁，鸟形流，球腹，圆底，足为兽面人身，上托展翅欲翔的三鹰，肩腹部饰规整的弦纹、蟠螭纹带，流口部可张可合。

图 2-12　蔡昭侯时期的豆

图 2-13　战国蟠龙纹提梁铜盉

7. 俎

俎是砧案，在西周时期常用作祭祀器，也是很常见的餐具，用来盛放菜品。图 2-14 是西周早期的蝉纹俎。俎的形式有两类，一类是镂空的，另一类是不镂空的。应该与盛放的祭品或食品有关。出土的先秦时期的俎多是铜质的，汉代俎有不少是漆器或木器的。

图 2-14　西周早期蝉纹俎

（三）菜品风格

先秦时期菜品的盛装器皿有木器、瓦器、陶器、青铜器等，在使用功能方面，既有功能单一的炊具和餐具，也有兼作炊具和餐具的。在出土的文物中木器较少，陶、瓦器皿经常可见，青铜器尤其多见。炊餐具在先秦时期常具有生活器具与祭祀礼器两种身份，但发展到青铜器开始有了变化，由于青铜器可以做得比其他的器型大很多，因此在祭祀中使用的一些大型的青铜器就不再用作生活中的炊餐具了。

现代文献资料中留下来的先秦时期的菜品，大部分是贵族的饮食，而青铜器也是贵族才可以使用的，因此通过青铜器的器型尺寸，我们大概可想象出当时的菜品风格。贵族列鼎而食，天子九鼎、诸侯七鼎、大夫五鼎、士三鼎，这些鼎是有大小区别的，因此，很自然的，大块的菜品盛在大鼎里，小块的菜品盛在小鼎里。再小的还有豆、盘、簋、盏等食器，比较适合盛放齑、菹、醯、醢等食物。

菜品有专门的制作规范。孔子说“割不正不食”，说的是每个食材都有其应有的分割方式。如商代卯祭中，要把动物剖成两片然后烹制成熟；周秦至汉代的乡饮酒礼中规定：“宾俎：脊、胁、肩、肺；主人俎：脊、胁、臂、肺；介俎：脊、胁、肫、胳、肺。肺皆离。皆右体，进腠。”主人自谦，食材分的是肉较少的“臂”；宾的身份比较尊贵，分的是肉较多的“肩”；介的身份稍低，分的是没什么肉的“胳”。相似的切割食材的方式在著名的鸿门宴上也有体现，项庄舞剑时，樊哙闯进宴会现场，项羽赞道：“壮士”，然后让人赐给樊哙“彘肩”，这是把樊哙也当成身份比较高的宾了。

三、菜品制作技术的流传

先秦时期包括了从旧石器时期至公元前221年，跨度超过三千年。这一时期是中国饮食文化的源头，中国菜品的基本制作技术也是在这一时期逐渐形成的，甚至一些具体的菜肴还演变流传至今。下面列举三个例子说明。

（一）从炮豚、炮牂到烤乳猪

炮豚是周“八珍”里一个重量级的菜品，《周礼》和《礼记》里面留下了具体的制作方法，用现代的表述就是：“取一只乳猪，宰杀之后，剖开腹部，摘除内脏，再在其肚子里塞满枣子，外面用芦苇席裹起来，再涂满湿黏土，放在火上烤。等到黏土全部烤干，将外壳掰开，洗手然后抹去皮上的膜。再将米粉调成糊状，敷在乳猪外表，放在油锅中用小火炸。然后取一只大汤锅，把猪肉切成片，放在一个小鼎里，再把小鼎放在汤锅里，用小火炖三天三夜，然后用醋、酱来调味。”（邱庞同先生翻译，本书编者略有改动）炮牂是烤母羊羔，做法与炮豚一样。

南北朝时的炙豚是一款典型意义上的烤乳猪，邱庞同先生认为其是在炮豚基础之上发展而成的。其做法是：用极肥的、正在吃奶的小猪（公猪、母猪均可），宰杀整理干净，开腹去内脏，再洗净。用茅草塞满猪腹。用柞木棒穿过猪身，放在小火上边转边烤，转的时候要转均匀。烤的过程中，用清酒涂在猪身上，多涂几次，烤到上色。用新鲜白净的猪油不停地擦猪的身体。烤好以后，色如琥珀，又像是黄金，入口即化，细腻滋润，美味异常。从做法上看，炙豚比炮豚明显简化很多。

清代袁枚的《随园食单》中记载的烧小猪比上面两种做法更简单：“小猪一个，六七斤者，钳毛去秽，叉上炭火炙之。要四面齐到，以深黄色为度。皮上慢慢以奶酥油涂之，屡涂屡炙。食时酥为下，脆次之，硬斯下矣。”这段是《随园食单》原文，不翻译也大致看得明白，与炮豚的做法相去很远，但是与炙豚的做法就很接近了。

（二）从菹齑到泡菜

前面简单介绍过菹和齑，是先秦时的腌渍类菜品，在之后的汉唐直到明清，这类腌渍菜品一直存在，基本做法没有改变，但因时代的不同，原材料与调味料发生了一些变化。

“菹”的做法：将料形比较完整的原料加“醢、酱”之类调味腌制。在腌的时候要加入腌肉或腌鱼的汁，即前面所说的“醓醢”的“醓”。这种做法在今天的中国已经看不见了，但在朝鲜和韩国腌制泡菜的时候依然会加鱼露（腌鱼的汁）或生肉泥、生鱼、生虾，这或许正是继承了《周礼》时代的菹的制法。

南北朝时做“菹”的方法已经与《周礼》中的做法有区别，以咸菹为例，《齐民要术》一书中记载的做法是：“葵、菘、芜菁、蜀芥咸菹法：收菜时，即择取好者，菅、蒲束之。作盐水，令极咸，於盐水中洗菜，即内瓮中。若先用淡水洗者，菹烂。其洗菜盐水，澄取清者，泻著瓮中，令没菜把即止，不复调和。菹色仍青，以水洗去咸汁，煮为茹，与生菜不殊。”这种咸菹由于盐的浓度很高，腌制过程中已经不会产生酸味，腌制成功的成品与现代的咸菜没有区别。

酸味的菹做法也有发展，如《齐民要术》作汤菹法：“菘菜佳，芜菁亦得。收好菜，择讫，即于热汤中炸出之。若菜已萎者，水洗，漉出，经宿生之，然后汤炸。炸讫，冷水中濯之，盐、醋中。熬胡麻油着，香而且脆。多作者，亦得至春不败。”这是用醋来增加酸味的。更多是用黍粉煮汤做进腌菜瓮里，利用黍粉发酵产生酸味。这种做法与今天北方的泡菜制作方法相似。

木耳菹的做法与今天四川泡菜的方法也很相似：“取枣、桑、榆、柳树边生犹软湿者，乾即不中用。柞木耳亦得。煮五沸，去腥汁，出置冷水中，净洮。又著酢浆水中，洗出，细缕切。讫，胡荽、葱白，少著，取香而已。下豉汁、酱清及酢，调和适口，下姜、椒末。甚滑美。”

（三）羹、臛与今天的烩菜

羹、臛的制作方法类似，是先秦时期常见的菜品。《楚辞》中有彭祖献给尧帝的雉羹；《礼记》中与蜗牛酱和菰米饭配食的雉羹，还有用鹌鹑、大雁、猪牛羊等做的羹。汉代王逸说：“有菜曰羹，无菜曰臛。”两者主要是原材料的差别，烹调方法还是差不多的。祭祀用的“铏羹”是动物原料加藿、薇等蔬菜煮成。铏羹这样的菜发展成后来的烩菜。

《齐民要术》中记载了羊肺羹的做法：把羊肺煮熟，切细，加上羊肉浓汤、二合粳米、生姜一起煮。这里的粳米起着使汤稠浓的作用，类似于后来的淀粉。马王堆汉墓出土的竹简上记载着 22 种羹，分出酪羹、甘羹、苦羹、巾羹、逢羹等味型。酪羹是以酪调味的一种羹，甘羹是以大枣、板栗调味的羹，苦羹是用苦荼调味的羹、巾羹是用芹菜或堇菜调味的羹，逢羹是用一种煮熟的麦子调味的羹。

今天的烩菜基本上延续了这种做法，除了素菜以外，基本是用荤汤，肉蔬原料杂用，煮的时候要用淀粉勾芡。

第二节　汉唐时期菜品设计的特点

汉代部分继承了先秦时期的菜品，但由于战争原因，一些贵族菜品丢失了，到东汉郑玄注《周礼》时，有些先秦时期的菜品其实已经说不清楚了。先秦时期作为礼器的青铜器在汉代的地位有所下降，与此相应的是饮食消费等级被打破。汉通西域，大量的新食材从西方传入；汉代菜品用了很多俭朴的陶、瓷餐具，融入了很多社会中下层的元素。因此，汉代菜品虽没有先秦饮食的厚重大气，但丰富程度远远超过先秦。唐代很开放，西域的饮食在唐代菜品中占有很重要的地位。盛唐时期，很多西域人在长安及其他大中城市生活，他们带来了西域饮食，也接受了唐代的食物，到唐代后期，西域饮食已经融合在一起。西域工艺精美的饮食器具也大量传入唐代，这对菜品的审美起着至关重要的作用。

一、汉代菜品的特点

（一）新的炊餐具与新菜品

1. 染炉

图 2-15 的铜染炉是汉代比较常见的一件食器，上面是耳杯，中间是烧木炭的炉子，下面是盛炉灰的盘子。类似的器物在湖南、河南、山西、陕西、山东、河北、四川等地都有出土，时间都属于西汉中晚期，表明这种器具在历史上流行的时间虽不算太长，地域分布却很广，使用比较广泛。

蘸调味品食用为染，耳杯中盛的就是调味的酱汁，从功能上来说，这与今天的火锅很相似。出土的青铜染炉体量都很小，染杯的容量一般只有 250 ~ 300 毫升。整套染炉全器加起来，高度也只有 10 ~ 14 厘米，十分精巧。汉代的饮宴是一人一席的分餐制，所以这么小巧的染炉也正合适单人使用。

马王堆汉墓出土的遣策上记有“牛濯胃”“牛濯舌”“濯豚”“濯鸡”等菜品，看名称类似于今天的涮，非常适合用染炉作为炊餐具。

2. 分格鼎

鼎在汉代，其礼器的功能渐渐淡化，饮食器成了它的主要功能。图 2-16 是大云山汉墓出土的一件西汉时期的分格的鼎，充分说明了这种变化。此鼎直径 40 厘米，通高 44.6 厘米，还配有从鼎中取肉的匕，长 20.6 厘米，还配有相应长度的漏勺。鼎分成五格后，就可以同时烹饪五种菜品。东汉末年，钟繇曾将五熟釜鼎范以曹丕名义铸鼎，鼎成后曹丕将五熟釜送与钟繇，说此鼎烹饪可以“五味时芳”，其设计应该与这种分格鼎一致。

3. 青铜灶

一般体型都不太大，有人称为“行灶”，意思是便携式的炉灶。图 2-17 是汉代的青铜灶，除蒸锅外，还有两个罐。也有的青铜灶只有一个蒸锅。从结构上看，与明清时期厨房中的灶很像。如果是在野外使用，这样的灶可以满足一些简单的烹调需求。青铜灶在汉代很常见，由此也可以看出汉代野外烹调的风气，这种野外烹调可能是行军，也可能是旅行，或者类似于踏青时的野食。

图 2-15　西汉铜染炉

图 2-16　西汉分格鼎

图 2-17　汉代龙首青铜灶

4. 漆食案

食案在汉代使用也很普遍，成语“举案齐眉”说的就是汉代人用食案来献食的故事。漆案很轻，女性用它来献食也不会觉得太重，因而可以举案齐眉。漆案具有案面较薄、造型轻巧、四沿高起构成了“拦水线”防止汤水外溢，墓葬中漆案一般与食具配置整齐。图 2-18 是 1972 年长沙马王堆一号汉墓出土的一件漆案，通高 5 厘米，长 78 厘米，宽 48 厘米，出土时，案上完好地放有五件小漆盘，盘内盛有炭化或腐烂后的牛排等食物及一套竹串，另外，还放了二件饮酒的漆卮和一件漆耳杯，耳杯上放有一双箸。五个小漆盘高 3 厘米，口径 18.2 厘米，盛有不同的食物，中间以朱漆书“君幸食”。漆卮为饮酒和饮水器，箸为竹筷。先秦时期，人们进餐时大部分用手取。到秦汉时开始使用竹筷，东汉饮食时使用筷子就更加普遍。耳杯是汉代到南北朝时期常见的饮食器。图 2-19 是长沙马王堆汉墓出土的西汉云纹漆耳杯，长 16.9 厘米，高 4.4 厘米，杯中有“君幸酒”三个字，也有的耳杯中有“君幸食”三个字，说明耳杯的作用既用来作酒具，也用来作食具。耳杯也叫羽觞，后来东晋王羲之曲水流觞用的应该就是这种耳杯。汉代《盐铁论》中讲述了一个漆耳杯需用百人之力方可制成，价格甚至相当于十个铜杯。由此可见，这应该是用于贵族宴会上的器具，盛的食物也一定是比较高级的。

图 2-18　西汉云纹漆案

图 2-19　西汉云纹漆耳杯

5. 漆盂

盂在先秦时期主要作饮器使用。秦以后，人们既用来盛水，也用来盛粥、羹等食物。马王堆一号墓共出土漆盂 6 件（图 2-20），口径 34.7 厘米，高 8.3 厘米。其尺寸与今天的汤碗大小相仿，可见当时盛在盂里的汤羹的量还是比较大的。

6. 漆鼎

先秦时期的鼎大多是可以直接放在火上加热的，既有炊具的属性，又有餐具的属性。马王堆汉墓出土的七件漆鼎，是不可以用来烹调的，其已经成为单纯的餐具。图 2-21 是出土于马王堆汉墓的漆鼎，高 28 厘米，口径 23 厘米，出土时里面还盛有藕片做的羹。马王堆汉墓中出土的遣策上记有 20 多种羹，都是盛在鼎中，其中有一款鲜鲴藕鲍白羹，或许就是漆鼎中的羹。

图 2-20　西汉彩绘漆盂

图 2-21　西汉漆鼎

7. 陶瓷餐具

汉代青铜器的使用量逐渐减少，陶瓷餐具逐渐登上饮食的舞台。具体的器型与名称与先秦时期一脉相承，但图案与造型趋于简约，具体有豆、鍑、碗、篚，钵、鐔、罐等器形。陶瓷餐具没有青铜器的金属味，不会上锈，相对来说制作成本要大大低于青铜器与漆器。图 2-22 是东汉的白瓷豆，高 10.4 厘米，口径 17 厘米、底径 10.4 厘米，容量相当于今天的一只稍大些的碗。图 2-23 是东汉时期的白瓷鍑，高 17 厘米、口径 22 厘米、底径 13.2 厘米，体积也不是太大。这些都很适合放在餐桌上使用。从这些器型来看，汉代的菜肴整体上分量在减少。

图 2-22　东汉白瓷豆

图 2-23　东汉白瓷鍑

（二）食品加工新技术与新菜品

1. 新技术

（1）面粉加工与饼、面食品。汉代的面粉加工技术迅速发展，旋转石磨在民间开始普及，还出现了缣筛和罗，可以筛出较细的面粉，《饼赋》中这样赞美面粉："重罗之面，尘飞雪白。"人们对麦、米等粮食的利用从原来的整粒熟煮发展到磨粉使用，相关的面食名称也丰富起来，有笼饼、汤饼、索饼、水引、馎饦等。

（2）温室技术的发展，出现了很多反季节的蔬菜。主要有葱、韭菜等。这样的技术当然只是皇室及贵族可以利用，并未普及。经过汉末三国的战乱，温室技术很可能短暂失传，以至于石崇与王恺斗富时，用麦苗与韭菜根一同腌制以诈称"韭萍齑"。

2. 新菜品

（1）新食材。汉代张骞通西域，引进了很多蔬菜、水果，有黄瓜、大蒜、胡荽、苜蓿、石榴、葡萄、胡桃等。这些食材的引入，对中国菜的品种、调味料的风味和酒的品种都产生了很大的影响。

（2）鲊，又名"鮺""䰾""鮨"，是一种腌渍的鱼，先秦时期已经出现，在汉代开始流行。刘熙《释名》："鲊，菹也。以盐米酿鱼以为菹，熟而食之也。"这种做法在日本依然保留着。

（3）豆豉。汉代王逸认为《招魂》中出现的大苦就是豆豉，之后豆豉在人们的生活得到了广泛的应用。可以当调料，可以当作小菜，也可以当作药来用。

（4）鸡纤、兔纤。据刘熙《释名》解释，这是把腊鸡、腊兔撕成细丝，再用醋浸而成。在《齐民要术》中，鸡纤的做法有了发展：“脂鸡一名焦鸡，一名鸡臛。以浑盐豉，葱白（中截），乾苏（微火炙，生苏不炙），与成治浑鸡，俱下水中，熟煮，出鸡及葱。漉出汁中苏、豉，澄令清。擗肉，广寸馀，奠之，以暖汁沃之。肉若冷，将奠，蒸令暖。满奠。又云：葱、苏、盐、豉汁，与鸡俱煮。既熟，擗奠，与汁。葱、苏在上，莫安下。可增葱白，擗令细也。”

（5）五侯鲭。西汉成帝的五位母舅都被封为侯爵，五人关系不好，但他们都和娄护的关系很好，经常送食给娄护。娄护为表示不偏不倚，把五人送的食物放在一口锅里，结果发现味道出奇的好，这样的菜品被称为“五侯鲭”。据《齐民要术》的记载，“五侯鲭”的做法与羹差不多，有专家将其称为烩菜。由于五侯所馈食物均为珍贵高档食材，所以，这个菜更类似于“佛跳墙”。

3. 其他常见菜品

（1）脯。脯是汉代常见菜品，多加工成熟售于市井。《盐铁论》一书中提到很多脯类菜品，长沙马王堆汉墓出土的竹简上也提到很多，如牛脯、鹿脯等。胃脯是汉代很受欢迎的一款熟制菜品，《史记·货殖列传》中记载了一位浊氏因为经营胃脯而成为巨富。胃脯的做法在《史记索隐》中有记载：“十月，用开水将羊胃烫熟，拌上花椒粉与生姜粉，晒干。”

（2）齑与菹。其基本制法与先秦时差不多。具体品种有韭菁齑、芜菁菹、蘸菹、芥菹、瓜菹等。司马相如写过一篇《鱼菹赋》，这道菜在当时应该影响较大。橙皮齑是用橙子皮做的，主要用来配食鱼脍。还有葵菹与藕茎制作的蒻菹等。

（3）鲼离禚、鲤离禚。前一个是用鲫鱼做的菜，后一个是用鲤鱼做的菜。是用竹扦将两条鱼串在一起烤制而成的。这两道菜出自长沙马王堆一号汉墓的遣策，应该是南方水乡常见的烤鱼。这样类似的做法在日本料理中也很常见。

二、《齐民要术》与南北朝时期菜品

南北朝是动荡的时代，邱庞同先生对这一时期的菜品发展总结了五点：①由于铁制炊具的广泛使用，促进了烹饪技术的提高，其中最引人注目的是炒菜已明白无误地出现了，这是中国菜肴史上的一件大事；②由于多民族的交流与融合，少数民族中的不少特色菜肴传入中原地区，并与汉族饮食相互交融，进而又促进中国菜肴的发展；③由于北方人民大量南迁，又促进南北菜肴在品种以及口味上的交流；④随着佛教传入中国并逐步发展起来，佛教斋食与中国传统素食相结合，素菜得到发展并独树一帜；⑤官僚士大夫在社会动荡年代醉生梦死，生活更加奢靡，也在一定程度上促进了菜肴的发展。

这一时期的菜品以《齐民要术》的记载最为详细，下面就从这本书的内容来了解一下南北朝时期的菜品。

（一）新食材与食器

1. 谷物类

这一时期的谷物比先秦时的品种要丰富，粟有 97 种、黍有 12 种，可见人们对于谷物的认知更加细致了。大豆的品种也很丰富，其中有黄高丽豆与黑高丽豆，应该来自东北的高丽。还有胡豆，应该是由胡地传入中原的。

2. 乳制品

南北朝时期的乳制品比汉以前要丰富，除了常用的牛奶、羊奶，各种酥酪、乳腐（干酪）酥油在人们的饮食中都有出现。

3. 调味料

南北朝的调味料发展很快。盐有“常满盐”“花盐”“印盐”，《齐民要术》中说“花印二盐白如珂雪，其味又美”，这应该是区别于普通海盐的苦涩味。另外《水经注笺》中还记载了四川的井盐有“粒大者方寸，中央隆起，形如张伞”的伞子盐。

4. 酱清

《齐民要术》中记载有酱清，是酱缸中上层澄清的液体，是最早的酱油。

5. 醋

汉以前的“酢”到了南北朝时期开始写作“醋”。《齐民要术》中的醋有大酢、秫米神酢、粟米曲酢、秫米醋、大麦酢、烧饼作酢、回酒酢、动酒酢、神酢、糟糠酢、糟酢等。还有叫苦酒的醋，“大豆千岁苦酒”“小麦苦酒”“卒成苦酒”“乌梅苦酒”“外国苦酒”等。

6. 食器方面

南北朝时期的青瓷技术已经成熟并在饮食活动中广泛应用；在北方地区，白瓷也已经出现，但不普及。常见的造型有盘口壶、扁壶、鸡头壶、尊、盆、碗、钵等。《世说新语》中有一则故事，晋武帝去王武子家做客，王武子琉璃器盛菜来招待。这是琉璃作为餐具在中国较早的记载。

（二）新菜品

1. 新的烹调方法

《齐民要术》中记载的最早的炒菜有两款：炒鸡子法，其做法与今天的炒鸡蛋相似，用葱白、豆豉来调味；鸭煎法，类似川菜中的小煎鸡米，将鸭肉切碎，加葱白、盐豉汁、花椒粉、生姜末一同炒至极熟。与炒法类似的还有菹肖法：“用猪肉、羊鹿肥者，薤叶细切，熬之，与盐豉汁。细切菜菹叶，细如小虫，丝长至五寸，下肉里，多与菹汁，令酢。”这样的做法与今天江浙民间的“烂糊肉丝”很相似，可以称为酸菜烂糊肉丝。

2. 鱁鮧酱

鱁鮧酱是用鱼肠制成的酱，《齐民要术》中说是汉武帝逐夷来到海滨，发现渔民用鱼肠制作的酱，非常美味，因为逐夷而发现的这款酱，所以就被叫作鱁鮧酱。在史书中并无汉武逐夷至海滨的记载，但这款酱却因这个传说而出名。《齐民要术》中鱁鮧酱的做法：“取石首鱼、魦鱼、鲻鱼三种肠肚胞，齐净洗，著白盐，令小倍咸，内器中，密封置日中，夏二十日，春秋五十日，冬百日乃好，熟时时下姜酢等。”这样做出来的鱁鮧酱是咸的，同时期在南方的刘宋国内还有蜜渍鱁鮧。今天的韩国菜品中有鱼肠酱，应是当时流传下来的。

3. 腤

腤这类菜在汉代已经出现，但无详细描述制法。《齐民要术》中收录了《食经》的作犬腤法：“犬肉三十斤，小麦六升，白酒六升，煮之令三沸。易汤，更以小麦、白酒各三升，煮令肉离骨，乃擗。鸡子三十枚著肉中。便裹肉，甑中蒸，令鸡子得乾，以石迮之。一宿出，可食。”这种做法可能是汉代《盐铁论》中“犬腤”的方法。与今天镇江肴肉一样，都是利用动物胶原蛋白来凝固的。其他还有苞腤、水腤、白腤等，用鸡蛋、鸭蛋是这类菜的一个特点，有的是为了帮助凝固，有的是为了配色需要。

4. 丸炙

南北朝时丸形菜品开始出现，开了后来各种鱼丸、肉圆类菜品的先河。《食经》中跳丸炙的做法被《齐民要术》收录：“羊肉十斤，猪肉十斤，缕切之。生姜三升，橘皮五叶，藏瓜二升，葱白五升，合捣，令如弹丸。别以五斤羊肉作臛，乃下丸炙，煮之作丸也。”这个做法与广东一带牛肉丸的做法很相似，但原料配方及香辛料的用法差别很大，最后跳丸下入羊肉羹中煮，这种做法也是南北朝时北方菜品的特点。从各种配料的用量来看，跳丸的制作的量很大，可见饮食市场的需求也是很大的。

5. 饼炙

在《齐民要术》中称为“饼炙”，都是用鱼肉制作成圆饼形：“取好白鱼，净治，除骨取肉，琢得三升。熟猪肉肥者一升，细琢，酢五合，葱、瓜菹各二合，姜、橘皮各半合，鱼酱汁三合。看咸淡、多少，盐之适口。取足作饼，如升盏大，厚五分。熟油微炎煎之，色赤便熟，可食。”这种制法与现在的鱼丸、鱼饼的方法差不多，但香辛料用法不同。还有一款用模具制作的鱼饼，造型更为精致。

6. 筒炙

《齐民要术》："用鹅、鸭、獐、鹿、猪、羊肉。细研熬和调如啗炙。若解离不成，与少面。竹筒六寸围，长三尺，削去青皮，节悉净去。以肉薄之。空下头，令手捉，炙之。欲熟，小干，不着手。竖塩中，以鸡鸭子白手灌之。若不均，可再上白，犹不平者，刀削之。更炙，白燥，与鸭子黄；若无，用鸡子黄，加少朱，助赤色。上黄用鸡鸭翅毛刷之。急手数转，缓则坏。既熟，浑脱，去两头，六寸断之。促莫二。"这是以竹筒为工具，在竹筒表面敷上调味后稍加熟制的肉泥，并刷蛋清、蛋黄、朱砂等使之光滑并上色，烤熟后将肉从竹筒上脱下来，切成圆圈供食。

7. 灌肠

灌肠是中国最早的香肠类的菜品，在《齐民要术》中有记载："取羊盘肠，净洗治。细剉羊肉，令如笼肉。细切葱白、盐、豉汁、姜、椒末调和，令咸淡适口，以灌肠。两条夹而炙之，割食，甚香美。"这种灌肠并没有经过风干，而是直接上火烤熟食用的，与今天的烤肠相似。书中还有一款另类的灌肠"羊盘肠雌斛"，这是一种灌血肠，邱庞同先生认为是游牧民族的菜品。

8. 胡炮肉

南北朝时的胡地菜品在中原地区非常流行，在《齐民要术》中记载有胡炮肉的做法："肥白羊肉生始周年者，杀则生缕切如细叶，脂亦切，著浑豉、盐、擗葱白、姜、椒、荜拨、胡椒，令调适。净洗羊肚，翻之。以切肉、脂内于肚中，以向满为限。缝合。作浪中坑，火烧使赤，却灰火，内肚著坑中，还以灰火覆之。于上更燃火，炊一石米顷，便熟。香美异常，非煮炙之例。"这种做法今天称为煨烤。元代有一款柳蒸羊以及明清时期北京的焖炉烤鸭都是相似的加热方法。

9. 酱蟹

《齐民要术》记载了一种腌渍螃蟹的方法："九月内，取母蟹。得则著水中，勿令伤损及死者，一宿则腹中净。先煮薄餹，著活蟹于冷餹瓮中，一宿。煮蓼汤，和白盐，特须极咸。待冷，瓮盛半汁，取餹中蟹，内著盐蓼汁中，便死。泥封二十日，出之。举蟹脐，著姜末，还复脐如初。内著坩瓮中，百个各一器。以前盐蓼汁浇之，令没。密封，勿令漏气，便成矣。特忌风里，风则坏而不美也。"这种酱蟹开了后来醉蟹的先河。

（三）其他特色菜品

在现实生活中，大部分菜品是从前朝流传下来，或与以前的菜品有或多或少的相似之处，比如在前面介绍过的炙豚等。这些菜品在制作上也都有其特色，有些还是在社会文化转型期的标志性的做法。

1. 肝炙

肝炙是一款与周代八珍中“肝膋”相似的菜品。肝膋是网油包烤狗肝，不用调味直接烤的。《齐民要术》中的肝炙是：“牛羊猪肝皆得。脔长寸半，广五分。亦以葱、盐豉汁腩之。以羊络肚㴸脂裹，横穿，炙之。”络肚㴸脂应是羊腹中的网油，有专家认为是板脂，但板脂不适合用作包裹材料。

2. 酿炙白鱼

《齐民要术》：“白鱼长二尺，净治，勿破腹。洗之竟，破背，以盐之。取肥子鸭一头，洗治，去骨，细剉；酢一升，瓜菹五合，鱼酱汁三合，姜、橘各一合，葱二合，豉汁一合，和，炙之令熟。合取，从背入着腹中，串之。如常炙鱼法，微火炙半熟，复以少苦酒杂鱼酱、豉汁，更刷鱼上，便成。”这一做法与清代菜品“荷包鲫鱼”相似，但荷包鲫鱼是红烧方法成熟的。

3. 莼羹

莼羹是晋代张翰莼鲈之思而成为南北朝时期极有文化意义的一道菜。张翰在洛阳做官，见秋风起，因思吴中菰菜、莼羹、鲈鱼脍，说：“人生贵得适志，何能羁宦数千里以要名爵乎！”于是辞官南归。莼菜是常用的食材，人们对其认识已经非常充分：“四月莼生，茎而未叶，名作雉尾莼，第一肥美。叶舒长足，名曰丝莼。五月六月用丝莼。入七月，尽九月十月内，不中食，莼有蜗虫着故也。虫甚微细，与莼一体，不可识别，食之损人。十月，水冻虫死，莼还可食。从十月尽至三月，皆食瓌莼。瓌莼者，根上头、丝莼下茇也。丝莼既死，上有根茇，形似珊瑚，一寸许，肥滑处，任用；深取即苦涩。凡丝莼，陂池种者，色黄肥好，直净洗则用；野取，色青，须别铛中热汤暂煠之，然后用，不煠则苦涩。丝莼、瓌莼，悉长用，不切。”

莼羹的制作方法在《齐民要术》中有食脍鱼莼羹：“芼羹之菜，莼为第一……鱼、莼等并冷水下。若无莼者，春中可用芜菁英，秋夏可畦种芮、菘、芜菁叶，冬用荠菜以芼之。芜菁等宜待沸，接去上沫，然后下之。皆少着，不用多，多则失羹味。干芜菁无味，不中用。豉汁于别铛中汤煮，一沸，漉出滓，澄而用之。勿以杓抳，抳则羹浊，过不清。煮豉但作新琥珀色而已，勿令过黑，黑则咸苦。唯莼芼而不得着葱、䪥及米糁、菹、醋等。莼尤不宜咸。羹熟即下清冷水，大率羹一斗，用水一升，多则加之，益羹清隽。甜羹下菜、豉、盐，悉不得搅，搅则鱼莼碎，令羹浊而不能好。”并引《食经》中的做法：“莼羹：鱼长二寸，唯莼不切。鳢鱼，冷水入莼；白鱼，冷水入莼，沸入鱼。与咸豉。鱼长三寸，广二寸半。莼细择，以汤渫之。中破鳢鱼，邪截令薄，准广二寸，横尽也，鱼半体。煮三沸，浑下莼。与豉汁、渍盐。”

4. 鲊

南北朝时的鲊延续了汉代的制法，但形式更多样，菜品也更丰富。《齐民要术》说春秋时节气候适宜作鲊，炎热的夏季制作鲊要放更多的盐才能使其不坏，但太咸的鲊没有鲜味，而且夏天容易生蛆虫，而冬季天气太冷，鲊不容易发酵，所以冬夏季不适合制作鲊。制作鲊的鱼以大而瘦为佳。鲊一般需要腌制较长的时间，但在当时有一种快速成熟的“裹鲊”，只需两三天，因而也称为“暴鲊”。裹鲊的制作是：将鱼切成厚片，洗净，加盐与糁拌和。十片为一裹，有荷叶厚厚包裹，也可以加茱萸、橘皮一起调味。裹鲊在魏晋南北朝时非常有名，大书法家王羲之曾写过《裹鲊帖》，称“裹鲊味佳”。

5. 八和齑

八和齑是古代齑中用料最多，制作要求最严格的一道，是配合脍类菜品使用的，所以也称脍齑。

《齐民要术》载其详细制法：“蒜一，姜二，橘三，白梅四，熟栗黄五，粳米饭六，盐七，酢八。”

“蒜：净剥，掐去强根，不去则苦。尝经渡水者，蒜味甜美，剥即用；未尝渡水者，宜以鱼眼汤插半许半生用。朝歌大蒜，辛辣异常，宜分破去心；全心用之，不然辣则失其食味也。

生姜：削去皮，细切，以冷水和之，生布绞去苦汁。苦汁可以香鱼羹。无生姜，用干姜。五升齑，用生姜一两，乾姜则减半两耳。

橘皮：新者直用，陈者以汤洗去陈垢。无橘皮，可用草橘子；马芹子亦得用。五升齑，用一两。草橘、马芹，准此为度。姜、橘取其香气，不须多，多则味苦。

白梅：作白梅法，在《梅杏篇》。用时合核用。五升齑，用八枚足矣。

熟栗黄：谚曰‘金齑玉脍’，橘皮多则不美，故加栗黄，取其金色，又益味甜。五升齑，用十枚栗。用黄软者；硬黑者，即不中使用也。

粳米饭：脍齑必须浓，故谚曰：‘倍着齑’。蒜多则辣，故加饭，取其甜美耳。五升齑，用饭如鸡子许大。

先捣白梅、姜、橘皮为末，贮出之。次捣栗、饭使熟；以渐下生蒜，蒜顿难熟，故宜以渐。生蒜难捣，故须先下。舂令熟；次下插蒜。插齑熟，下盐复舂，令沫起。然后下白梅、姜、橘末复舂，令相得。下醋解之。白梅、姜、橘，不先擣则不熟；不贮出，则为蒜所杀，无复香气，是以临熟乃下之。醋必须好，恶则齑苦。大醋经年酽者，先以水调和，令得所，然后下之。慎勿着生水于中，令齑辣而苦。纯着大醋，不与水调醋，复不得美也。

右件法，止为脍齑耳。馀即薄作，不求浓。”

（四）佛教与素食

1. 佛教素食的由来

（1）早期佛教可以吃三净肉。佛教传入我国约在两汉之际。最初传入我国的是小乘佛教，在其戒律中并无不准吃肉这一条。僧侣托钵而游，沿门求食，有肉吃肉，有素吃素。但也不是什么肉都可以吃，可以吃的是“三净肉”，《十诵律》中说：“我听瞰三种净肉，何等三？不见、不闻、不疑。不见者，不自眼见为我故杀是畜生；不闻者，不从可信人闻为汝故杀是畜生；不疑者，是中有屠儿，是人慈 心不能夺畜生命。”就是说，只要自己没有杀生，不叫人杀生，没看见或听见杀生，这肉就吃得。允许僧人吃这“三净肉”，在《四分律》《五分律》《摩诃僧抵律》中都曾提及。以 上这些都是小乘佛教的戒律。

（2）南北朝时，吃素开始成为中土佛教戒律。南北朝时，大乘佛教传入我国。大乘佛教反对杀生，主张素食。《大般涅槃经》说：“从今日始，不听声闻弟子食肉。若受檀越信施之时，应观是食如子肉想……夫食肉者，断大慈种。”《楞加经》《楞严经》等都提倡“不结恶果，先种善因”“戒杀放生”“素食清静”，这与中国儒家的“仁”“孝”思想很是投合，深得统治者的推崇。

2.《断酒肉文》与仿荤素食

因《断酒肉文》规定用面粉制作替代牺牲，也逐渐形成了佛教素食中仿荤素食（也称以素托荤）的流行。僧侣的素食生活是很清苦的。品种单一，日食两餐，过午不食，提倡素食的梁武帝日止一食 。但因佛教的兴盛，信徒众多，其中又不乏达官贵人，用于待客的素食是不宜简陋的，所以素菜的制作日益精美，得到了空前的发展。据《梁书·贺深传》载，当时建业的一个僧厨能“变一瓜为数十种，食一菜为数十味。”佛教的素食不是孤立发展的，它借鉴了道教的素食经验，如佛教中的“小五荤”之说，将大蒜、小蒜、兴渠、慈葱、茖葱列为“五荤”禁止食用。这在《本草纲目·菜部·蒜》中也有记载，这“五荤”即是从道教的“五辛”借来。南北朝是佛教、道教都得到空前发展的时代，两教在发展中互相借鉴，逐步完善自己。这在素食上也有很明显的痕迹。佛教借用道教“五辛”的概念而戒“五荤”，道教则借鉴了佛教的素食观更新了素食的内容，不再将辟谷置于重要的地位。两教的素食在互相借鉴中向着融合的方向发展。

3. 民间素食的肉素同用

民间的素食概念在南北朝时并不统一。《齐民要术》中详细记载了种素菜的制法，其中用到葱和韭菜的有“葱韭羹”“油豉”“薤白蒸”“缹瓜瓠”“缹汉瓜”“缹菌”“缹茄子”等多种素菜。明白地说可与肉类同做的有两种，“缹瓜瓠”说此菜“偏宜猪肉，肥羊肉亦佳”。“缹菌法”说此菜“宜肥羊肉，鸡、猪肉亦得。”素菜而用肉，是因为“缹瓜、瓠、菌虽有肉素两法，然此物多充素食，故附素条中。”可见当时民间的素食不像宗教素食那样有太多的禁忌。五荤与肉都可以用，因为这种素食的目的是养生，只要是有益于健康的就可以用。直到现在，民间在制作素菜时仍有素菜荤烧的说法。

三、唐代菜品的设计与特点

唐代菜品是在南北朝的基础上发展起来的。这一时期，关中及中原地区的菜品受到西域及游牧民族的影响，主要体现在餐具与菜式两个方面；江南的菜品则在南朝的基础上沿着汉民族菜品的雅致传统发展着。

（一）精美华丽的饮食器具

1. 材质

（1）陶瓷饮食器具。唐代的陶瓷技术发展迅速，颜色上有青、白、黄、褐、黑等，产地则遍布大唐南北众多区域，这些产地往往以专一生产某种颜色的饮食器具而闻名。著名的青瓷产地有越州窑、岳州窑、鼎州窑、耀州窑；白瓷产地有邢州窑；黄瓷产地有寿州窑、巩义窑、定窑、长沙窑；褐瓷产地有洪州窑等；黑瓷产地有黄堡窑、长沙窑等。在这些窑中，越窑的青瓷与邢窑的白瓷最为出名。晚唐时越窑的秘色瓷是唐代瓷器的顶峰，陆龟蒙用“千峰翠色”来形容那种神秘的绿色，徐夤更有“功剜明月染春水，轻旋薄冰盛绿云”的名句盛赞秘色瓷的美。

（2）金银饮食器具。唐代的金银器被认为是我国金银器的最高峰。在盛唐时期，国内大部分地方社会安定，经济繁荣，金银餐具的生产非常流行。至安史之乱后经济的重心南移，中原及关西的金银器风尚并未受太大影响，南方地区的金银器生产也繁荣起来，韦应物诗中说：“江南铸器多铸银”就是这种情况的写照。

（3）琉璃器。琉璃器在唐代的应用比南北朝时要普遍，其时工艺未被工匠普遍掌握，所以一般为权贵所用，也常被想象为仙怪所用器皿。《玄怪录》中描写一神秘女子月下设酒席，“座中设犀角酒尊，象牙杓，绿罽花觯，白琉璃盏。”唐僖宗捐给法门寺供养舍利子的珍宝中也有一件他自用的琉璃茶盏托。

2. 器型

（1）五足果盘。唐房陵公主墓的壁画中有一位侍女双手握着一件五足盘的两足，盘内盛满瓜果，见图 2-24。画中人物的身高为 153 厘米，应该是按照真人大小所画，那么她手中的这件五足果盘也应该与实际大小差不多。这种五足的盘子放在桌上应该会很平稳，即使放在不太平坦的草地上，也会很平稳，这应该与野外饮食的需要有关。

（2）鍑、铛与铫。鍑，也称釜、鬴。材料有铁的，也有瓷、石、银等材质。

锅的口比较大，有两个方形的耳。这种锅用在煮茶中较多，可以盛一升水，这个容量也可用在烹饪中。铛有三足，下面可以生火，唐代在僧人中间还流行过折脚铛，三足可以折叠，方便携带在野外使用。图 2-25 是唐代双狮纹金铛，这件金铛为捶揲成型，单柄呈叶芽形，下有三兽足。这件金铛外壁上图案的构图方式是西方金银器中常见的，铛内的图案也是萨珊金银器中常见的“徽章式纹样”。但铛这种器形则是中国传统的，可见唐代金器制作中的西域文化的影响。铫子与铛相似，无足、单柄、有嘴，在初唐画家阎立本的《萧翼赚兰亭图》中出现。在使用时，铫子需要配上炉子。铛的容量大的可以盛二升水，铫子一般小一些，可以盛一升水。

（3）碗、盏、碟。碗与盏形状相似，用来盛主食，也用来盛茶酒等饮品。盏大多数时候只是碗的另一个名称，但是在配上托以后形成盏托结构，就是饮茶专用的器具了。碟的造型比碗和盏要平一些，通常使用时用来盛没有汤的食物。碗在唐代金银器中的数量很大，形制变化也颇多，主要有折腹碗、弧腹碗、多曲碗、带盖碗。大多数为银质，金碗很少。图 2-26 是何家村地窖出土的唐代鸳鸯莲瓣纹金碗，器壁捶作出上下两层向外凸鼓的莲花瓣纹，每层十片，上下轮廓相合。每一个莲瓣单元里都錾刻有装饰图案，上层主题是动物纹，有鸳鸯、野鸭、鹦鹉、狐狸等；下层是单一的忍冬花装饰图案。莲瓣上空白处装饰飞禽和云纹。经学者考证，这件金碗应该是一件酒碗。图 2-27 是一件唐代的民间瓷碗，碗内写有诗句作装饰，这在唐代高级瓷器中比较少见。图 2-28 是法门寺出土的唐代琉璃茶盏托，这种盏托结构唐宋茶盏中最常见的。图 2-29 是唐代的青釉花口碟，比碗浅一些，一般可以用来盛一些果品、主食或是简单的小菜。

图 2-24　唐代托果盘侍女图

图 2-25　唐代双狮纹金铛

图 2-26　唐代鸳鸯莲瓣纹金碗

图 2-27　唐青釉褐彩“岭上平看月”诗文碗

图 2-28　法门寺出土唐代琉璃茶盏托

图 2-29　唐青釉花口碟

（4）杯。唐代杯的造型比前代要丰富，在功能上主要用来饮水或饮酒。图 2-30 是何家村地窖出土一件唐代金杯，杯口外侈，器壁有内向的弧度，杯身上有“金筐宝钿”的团花设计，可以想象当年杯身的纹饰内曾经镶嵌有五颜六色的宝石。这件金杯在外形上有着强烈的西域风格，但“6”字形的把手设计在先秦时期的玉杯上已经出现，可见也是东西方审美融合的产物。

图 2-30　金筐宝钿团花纹金杯

3. 纹饰

唐代社会开放，来自西域及中东地区的各国商贾将他们的文化带进大唐，因此唐代器皿上的纹饰也都带上浓郁的异域风情。金银器皿壁面捶揲出凹凸起伏的多瓣装饰，就是粟特金银工匠传入的。但唐朝并不是被动接受，而是加入了符合唐朝本土学观念的一些元素。西域乃至阿拉伯的饮食品种在唐代大量传入中国，餐具纹饰是一个重要佐证。

（二）争奇斗艳的花色菜品

花色菜品是指在造型、图案与色彩方面进行相生设计的一类菜品，其源头可以上溯到春秋时期的雕卵、形盐。雕卵与形盐的使用与祭祀、典礼仪式有关。汉唐以后，雕卵逐渐成为与节令习俗相关的食品。唐代的花色菜品则突破了祭祀、节令的实用需求，消费者的审美需求成为这类菜品出现及流行的主要原因。这一时期花色菜品制作可以从两个方面来看，一是应用范围上，二是制作方法上。

1. 应用范围广

花色菜品既在豪门、文人、士大夫之间受欢迎，也在民间饮食中有流传。

（1）辋川小样。这是以唐代王维的《辋川图》为底本设计制作的冷食拼盘。史料中有两条相关记载，一是《清异录》中记载的尼姑梵正所作的辋川小样，二是《紫桃轩杂缀》中记载的静尼。《紫桃轩杂缀》是明代的书，《清异录》是五代至北宋时的书，显然应以更接近唐代的《清异录》为准。梵正与静尼可能是两个人，但两人的设计思路却是一致。

（2）玲珑牡丹鲊。《清异录》中记载，在吴越地区有一道“玲珑牡丹鲊”，用鱼片拼装成牡丹花样，上笼蒸熟，颜色微红如初开牡丹。此菜从唐、五代直到南宋都很流行，陆游在词中描写它“清酒如露鲊如花”。玲珑牡丹鲊的微红色是在鲊发酵过程中形成的,当鲊完全发酵成熟或鲊在日光下晒干时这种红色就可能会消失。

（3）象形素食。象形素食在唐代开始较大范围流行，最著名的应该是《烧尾宴食单》中的素蒸音声部。原资料中对其描述非常简略：“面蒸。像蓬莱仙人，凡七十事。”

音声部指的是乐队,在宴会、典礼上负责奏乐演唱的乐师、歌女都属于音声部。这一组面食相当于今天的面塑，在宴会上应该是起装饰作用的。制作成蓬莱仙人的形象，也与唐时宴会游仙诗歌的时尚有关，人们把奢华的宴会想象成仙界景象。这组素蒸音声部多达七十人的造型，也正符合烧尾宴这个顶级宴会的场景要求。

象形素菜也很有特色。晚唐崔安潜信佛教，他在镇守西川时，宴请部下同僚，用面粉与蒟蒻调和成面团，染上色，做成豚肩、羊臑、脍炙之类的菜品。当时人们把他与梁武帝相提并论。这种做象形素的方法现在还在使用。

（4）二十四气馄饨。《烧尾宴食单》中有生进二十四气馄饨，注称花形、馅料各异，这是二十四种造型、二十四种馅心的馄饨。考虑到唐代餐桌上还是可以进行一些简单的小型烹煮菜品的，这种二十四气馄饨上桌时是生的，可以在餐桌上蒸煮食用，没有熟制之前，这些馄饨的造型也会更加生动些。

2. 手工制作与模具应用并重

相对来说，模具的应用更适合大规模的生产供应。

（1）模具应用。《烧尾宴食单》中有“御黄王母饭”，名称上没有新奇之处，冠以王母之名，表示此味只应天上有。注称“遍镂印脂，盖饭面，装杂味”，从中可以大概看出制作特点：用模具印花制作的盖浇饭的封面。《烧尾宴食单》中类似模具食品还有金铃炙（酥搅印脂取真）汉宫棋（二钱能印花，煮）八方寒食饼（用木范）。

（2）雕画。先秦时期的食物中就有雕画的食物“雕卵”，也称为画蛋。唐时这样的雕画技法更出现在了酥酪上。《烧尾宴食单》中有“玉露团（雕酥）”，虽然文字简约，现在已经无法想象玉露团的具体形象，但其原材料却很明确，用的是较干的酥酪。

（3）手工拼摆。这类菜品在唐代很多了，除了上面所说的玲珑牡丹鲊以外，《烧尾宴食单》中有一款“蕃体间缕宝相肝（盘七升）”，这是从吐蕃传来的一款菜品，所用的肝应该是牛、羊肝，切成片以后拼摆成宝相花形。还有一款唐安餤，原注为“斗花”，也是拼摆成花形的意思。

（4）花形卷压。古人发现，卷压食材后再切成片，其截面很自然会形成图案。这样的手法在《烧尾宴食单》的菜品中有所应用。其中的“金银夹花平截（剔蟹细碎卷）”应该是将蟹肉卷在饼内，白色的肉称为银，黄的蟹黄称为金，卷紧冷却后不会松散，再横截切成片；“缠花云梦肉（卷镇）”的做法类似于今天江苏涟水高沟的捆蹄，卷起熟制后冷却，从名称看，似手出自湖南湖北一带。

（三）菜名延伸了菜品的艺术空间

唐代菜品的名称经历了一个从朴素到华丽优美的转变，这些名称或是从菜品本身的色香味形营造出一个美味世界，或是从菜品的出处气场营造出一种饮食氛围。

1. 异域风情的菜名

唐代幅员辽阔，传入了各种异域风情的菜品，其名称与做法极大丰富了当时菜品设计的内容。

（1）浑炙犁牛烹野驼。见于岑参的诗《酒泉太守席上醉后作》：“浑炙犁牛烹野驼，交河美酒金叵罗。”浑炙是整烤的意思，犁牛又名犛牛，即牦牛。唐朝西北的吐蕃，吃犛牛是尊重贵客的表示。驼峰也是西北著名的美食，进而成为京城贵族的名食。《酉阳杂俎》中说将军曲良翰擅长制作驴鬉驼峰炙。可见这两道菜在当时贵族筵席上是很常见的。

（2）浑羊殁忽。这道菜在唐代是非常珍贵的食物，据唐代卢言《卢氏杂说》记载，这道菜的做法是：“置鹅于羊中，缝合，炙之。羊肉若熟，便堪去却羊，取鹅浑食之。”元代《馔史》有这道菜更详细的做法：“置鹅于羊中，内实粳、肉、五味，全熟之。”殁忽一词为西北游牧民族的语言，这道菜也是由那里传入大唐的。

（3）于阗全蒸羊。这样的名称一看就透着西域风情，这是唐代西域名菜，到五代后周郭威时期宫中还经常做，但之后就失传了。

2. 文学想象的菜名

唐朝是一个诗歌的王朝，这一特点反映在菜品上表现为各种意象纷飞的雅致菜名。

（1）金齑玉脍。《大业拾遗记》中有：“然作鲈鱼脍，须八九月霜下之时，收鲈鱼三尺以下者作干脍。浸渍讫，布裹沥水，令尽，散置盘内。取香柔花叶，相间细切，和脍，拨令调匀。霜后鲈鱼，肉白如雪，不腥。所谓金齑玉脍，东南之佳味也。”“金齑玉脍，东南之佳味”是隋炀帝的评价，后来成了这道菜的专用名称。在《隋唐嘉话》中，记载了这道菜的另一个做法：“南人鱼脍，以细缕金橙拌之，号为金齑玉脍。”无论是哪种做法，这个菜名都可以让人对这道菜的品质与色泽产生美味的感受。

（2）剪云析鱼羹。该菜品出自隋代谢讽的《食经》，虽然没有做法的记载，但从名称上可以判断其烹调方法。剪云析鱼描写了菜品的特点，“析鱼”是指将鱼肉拆下来，这是制作鱼羹的步骤；“剪云”形容的是鱼羹如同天上剪碎的白云。这样的鱼羹应该是非常白，这种色彩效果，可能来自鱼肉的白，也可能是制作时加了鸡蛋清。

（3）软饤雪龙。从名称上看，是一道白色龙形的菜品，名称已经非常艺术地表现了菜品的特点。这道菜见于《清异录》：“京洛白鳝味极佳，烹制四方罕有得法者。周朝寺人杨承禄造脱骨独为魁，冠禁中。时亦宣索，承禄进之，文起名曰软饤雪龙。”由此可见，这道菜的命名是为进一步强化菜品的艺术感。

（4）仙人脔。这道菜见于《烧尾宴食单》，叫仙人脔类似于《西游记》中唐僧肉的意思了。这道菜实际是“浮瀹鸡”，也就是用牛乳烹煮的鸡块，应该有着嫩滑的口感。

第三节　宋元时期菜品设计的特点

一、宋元时代炊餐具

（一）炊具

宋代炊具在种类上并无大的发展，但在使用上，有些炊具较唐代更为广泛普及。如烤炉在宋代使用就非常普遍，火锅的使用也比较多。宋代火锅使用情况与前代有不同，汉唐时期保留着一些先秦时期桌面或桌边烹饪的器具，如染炉和鼎。晚唐到宋朝时，一些小火炉被人们直接拿来当火锅用，如风炉与水铫的组合，苏轼诗中写的“砖炉石铫行相随”正是此类。方便携带的炉子叫镣炉，是一种方形或圆形的炭火炉，可以同时加热两把以上的壶，当然也可以加热锅。南宋的斗茶主题的绘画中也经常出现手提的小茶炉。此外还有更为便捷的急须壶，其外形是一种横把壶，在野外旅行时可以用来煮茶，也可以用来煮粥。

据《梦粱录》记载，宋代的炊具已经非常完备系统，有泥风炉、小缸灶、砧头、马杓、铜铫、铜罐、火箸、火夹、漏杓、烘盘、蒸笼等。在广西少数民族地区还有一种竹釜，是用大毛竹筒制成的。宋代高级女厨的炊具已经注意到了观赏性，《江行杂录》中记载当时的厨娘用具：“厨娘发行奁，取锅、铫、盂、勺、汤盘之属，令小婢先捧以行，璀璨耀目，皆白金所为，大约计该五七十两。至如刀砧杂器，亦一一精致。”

元代由于西亚工匠的加入，炊具方面有一些新的发展。炉鏊是一种可以移动的烤炉，炉膛较大，不似现代炉膛低矮的炉鏊。还有不能移动的地炉，类似今天北京烤鸭用的那种砖砌的炉子。

（二）瓷器餐具

1. 五大名窑

宋代餐具的材质与前代大致相同，但瓷器较唐朝有了较大的发展，其中以定窑、汝窑、官窑、哥窑、钧窑最为有名，称为宋代瓷器的五大名窑。宋代和元代的瓷器基本是一脉相承的，宋代的大部分窑场到元代依然在正常生产。

（1）定窑以白瓷著名。白瓷在古代的地位一直比较高，但定窑烧造时采用覆烧的工艺，使得碗口因无法上釉而不光滑，称为芒口。这个特点在当时被认为是定窑的缺点。但定窑瓷器在烧成后，工匠们会用金银将碗口包上以解决芒口问题，这样又增加了定窑瓷器的富贵感。图 2-31 是定窑白釉瓷碗，藏于湖南省博物馆，高 5.9 厘米，口径 18.8 厘米，足径 6.9 厘米。此碗胎很薄、可透光，器外壁釉色洁白莹润。

（2）汝窑为青瓷器，据南宋叶寘《坦斋笔衡》说：“本朝以定州白瓷器有芒，不堪用，遂命汝州造青窑器。故河北、唐、邓、耀州悉有之，汝窑为魁。”可知汝窑是宫廷烧造，代表了宋代餐具美学的最高水平，但作为贡瓷在普通的饮食场景中几乎没有应用。图 2-32 是著名的汝窑三足洗，原设计并不是作餐具，但我们今天可以将其当盘来用，其色泽与造型显得简洁大气。

（3）官窑在宋代有北宋官窑与南宋官窑，都是青瓷器，今天能见到的官窑大多为南宋官窑，有冰裂纹，紫口铁足。釉色有粉青、淡青、灰青、月白、米黄等。

图 2-31　宋定窑白釉“官”字款碗

图 2-32　宋汝窑三足洗

（4）哥窑以开片著称，也有不少餐具的设计。但在瓷器中，开片本来是一个缺点，有开片，说明釉面有裂纹。当作文房用具时，开片是一种审美的趣味，但当作饮食器具来用时，开片的哥窑会有菜渍油渍沁在里面无法洗净。

（5）钧窑也是青瓷，但烧成后常有艳丽的窑变。钧窑自宋至明清一直都有生产，清以后主要做大件的装饰器，餐具生产得较少。图 2-33 是宋代钧窑的钵。

图 2-33　宋代钧窑钵

2. 其他瓷器

（1）黑釉瓷器，黑釉在唐代是比较低级的瓷器，在宋代却因斗茶的流行而成为高级瓷器，但这种高级感也仅限于茶具中。具体的产地有南方的吉州窑、建州窑等，北方定州窑也产黑釉瓷，称为“黑定”或“紫定”。宋代点茶的茶汤上有一层浓密的白色泡沫，深色釉可以衬托茶沫显得更白。原本青黑色、黑黄色的这些瓷器作为民间使用的低档瓷器，胎质粗且厚，不具备审美的价值。但在宋代，粗厚的瓷胎因为其保温性能较好，更利于点茶时的泡沫持久，因此也成为此类瓷器作为茶具的一个优点。对于此类瓷器的欣赏在中国也仅止于宋元，但当其传到日本后，却引发了古代日本美学观念的变化，此类有着明显的民间风格的瓷器与禅宗的美学结合起来，成为今天日本瓷器非常重要的一种风格。图 2-34 是陕西渭南出土的黑釉油滴碗，高 8.5 厘米，口径 30 厘米，底径 10.6 厘米；灰白胎；敞口，腹由口至底渐收，圈足；黑釉；碗内有因窑变形成的油滴状结晶体；油滴釉碗出土较多，但如此大口径的油滴碗并不多见。从碗的造型上来看，此类瓷器在宋代已经不止于饮茶，应该有一部分已经作为餐具来使用了。

（2）龙泉青瓷。龙泉窑在今浙江省龙泉市金村、大窑一带，初创于五代时期，至南宋达到极盛。龙泉窑的影响很大，其周边的庆元、云和、遂昌等县，以及福建泉州、江西省吉安等地，也生产龙泉瓷。龙泉窑属南方青瓷，以釉色及造型取胜，最具代表性的釉色是梅子青与粉青。南宋龙泉青瓷有柔和淡雅的玉质效果，透明度低，含蓄温润，多素面，少有花纹装饰。图 2-35 是宋代龙泉窑的青釉莲瓣纹瓷碗，高 6.4 厘米，口径 15.3 厘米，足径 4.4 厘米，与今天所用的中号饭碗大小相仿。该瓷碗广口、浅腹、小圈足，碗壁装饰莲瓣纹，底部呈鸡心底。通身施青釉，仅圈足底部露胎，露胎处为浅红色，釉色光洁莹润，绿中泛灰，清新淡雅，釉面细腻洁净，是龙泉窑所产瓷器中的精品。元代龙泉窑的生产技艺有一些新发展，曾烧制过口径达 60 厘米的瓷盘，口径达 42 厘米的大碗。这些大型的餐具与元代豪放的食风是分不开的。

图 2-34　黑釉油滴碗

图 2-35　宋龙泉窑青釉莲瓣纹瓷碗

（3）景德镇窑。湖田窑是景德镇窑中著名的窑口，以生产影青瓷器而闻名。影青瓷始于北宋，又名青白瓷、隐青、罩青，釉色近白，只在积釉处显出湖绿色的青色，青色在若有若无之间。此种瓷器胎薄、釉细、纹饰精美，产销量很大。北宋中晚期，是景德镇影青瓷生产的鼎盛时期，产品从茶具、酒具、餐具到其他用具都有，以湖田窑的水平最高。图 2-36 是湖田窑影青台盏。现代的湖田窑仍保持了这样的特点。景德镇窑在元代有突破性的发展，生产出青花、釉里红、卵白釉、红釉、蓝釉等瓷器，开创了明清餐具风格的先河。

（4）磁州窑。磁州窑是中国古代北方最大的一个民窑体系，始于北宋中期，直至明清仍继续烧制，烧造历史悠久，具有很强的生命力，流传下来的遗物也多。图 2-37 是宋磁州窑的一件白釉龙纹盘。磁州窑以生产白釉黑彩瓷器著称于世，黑白对比，强烈鲜明，图案十分醒目，刻、划、剔、填彩兼用，并且创造性地将中国绘画的技法，以图案的构成形式，巧妙而生动地绘制在瓷器上，为宋以后景德镇青花及彩绘瓷器的大发展奠定了基础。主要器物有瓶、瓮、罐、壶、盆、碗、盘、妆盒、枕、灯、香炉以及各种动物玩具等。

（三）金属餐具

宋代金银餐具的使用很普遍，上至帝王将相，下至市井的饮食店都有使用。《东京梦华录》中记载了宫中的御筵酒盏“殿上纯金，廊下纯银”；食器“金银錂漆碗楪”。这样的排场对于帝王将相来说很正常。其也记载了普通饮食店的情况：“大抵都人风俗奢侈，度量稍宽。凡酒店中，不问何人，止两人对坐饮酒，亦须用注碗一副，盘盏两副，果菜楪各五片，水菜椀三五只，即银近百两矣。虽一人独饮，盌遂亦用银盂之类。”甚至“贫下人家，就店呼酒，亦用银器供送。”这种情况直到南宋依然没变。

图 2–36　宋湖田窑影青台盏

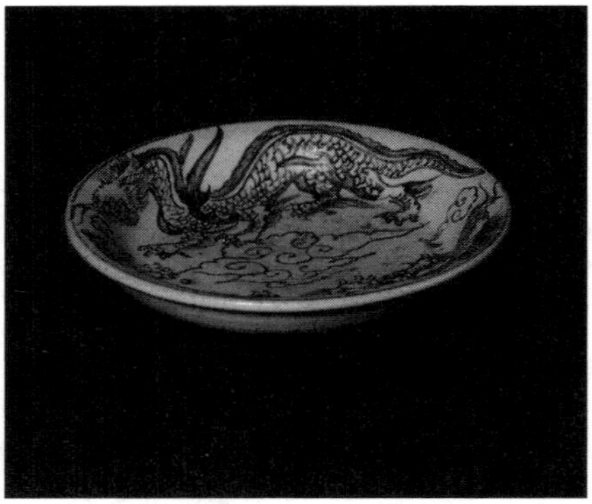

图 2–37　宋磁州窑白釉龙纹盘

元代金属餐具中有镔铁小刀。叶子奇《草木子》书中说：“北人茶饭重开割。其所佩小篦刀用镔铁、定铁造之，价贵于金，实为犀利。王公贵人皆佩之。”镔铁是一种从中亚地区传来的特种钢。

金银餐具在元代依然深受权贵富豪们欢迎，宫廷膳房里有大量金餐具，其中很多是来自中亚、西亚的贡品。图案造型上有西方的元素，图 2–38 是江苏吕师孟墓出土的元代金盘，可以见到西域中亚元素与东方元素的结合。

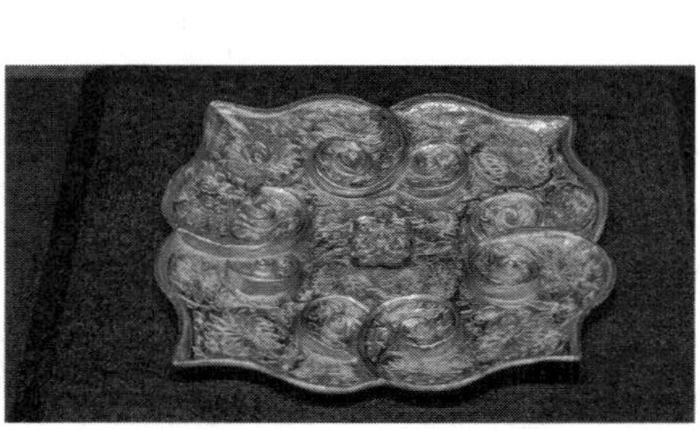

图 2–38　江苏吕师孟墓出土元代金盘

二、宋代饮食市场与菜品设计特点

（一）快速供应的市肆饮食

宋代商业发达，快餐速食的饮食店非常发达，当时供应这类菜品最有代表性的是分茶酒店。分茶是宋元时期高级的茶道游戏，因此从名称来看，分茶酒店里应该是有高档茶水供应的，甚至还会有茶道服务。但在宋人的笔记中，分茶酒店的条目下全是速食的菜品，并未有出现茶水，可以看出这类酒店经营的重点。此外还有脚店、川饭店、南食店、瓠羹店等。《东京梦华录》与《梦粱录》中记载了大量的此类菜品，其类别大致如下。

1. 羹类

头羹、石髓羹、石肚羹、畜头羹、百味羹、锦丝头羹、十色头羹、间细头羹、海鲜头食、酥没辣、象眼头食、莲子头羹、百味韵羹、杂彩羹、叶头羹、五软羹、四软羹、三软羹、集脆羹、三脆羹、双脆羹、群鲜羹、三色肚丝羹、江瑶清羹、五羹决明、三陈羹决明、四鲜羹、青辣羹、石首玉叶羹、撺鲈鱼清羹、假清羹、鱼肚儿羹、虾玉辣羹、小鸡元鱼羹、小鸡二色莲子羹、小鸡假花红清羹、蝤蛑辣羹、辣羹蟹、灌鸡粉羹等。

2. 炙、烤、炸类

入炉羊、五味炙小鸡、小鸡假炙鸭、笋焙鹌子、野味假炙、蜜炙鹌子、炙鸡、八焙鸡、八糙鹅鸭、白炸春鹅、炙鹅、炙肉蹄子、油炸春鱼等。

3. 蒸、炊、煮类

脂蒸腰子、酿腰子、酒蒸鸡、五味杏酪羊、五味杏酪鹅、间笋蒸鹅、酒蒸羊、酿笋、酿鱼、两熟鲫鱼、酒蒸石首、白鱼、鲥鱼、生炊羊面、鼎煮羊、绣吹羊、绣吹鹅、鹅排吹羊大骨、酒吹鱼等。

4. 炒、签类

荔枝腰子、腰子假炒肺、炒鸡蕈、炒鳝、石首鳝生、石首鲤鱼兜子、银鱼炒鳝、鸡丝签、鹅粉签、肚丝签、双丝签、荤素签、抹肉笋签、蝤蛑签等。

5. 炝、拌、脍类

落索儿腰子、盐酒腰子、细抹羊生脍、改汁羊撺粉、细点羊头、银丝肚、大片羊粉、大官粉、三色团圆粉、转官粉、三鲜粉、二色水龙粉、鲜粉、肫掌粉、梅血细粉、铺姜粉、杂合粉、珍珠粉、七宝科头粉、撺香螺、酒烧香螺、香螺脍、酒烧江瑶、生丝江瑶、撺望潮青、蟑、酒炙青、酒法青、酒掇蛎、生烧酒蛎、姜酒决明、二色脍、海鲜脍、鲈鱼脍、鲤鱼脍、鲫鱼脍、群鲜脍、酒法白虾、紫苏虾、蹄脍、五辣醋羊、生脍十色事件、枨醋洗手蟹、枨酿蟹、五味酒酱蟹、酒泼蟹、生蚶子、麻饮鸡虾粉、芥辣虾等。

6. 冻、糟类

下饭假牛冻、冻三色炙、冻蛤蝤、冻鸡、冻三鲜、冻石首、冻白鱼、冻假蛤蜊、三色水晶丝、糟羊蹄、糟蟹、糟鹅事件、糟肝事件等。

7. 主食、小吃类

胡饼（有门油、菊花、宽焦、侧厚、油砣、髓饼、满麻等）冷淘、桐皮面、姜泼刀、回刀、棋子、寄炉面饭、辣菜饼、熟肉饼、鲜虾肉团饼、羊脂韭饼、插肉面、大爊面、大小抹肉淘、煎爊肉、杂煎事件、生熟烧饭、鱼兜子、桐皮熟脍面、煎鱼饭、润鲜粥、蒸梨枣、黄糕麋、宿蒸饼、科头圆子、拍头焦䭔、砂糖冰雪冷元子、水晶皂儿、枣䭉、炊饼、稠餳、麦糕、乳酪、乳饼等。

8. 小菜

润江鱼咸豉、十色咸豉、波丝姜豉、金山咸豉、辣脚子姜、辣萝卜、麻腐等。

9. 饮品

砂糖绿豆甘草冰雪凉水、盐豉汤、梅花酒、缩脾饮等。

（二）高档饮食店及权贵宴会中的菜品

据载东京汴梁有七十二家正店，如仁和店、新门里会仙楼正店等，大者常有百十分厅馆，这些酒店常常是用银餐具的。宋代的中低档饮食店的菜品常有小贩挎篮进店叫卖，但州桥炭张家、乳酪张家这两家店，不允许外卖，“唯以好淹藏菜蔬，卖一色好酒”。权贵宴会中的菜品比酒楼食肆的要精致些。此类菜品类别与普通饮食店相仿，但品质要高很多。此类菜品有以下几类。

1. 羹类

三脆羹、鹌子羹、缕肉羹、肚羹、奶房玉芯羹、螃蟹清羹、二色鲕儿羹、血粉羹、奶儿羹、肚子羹、蛤蜊羹、百味羹、羊舌托胎羹等。

2. 炙、烤、炸类

群仙炙、炙金肠、炙肚胘、鸳鸯炸肚、炙鹌子脯、炙炊饼、炙炊饼脔骨、江鳐炸肚、香螺炸肚、牡蛎炸肚、假公权炸肚、蟑蚷炸肚、入炉羊羊头、入炉细项等。

3. 蒸、炊、煮

花炊鹌子、排炊羊、假鼋鱼、假鲨鱼、鹅肫掌汤齑、螃蟹酿枨、鲟鱼假蛤蜊、猪肚假江鳐、虾鱼汤齑、润鸡、润兔、煨牡蛎等。

4. 扦、炒类

荔枝白腰子、奶房扦、羊舌签、肫掌扦、爆肉、炒沙鱼衬汤、鳝鱼炒鲎、南炒鳝、炒白腰子、蛸蚌扦、莲花鸭扦等。

5. 炝、拌、脍类

肚眩脍、沙鱼脍、鲜虾蹄子脍、三珍脍、五珍脍、七宝脍、鹌子水晶脍、江鳐生、蛤蜊生、虾枨脍、水母脍、姜醋生螺、姜醋假公权、鲟鱼脍、糟蟹、洗手蟹、红生水晶脍等。

6. 主食、小吃类

旋索粉、莲花肉饼、太平毕罗干饭、白肉胡饼、天花饼、蜜浮酥柰花、独下馒头、笑靥儿、小头羹饭、油饱儿、滴粥、烧饼、铺羊粉饭、铺姜粉饭等。

7. 小菜、腌腊类

金山咸豉、脯腊鸡、脯鸭、肉线条子、皂角铤子、云梦豝儿、虾腊、奶房旋鲊、酒腊肉、肉瓜齑、鲊糕鹌子等。

（三）餐盘装饰技术的专门化

宋代还有专门为宫廷及高端客户服务的饮食服务机构“四司六局”，这本是宫中服务皇家的，但后来也接权贵豪门及普通人家的筵席服务，民间也有模仿的，统称为“筵会假赁”。在四司六局出现之前，菜品制作已经有装饰化的倾向，但民间一般没有能力做到。四司六局出现之后，餐盘的装饰技术开始专门化。

1. 饾饤

饾饤是通过在盘中堆砌食物来达到美化效果的一种形式，相比尼姑梵正的《辋川小样》来说，饾饤更为程式化。这种装盘形式在宋徽宗的《文会图》中有出现。饾饤在餐桌上单纯就是起装饰作用，虽然所用的食物均是优质、可食用的，但宾客们一般并不会取食。南宋张俊宴请宋高宗的宴会中就用来饾饤，称为绣花高饤，这是在普通的饾饤上增加了金箔、银箔的剪纸装饰。

2. 食物雕花

食物雕花起源很早，但直到宋朝才成为普遍使用的一种装饰食物的方式。与饾饤不同的是，这类雕花食物是有着较强的实用性。主要有雕花蜜煎与花瓜。

（1）雕花蜜煎也写作雕花蜜饯，常见的品种有雕花梅球儿、红消花、雕花笋、密冬瓜鱼儿、雕花红团花、木瓜大段儿花、雕花金橘、青梅荷叶儿、雕花姜、蜜笋花儿、雕花枨子、木瓜方花儿。这些品种可以直接食用，也可以放入茶盏、酒盏中，既可观赏，也有调味的作用。

（2）花瓜是用瓜雕成的装饰品，最初是用在一些小型祭祀仪式上，宋朝时较为流行。雕花蜜煎雕好后需要用糖浆及其他一些配料腌渍煮，花瓜则是雕好后直接使用的，因此在制作使用上，花瓜有着较强的季节性。

三、宋代菜品的用料及技术特点

（一）用料特点

1. 地方名产

每个时代都有自己的地方名产。汉唐以前由于边远地区开发较少，很多特产都带有神秘的色彩，到宋朝，尤其是南宋时，人们对边远地区的了解越来越多，由于海洋贸易的发展，很多海产品也进入了人们的食单。所以这一时期的地方名产大都不再有神秘色彩，只是单纯地因为品质好而受到人们的重视。著名的有同州羊羔、襄邑抹猪、松江鲈鱼、明州瑶柱、鲍鱼、鲥鱼、河豚、淮白鱼、鲎、水母、蝤蛑等。除了特别有名的食材，地方的一些土特产也受到人们的喜爱，如秦观曾送给苏东坡一些高邮（秦观家乡）的特产，有鲫鱼鲊、糟蟹、腌姜芽、莼菜齑、咸鸭蛋等。

2. 原料偏好

宋代笔记里关于饮食的内容非常丰富，整体来看，在原料的使用上也是有偏好的。

畜肉中经常用到的是羊肉，牛因为是耕田的劳力、骡马是交通运输的工具，所以一般不作为食材。猪肉在宋朝的地位不高，苏轼说："黄州好猪肉，价贱如粪土。富者不肯吃，贫者不解煮。"虽然写的是黄州，但大概也是全国的情况。贫者不解煮是次要问题，主要问题是富者不肯吃。在饮食消费上，下一阶层的消费总是在模仿上一阶层的。

水产原料在大都市的饮食中出现得较多，尤其到南宋时，更增加了很多海产品。从食用的角度来说，生活在水边的居民天然地会以水中生长的动、植物为食。但在宋朝，由于商业的发达，这些水产原料的消费不止于其原产地，更通过商业途径进入了大中城市。

部分原料与中国文化传统中的隐逸文化有关联，因此被赋予了文化色彩，如笋、菌与蟹等，此时出现了相关的专著：《笋谱》《菌谱》《蟹谱》。

（二）技术特点

1. 假菜

假菜是宋代菜品中非常有特点的一类，即用一种或多种原料去模仿另一种原料。与后世假冒伪劣的造假不同，宋代的假菜在售卖时是明白告知消费者的。邱庞同先生分析宋代的假菜有以下三种情况。

（1）以一般原料假冒名贵原料。如猪肚假江瑶，江瑶是南方特产，价格较高，于是厨师们就选用肉质与其相似的猪肚头来制作，只要去掉猪肚的腥味再增加一些贝类的鲜味，就可以模仿出江瑶的品质特点。

（2）以无毒原料假冒有毒原料。如河豚味美而有毒，时人有拼死吃河豚的说法，如油炸假河豚。

（3）以素原料假冒荤原料。这与唐代以前的以素托荤的制法有关，用全素原料模仿出动物原料的形状与质感。这类假菜主要流行在寺院及素菜馆，但也会出现在一些高级筵席上。如假炙鸭、假煎白肠、假驴事件、假羊事件、煎假乌鱼等。有些素假菜直接就用了荤菜的名字，如《梦粱录》中记载的素食分茶店里卖的“鳖蒸羊”“夺真鸡”“两熟鱼”“元羊蹄”“鱼茧儿”“炸油河豚”等。《山家清供》载“假煎肉”的制法：“瓠与麸薄切，各和以料，煎。麸以油浸、煎，瓠以肉脂煎。加葱、椒油、酒共炒。瓠与麸不惟如肉，其味亦辨者。”从做法来看，用了荤油与葱，不能算是纯素的菜。

2. 花式菜

花式菜是重视菜品造型、美化的一类菜品，与前面介绍的餐盘装饰技术同属菜品美化一类，但花式菜的要点是在菜品制作的技艺上。

（1）蟹酿橙。这是南宋的名菜，曾出现在张俊宴请宋高宗的筵席上。其具体做法见于《山家清供》：“橙用黄熟而大者，截顶，剜去瓤，留少液，以蟹膏肉实其内，仍以带枝顶覆之，入小甑，用酒、醋、水蒸熟。用醋、盐供食。”

（2）莲房鱼包。南宋名菜，是将鲜鳜鱼肉塞在莲蓬里制作而成的。其具体做法见于《山家清供》：“将莲花中嫩房，去穰截底，剜穰留其孔。以酒、酱、香料加活鳜鱼块实其内，仍以底坐甑内蒸熟。或中外涂以蜜出楪，用渔父三鲜（莲、藕、菱汤齑）供之。”

3. 快速烹调法

这类烹调方法在宋代得到迅速的发展，这是一个商业时代的市场需求。一些原本需要长时间制作的菜品发展出了更快的做法，更多的是旺火速成的烹调方法在饮食店里被大量应用，如炒、爆、炸、氽、涮等。

（1）鲊。鲊是从秦汉流传下来的传统菜品，其制作过程需要月余甚至更长。但在宋朝时出现了五日速成的“羊肉旋鲊”。《事林广记》载其制法：“精羊肉一斤，细抹，用盐四钱、细曲末一两、马芹、葱、姜丝少许，饭一掬，温浆酒拌令匀，紧捺瓶器中，以箬叶盖头。春夏日曝，秋冬日火煨，其味香美。五日熟。”此菜在宫廷与民间都有供应。同书中还载有“海棠鲊”，以猪肉或羊肉制作，需要七日至半月成熟，时间也不长。

（2）炒菜。炒菜在宋以前已经出现，但没有具体的方法。宋代《中馈录》中明确记载了一款炒菜“肉生”：“用精肉切细薄片子，酱油洗净，入火烧红锅，爆炒，去血水，微白即好。取出，切成丝，再加酱瓜、糟萝卜、大蒜、砂仁、草果、花椒、橘丝、香油拌炒肉丝。临食时加醋和匀，食之甚美。”其他还有南炒鳝、炒羊、炒兔、生炒肺等。

（3）炸。炸的具体意思有点模糊，可以是油炸，也可以是水氽，但无论哪种，都是快速烹调的方法。牛肚羊肚这样的食材在油炸后质地会变老，炸肚胘这道菜很可能是水氽的，后来烹饪行业中也称其为汤爆。鸳鸯炸肚、江鳐炸肚、香螺炸肚、牡蛎炸肚、假公权炸肚、蟑蚷炸肚这些也都可能是水氽的。白炸春鹅、油炸春鱼则是明显的油炸菜品。

4. 调味丰富

宋代的调味品极其丰富。糖的生产技术在宋代达到了一个高峰，南宋王灼编著的《糖霜谱》是中国现存最早的一部介绍以甘蔗制糖方法的专著。酱油的生产技术在宋代已经完全成熟，酱油的名字也首先出现在林洪的《山家清供》一书中。民间的食用油有胡麻油、大麻油、杏仁油、红蓝花子油、蔓菁子油、苍耳子油、鱼油等，当然还有传统的猪牛羊的油脂。这些都是基础的调味料。

最有特点的是厨师们即时制作的一些复合调味料。《事林广记》中记载方便复合调料"一了百当"的制法："甜酱一斤半、腊糟一斤、麻油七两、盐十两、川椒、马芹、茴香、胡椒、杏仁、姜、桂等分，为末。先以油就锅熬香，将料末同糟、酱炒熟，入器收贮。"在做菜时根据需要取来调味，尤其是在外做菜时非常方便。这与后世厨师每天工作前调制自己专用的复合调味料的做法是一样的。其他菜的味型也非常丰富，有芥辣、姜豉、柰香、酒香、五味、五辣醋、蒜香、糟香、糖醋等。元代《居家必用事类全集》中也有一道"一了百当"，同名但做法稍异："牛羊猪肉共三斤，剁烂；虾米拣净半斤，捣为末。川椒、马芹、茴香、胡椒、杏仁、红豆各半两为细末。生姜细切十两、面酱斤半、腊糟一斤、盐一斤、葱白一斤、芜荑细切二两，用香油一斤炼熟。将右件肉料一齐下锅炒熟。候冷，装瓷器内封盖。随食用之。亦以调和汤汁尤佳。"成品味道厚重油腻，很显然是蒙古风味的。

四、元代菜品的设计与特点

（一）游牧民族的饮食风格

1. 烧烤菜品

游牧民族的日常生活中烧烤菜品是最为常见的。汉唐时期中原地区的人们也喜欢游牧民族的烧烤，如汉代的貊炙、南北朝的胡炮肉、唐代的浑炙犁牛等，但那些只是作为中原王朝居民调剂口味的菜品而存在的，且很快就会被同化被本土化。元朝则不同，其社会的中上层对于汉化是不积极的，饮食习惯也更多地保留着游牧民族的风格。从方法上来说，元代的烧烤比较丰富，有炉烤、锅烧、划烧、杖夹烧，烤时有挂糊、包酥包或用其他动物原料来包裹。

（1）筵上烧肉事件。见于《居家必用事类全集·饮食类》："羊膊（煮熟烧），羊肋（生烧），獐、鹿膊（煮半熟烧），黄牛肉（煮熟烧），野鸡（脚儿生烧），鹌鹑（去肚生烧），水扎兔（生烧），苦肠、蹄子、火燎肝、腰子、膂肉（以上生烧），羊耳舌、黄鼠、沙鼠、搭剌不花、胆灌脾（并生烧），羊膨肪（半熟烧），野雁、川雁（熟烧），督打皮（生烧），全身羊（炉烧）。右件除炉烧羊外皆用扦子插于炭火上。蘸油、盐、酱、细料物、酒、醋调薄糊。不住手勤翻，烧至熟。

剥去面皮供。”这是一个筵席上的烧烤部分的菜品，部分食材也不是中原地区所产，所以邱庞同教授认为这应当是蒙古族或回族举办的大型宴会，不然用不了这么多的烧烤菜品。

（2）烧水札。见于《饮膳正要》：“水札十个挦洗净。芫荽末一两、葱十茎、料物五钱。右件同拌匀烧。或以面肥包水札，就笼内蒸熟亦可；或以酥油水和面，包水扎，入炉鏊内炉熟亦可。”水札是一种候鸟，也叫阔嘴鹬，主要生活在新疆一带，可见此菜的由来。这个菜有三种做法，一是生烧，应该与上一条“筵上烧肉事件”中的生烧水札差不多，直接用扦子串起来烤的；二是用发酵面团包起来蒸熟，这个就不能算是烧烤菜品了；三是用酥皮包起来烤熟，这种做法有点类似叫花鸡，但包裹的外皮不同，又有点类似西餐中的惠灵顿牛排，但主料不同。

（3）柳蒸羊。见于《饮膳正要》：“羊一口，带毛。右件，于地上作炉，三尺深，周回以石，烧令通赤。用铁芭盛羊，上用柳子盖覆，土封，以熟为度。”这个地炉的大部分在地下，所以最后才可以用土封。这个地炉与今天北京焖炉烤鸭的炉子有渊源关系。如此烤出来的羊也与焖炉烤鸭一样会有点烟熏香味。名称中的蒸在这道菜里应该有焖烤的意思。

（4）锅烧肉。见于《居家必用事类全集·饮食类》：“猪羊鹅鸭等，先用盐、酱、料物腌一二时。将锅洗净烧热，用香油遍浇，用柴棒架起肉，盘合纸封，慢火熓熟。”其烹饪原理与柳蒸羊相似，但在汉族人聚集的区域就不必用深挖一个地炉了，用家中常见的灶就可以，热源来自锅外的炉子。菜名中的烧在这里也有焖烤的意思。锅烧肉的做法在中国北方地区影响很大，现在还有很多锅烧系列的菜品。

2. 生食菜品

（1）生肺。见于《居家必用事类全集·饮食类》：“獐肺为上，兔肺次之。如无，山羊肺代之。一具全无损者，使口咂尽血水，用凉水浸，再咂再浸。倒尽血水如玉叶方可。用韭汁、蒜泥、酪、生姜自然汁入盐调味匀滤去滓。以湿布盖肺，冰镇。用灌袋灌之，务要充满。就筵上割散之。”此菜的做法与吃法都很粗犷，邱庞同教授认为是蒙古族食法。同书中与此菜相似的还有“酥油肺”“琉璃肺”。区别在于酥油肺中灌装的是蜜、酥、稠酪、杏泥、生姜汁；琉璃肺中灌装的是杏泥、生姜汁、酥、蜜、薄荷叶、酪、酒、熟油。所以酥油肺与琉璃肺其实也是生肺的一类。

（2）肝生。见于《饮膳正要》：“羊肝（一个，水浸，切细丝），生姜（四两，切细丝），萝卜（二个，切细丝），香菜、蓼子（各二两，切细丝），右件用盐、醋、芥末调和。”这是元代宫廷菜品。《居家必用豆类全集·饮食类》还有一款“肝肚生”：“精羊肉并肝薄批，摊纸上，血尽，缕切。羊百叶亦缕切，装碟内。簇嫩韭、芫荽、萝卜、姜丝，用脍醋浇。炒葱油抹过不腥。”这个做法很明显受汉唐时期“脍”的影响，让人联想到《论语》“脍不厌细”的要求。

3. 菜品美化

很多人会觉得游牧民族的菜品风格粗犷豪放，不会有美化的需要，实际情况并非如此，只是元代的菜品美化有别于宋代的风格。

（1）芙蓉鸡。见于《饮膳正要》：“鸡儿（十个，熟，攒），羊肚肺（各一具，熟切），生姜（四两，切），胡萝卜（十个，切），鸡子（二十个，煎作饼，刻花样），赤根、芫荽（打糁），胭脂、栀子（染），杏泥（一斤）。右件用好肉汤、炒葱、醋调和。”因为鸡肉用胭脂染色，所以称为芙蓉鸡。邱庞同教授认为栀子是用来给羊肚肺染色的。整菜色彩丰富，再加上煎鸡蛋刻成的花，菜量又很大，一般的餐具盛不下，这种美化风格有别于汉文化的审美趣味。

（2）带花羊头。见于《饮膳正要》：“羊头（三个，熟，切），羊腰（四个），羊肚肺（各一具，煮熟，切，攒，胭脂染），生姜（四两），糟姜（二两，各切），鸡子（五个，作花样），萝卜（三个，作花样）。右件，用好肉汤、炒葱、盐、醋调和。”这也是一道大型冷菜，这里的鸡子花与萝卜花都是用来美化菜品的，兼有食用价值。至于切好的羊头及其他食材会拼摆成什么图案，就要看厨师的设计了，有可能拆肉以后的羊头骨也会放在盘中用作装饰。

（二）对宋代菜品的继承

在继承这方面，《居家必用事类全集·饮食类》起到了非常巨大的作用。《居家必用事类全集》为元代无名氏编撰的一部家庭日用大全式的通书。该书以天干为序，其中的己、庚为“饮食类”，共收录400多种饮料、调料、乳品、菜肴、面点的制法。其中菜肴达150种。宋代《东京梦华录》《梦粱录》《武林旧事》中很多菜品的做法在这本书中保存了下来。如“两熟鱼”“金山寺豆豉”“水晶脍”“糟蟹”“酒蟹”“玉版鲊”等，当然这些做法有可能与宋代不完全相同，但考虑到元朝统治时间不足百年，书中记载应该是相当接近宋朝的，对研究宋代菜品极有帮助。

1. 两熟鱼

“每十分熟山药二斤、乳团一个，各研烂。陈皮三片、生姜二两，各剁碎。姜末半钱、盐少许、豆粉半斤，调糊一处，拌。再加干豆粉调稠作馅。每粉皮一个。粉丝抹湿，入馅。折掩，捏鱼样。油炸熟。再入蘑菇汁内煮。楪供：糁、姜丝、菜头。”这是一道仿荤素菜，只用蘑菇汁煮，也可大约想象到宋朝烧鱼的风味特点。最后的“糁、姜丝、菜头”也被断句为“糁姜丝、菜头”，从调味来说，这里的糁很难理解，姜丝有调味作用，菜头放在最后或许是用来装饰。糁或许是撒的误写，果真如此，就能说通了，鱼煮好后，盛入盘中，撒上姜丝，摆上菜头作装饰配菜。

2. 金山寺豆豉

“黄豆不拘多少。水浸一宿，蒸烂，候冷，以少面掺豆上拌匀，用麸再拌。扫净室，铺席匀摊，约厚二寸许。将穰草、麦秆或青蒿、苍耳叶盖覆其上。待五七日，候黄衣上，搓挼令净，筛去麸皮，走水淘洗，曝干。每用豆黄一斗，物料一斗。预刷洗净瓮候下。

鲜菜瓜（切作二寸大块）、鲜茄子（作刀划作四块）、橘皮（刮净）、莲肉（水浸软切作两半）、生姜（切作厚大片）、川椒（去目）、茴香（微炒）、甘草（剉）、紫苏叶、蒜瓣（带皮）。

右件将物料拌匀。先铺下豆黄一层，下物料一层，掺盐一层，再下豆黄、物料、盐各一层。如此层层相间，以满为度。纳实，箬密口，泥封固。烈日曝之。候半月，取出，倒一遍，拌令匀，再入瓮。密口泥封。晒七七日为度。却不可入水，茄瓜中自然盐水出也。用盐相度斟量多少用之。”

以上的金山寺豆豉可能就是南宋张俊宴请宋高宗时所用的金山咸豉，直到清代镇江的金山咸豉依然有生产，扬州蔬食馆“倚山园”曾以“湘妃竹攒盘”盛之供客。从上面所引内容可见，金山寺豆豉的配料丰富，制作精良。而且这些配料也参加了豆豉的发酵过程，带给豆豉不同寻常的风味。后来明朝有“十香豆豉”，基本方法与此相仿。

3. 糟蟹

糟蟹自南北朝至宋朝一直有生产，到元代时，人们已经总结出生产的口诀，被《居家必用事类全集》收录：“三十团脐不用尖（水洗控干布），糟盐十二五斤鲜（糟五斤、盐十二），好醋半升并半酒（拌匀糟内），可餐七日到明年（七日熟，留明年）。”这是可以七日成熟的糟蟹制法，又可以保存大半年。从调味料的使用来看，口味应是糟香与醋香并存的。

4. 酒蟹

“于九月间。拣肥壮者十斤，用炒盐一斤四两，好明白矾末一两五钱。先将蟹净洗，用稀篾篮封贮悬之当风，半日或一日，以蟹干为度。好醅酒五斤，拌和盐矾。令蟹入酒内良久，取出。每蟹一只，花椒一颗，斡开脐，纳入。磁瓶实摽收贮。更用花椒掺其上了包。瓶纸花上用韶粉一粒如小豆大。箬扎泥固。取时不许见灯。或用好酒破开腊糟拌盐矾。亦得。糟用五斤。”

5. 玉版鲊

青鱼鲤鱼皆可。大者取净肉。随意切片。每斤用盐一两。腌过宿控干。入椒莳萝姜橘丝茴香葱丝。熟油半两。橘叶数片。硬饭二三匙。再入盐少许。调和入瓶。箬封泥固。

（三）食疗观念影响深远

食疗的概念在先秦时就有，此后汉晋唐宋也有不少食疗的著作。但元朝，由于蒙古及西亚等的影响，食疗的内容比前代还是有不同的。金元四大家之一的金代医学家李杲在《脾胃论》中强调：“元气之充足，皆由脾胃之气无所伤，而后能滋养元气。若胃气之本弱，饮食自倍，则脾胃之气既伤，而元气变不能充，而诸病之所由生也。”元代医家朱震亨在《格致余论·茹淡论》主张人们多食“自然冲和之味”。

忽思慧的《饮膳正要》一书通过具体菜品直接将饮食与养生联系起来。如对于“阿八儿忽鱼”的介绍：“味甘、平，无毒。利五藏，肥美人，多食难克化。脂黄肉粗，无鳞，骨止有脆骨。胞可作膘胶，甚粘。膘与酒化服之，消破伤风。其鱼大者有一二丈长（一名鲟鱼，又名鳣鱼），生辽阳东北海河中。”又如对牛肉的介绍：“味甘、平，无毒。主消渴，止沤泄，安中益气，补脾胃。牛髓，补中，填精髓。牛酥，凉，益心肺，止渴、嗽，润毛发，除肺痿，心热吐血。牛酪，味甘、酸，寒，无毒。主热毒，止消渴，除胸中虚热，身面热疮。牛乳腐，微寒，润五脏，利大小便，益十二经脉，微动气。”这种对于食材的描述方式与秦汉时的《山海经》《本草纲目》相似，但没有《山海经》中的神秘成分，又比《本草纲目》有发展，基本就是食材本身的结构、肉质特点，以及人食用后的身体反映。

贾铭的《饮食须知》是元代仅次于《饮膳正要》的重要养生著作，书中收录的食材有300多种，重点介绍这些品种的相反相忌，其中有很多也是厨师选择原料的经验。如“韭菜”：“味辛微酸，性温。春食香，益人，夏食臭，冬食动宿饮。五月食之，昏人乏力。冬天未出土者名韭黄，窖中培出者名黄芽韭，食之滞气，盖含抑郁未伸之故也。经霜韭食之令人吐。多食昏神暗目，酒后尤忌。有心腹痼冷病，食之加剧。热病后十日食之，能发困。不可与蜂蜜及牛肉同食，成症瘕。食韭口臭，啖诸糖可解。”这里所说的既是作者的养生经验，其实也是人们日常生活中对韭菜特点的认识。又如“菘菜”：“味甘，性温，即白菜。多食发皮肤瘙痒。胃寒人食多，令恶心吐沫作泻。夏至前食多，发风动疾，有足病者忌食。药中有甘草，忌服菘菜，令人病不除。北地无菘，彼人到南方，不胜地土之宜，遂病，忌菘菜。其性当作凉，生姜可解。服苍、白术者忌之。”菘菜就是今天所说的黄芽菜、大白菜，烹调的时间稍长，味道就会略酸。胃寒的人胃酸较多，大白菜吃多了容易呕酸水。而生姜可解性凉的说法也与烹调大白菜时放生姜的做法暗合。

忽思慧是元仁宗的饮膳太医，贾铭是一位精于养生的长寿老人。从他们对于饮食与健康的观点来看，食疗的观念在宫廷、在民间已经深入人心，专业的医生与普通民众对此都深信不疑。

第四节　明清时期菜品设计的特点

明清两朝的文化气质差异较大，但还是可以放到一起来说的。两朝的政治中心、文化中心及社会阶层的格局都没有太大的变化。从整体上来说，明朝的菜品与唐宋元时期的联系较多，但有着制作方法上的很大的变化，可以说是中国古代菜品演化的重要转折时期。而清朝菜品从名称到制法再到审美趣味都与现代相去不远，可以看作是现代菜品设计的前奏。

一、明清菜品种类的变化

（一）食材品种的变化

元代有大量的西亚人来到中国，明初则有郑和七下西洋，在民间也有东南沿海居民与南亚地区的往来，这些交流带来了很多新的食材。在国内也有很多南菜北种、北菜南种的情况，并有很多获得了成功。

1. 明代南北交流的食材

大白菜是移栽最成功的。大白菜旧名菘菜，本是南方所产，元朝时北方还不产大白菜，到明中期已经成为北方的常见蔬菜。陆容《菽园杂记》：“菘菜即白菜。今京师每秋末，比屋腌藏以御冬，其名箭干者，不亚苏州所产。”白菜在北方引种成功以后，成为北方冬季的主要蔬菜，传至朝鲜半岛，更成为今天韩国泡菜的主要原料。该书中还说：“永乐间，南方花木蔬菜，种之皆不发生，发生者亦不盛。近来南方蔬菜，无一不有，非复昔时矣。”可见这种移栽是非常普遍的。而这种移栽的成功与温室的普及有着密切关系。《五杂俎》中记载：“京师隆冬，有黄芽菜、韭黄，盖富室地窖火炕中所成，贫民不能办也。”

鸭子在北方的大规模养殖很可能也是在明代。有学者研究认为北京烤鸭是明朝永乐年间从南京传至北京的，但北方的鸭子不多，元朝时还大量从江苏的高邮湖运鸭子进京，如今，北京的填鸭已经成为制作烤鸭的专用原料了。

2. 外来的食材

明清时传入中国的食材一般都被冠以“番”或“洋”字。这一时期传入中国的食材尤以蔬菜品种较多，下面介绍一些重要的外来蔬菜。

（1）玉米。玉米也叫玉蜀黍、苞谷。原产南美洲，明朝时从中亚经丝绸之路传入中国，所以在很长时间里，玉米主要产于中国北方，后来南方的山区也大量种植。

（2）番薯。番薯也叫地瓜、红薯、白薯、红苕、甘薯、山芋。原产于南美洲，明朝从吕宋、越南等地传入我国，我国很多地区都有种植，以南方较多，山区平原都能种植，解决了很多贫民的粮食问题。番薯与玉米共同为明清两朝中国人口的快速增长提供了粮食基础。

（3）番瓜。番瓜也叫南瓜、饭瓜、倭瓜。原产中南美洲，明朝时从吕宋传入中国，很快就在福建、浙江、京师等地广泛种植。番瓜的瓜子常用作休闲食物，花与叶也都可食，菜荒时节常作蔬菜。

（4）辣椒。辣椒也叫番椒、海椒、秦椒、辣茄等。原产于中南美洲，明朝时传入中国，在南北各地广泛种植。对明清以来陕西、四川、湖南、云南、贵州等地的饮食风味产生巨大影响。

（5）番茄。番茄也叫西红柿、洋柿子。原产于中南美洲，清朝时分别从欧洲与东南亚传入中国，成为重要的蔬菜与调味品。

（6）洋葱。洋葱也叫球葱、圆葱、玉葱、葱头、荷兰葱、皮牙子等名。洋葱原产于中亚或西亚，西汉时西域已经有种植洋葱的记载，但未见传入中土。16世纪，洋葱传入北美洲。17世纪传到日本。18世纪时，《岭南杂记》记载洋葱由欧洲传入我国澳门，在广东一带栽种。

（7）马铃薯。马铃薯也叫洋山芋、土豆、山药蛋。原产于美洲秘鲁和玻利维亚等地，为印第安人驯化。清朝初年传入中国，由于耐寒、耐旱的特点，在我国南北得到广泛种植。

（8）花椰菜。花椰菜也叫花菜、菜花。原产于地中海东部沿岸。19世纪，清朝中后期传入中国南方。

（二）制作方法的演变

1. 新的烹饪技法

（1）爆。这种方法在宋代可能已经出现，但方法不详。明代《宋氏养生部》一书中详细记载了一些爆菜的制作方法，如“油爆猪”“油爆鹅”“油爆鸡”，另外《明宫史》与《饮馔服食笺》中还有“爆炒羊肚”，其制作方法已经与今天的爆炒法差不多了。

（2）熏。这种方法原本是用来加工食品的，起着防腐防蛀的作用，明朝时用在了制作菜肴中。《宋氏养生部》一书中有“熏鸡”“熏鱼”“熏豆腐”等菜肴的具体制作方法，分为生熏与熟熏两种。《金瓶梅》一书中也有“火熏肉”与“熏鸭”，可见此类菜在当时的流行情况。

（3）提清汁。相当于现代中国烹饪里的“吊汤”，出自明代的《易牙遗意》：“以元汁云浮油，用生虾和酱舂在汁内。一边烧火，使锅中一边浮起，泛末，掠去之。如无虾汁，以猪肝擂碎和水代之。三四次下虾汁，方无一点浮油为度。”《易牙遗意》的作者韩奕是元末明初的苏州人，这个吊清汤技术的出现与江南地区的菜品的清丽雅致的风格是分不开的。

2. 旧有菜品的变化

（1）齑菹类菜品由咸酸向咸甜转变。相比于宋以前的同类菜品，明代的齑菹制作方法有变化，常有浇热汤、热油的做法。如《宋氏养生部》的“油泼齑”：“用芥菜稗心，洗，日晒干，入瓶。煎香油、研酱末、红豆蔻、缩砂仁，乘热泼于菜上。俟一二日熟。瓶外以水遂浸寒之，不能作酸也。”再如同书的“八宝齑”：“用面筋、熟笋干、木耳、豆腐面、乳线、酱姜、酱瓜、栗，细切条菹，油炒，入花椒起。”这样的做法已经完全不是传统的齑，只是用了齑的外形。腌菜时用糖多，则菜的酸味就没有了，所以前代齑菹类菜品逐渐被咸甜味的酱菜所取代。不甜的菹菜在明清时期一般被称为咸菜，如苏北地区用青菜腌制的咸菜，浙江及岭南一些地区用雪里蕻、萝卜缨腌制的咸菜等。整体上，京津地区、江浙沪、广州、福州等地的咸菜偏甜，华北一带的咸菜偏咸，湖广[1]及西南地区的咸菜偏酸辣。

（2）鲊类菜品腌制时米饭不再是必须的。传统的鲊在腌制时都是要放米饭的，但明代这种做法渐渐消失了。湖广地区做鲊时还会放炒米，《饮馔服食笺》载：“湖广鲊法，用大鲤鱼十斤，细切丁香块子，去骨并杂物。先用老黄米炒燥为末，约有升半，配以炒红曲升半，共为末，听用。将鱼块称有十斤，用好酒二碗、盐一斤（夏月用盐一斤四两）拌鱼，腌瓷器内。冬腌半月，春夏十日。取起洗净，布包榨十分干。以川椒二两、砂仁一两、茴香五钱、红豆五钱、甘草少许为末，麻油一斤八两，葱白头一斤。先合米曲末一升，拌和，纳坛中，用石压实。冬月十五日可吃，夏月七八日可吃。吃时再加椒料、米醋为佳。”《宋氏养生部》中的鳙鱼鲊的做法就不加谷物类粉末了：“用鳙鱼肉，方切小脔，炒盐腌之，每斤计炒盐六钱。翌日，布苴之，压干，又晾，令水竭，坋花椒、地椒、莳萝、红曲匀和，以香熟油渍没瓮中，令味自透，经年不馁。宜醋。”

（3）滑炒的技法开始出现并流行。炒菜一般都是旺火速成，目的是适应市场快速供餐需求，所以每一款炒菜都是在一定的市场范围内流行的。明朝以前的炒菜大多是熟炒、煸炒之类，明朝的《宋氏养生部》一书中出现了滑炒牛肉：“油炒牛（三制），一，用熟者切大脔或脍，以盐、酒、花椒沃之，投油中，炒干香。一，生者切脍，同制。加酱生姜。惟宜热锅中速炒起。一，生脍，沃盐、赤砂餹，投熬油速起。”这三种制法，一种为熟炒，另外两种为生炒，相同之处，三者都有上浆、划油的过程，是标准的滑炒菜品。清朝以后，滑炒成为炒菜中应用最为广泛的技法之一。

（4）脍类菜品逐渐减少。生食的脍类菜品有寄生虫的隐患，关于这一点早在汉代就被人们发现，但食脍的习俗一直没有大的改变。明清时期脍类菜品越来

[1] 湖广，作为地名，在明清时代及之后指两湖（湖南、湖北）。——编者著。

越少，明朝人笔记中提到吃鱼脍主要是广东一带，还有一些是用熟肉做的脍；清朝《食宪鸿秘》中的鲈鱼脍直接就抄了唐人笔记里的“金齑玉脍”，其他一些食脍的资料也大多是闽粤一带的食风。另外，东北的达斡尔族也喜食生鱼。

（三）菜品风格的变化

时代的审美与消费需求，加上相关行业技术的进步，共同影响了菜品的风格。这里从餐具与菜品形式两方面来分析明清时期的菜品风格的变化。

1. 餐具

（1）贡瓷民用。历代都会有贡瓷流入民间的情况，但大多是贡余的次品被偷偷流入民间的，明朝的情况有些不同。明朝初年青花瓷是主要贡瓷，所用青花染料是来自郑和下西洋时从中东地区带回的苏麻离青矿料，用在永乐、宣德年间制作的景德镇甜白釉瓷器上，所造瓷器称为永宣青花，是专供皇家的瓷器。图 2–39 是明宣德年间生产的青花缠枝花卉纹斗笠碗，温润的甜白釉上绘着精细的青花图案。在郑和带回的矿料被用完后，景德镇匠人用了其他的替代矿料，青花瓷也逐渐不再作为贡瓷，逐渐进入民间，成为明清时期最主流的餐具。其后相似的情况还有粉彩瓷器，在经过短暂的专贡时段后，也迅速进入民间。但用在餐具上的情况很少，用在茶具上的情况多一些。清朝灭亡后，皇室专用的明黄色瓷器及万寿无疆文字图案的餐具也迅速在民间普及。

图 2–39　明宣德青花缠枝花卉纹斗笠碗

贡瓷的花样款式在民用的流行，直接带来了民间对于宫廷菜品的想象与模仿，影响了民间菜品的审美风格。

（2）西方餐具影响。中国瓷器上的域外图案出现得早，唐代长沙窑出口到中东的瓷器图案就是专门定制的。明代荷兰东印度公司在订制中国瓷器时，也要求能够符合欧洲品味。明朝崇祯八年（1635 年），荷兰人第一次将木制的瓷样模型交到中国匠人手中，要求其按样生产一批欧洲式样的瓷器，如啤酒杯、烛台、芥末罐等，开创了西方人订制瓷器的先河。到了康熙时期，这种订制越来越多。但这些瓷器基本远销欧洲，对中国餐具没有什么影响。

1840年以后，西餐文化对中国的影响越来越多，在天津、上海、广州、香港等地陆续出现了很多西餐馆，其中有很多中国食客，这种影响一定程度上也反映在中国菜品中，对西式菜品的借鉴与仿制也越来越多，如炸猪排对牛排的模仿，糖醋汁逐渐让位于番茄酱等。菜品装盘形式上的模仿在明清时期不太多。

2. 形式

（1）正式场合菜品的朴素感。正式场合指大户人家、宫廷饮食等，这些场合的菜品一般没有花巧的做法与装饰。比如明神宗爱吃的烩“三事”：“海参、鳆鱼、鲨鱼筋、肥鸡、猪蹄筋共烩一处。”这就是一道形式上很普通的烩菜，以海参、鳆鱼与鲨鱼筋为主料，以肥鸡、猪蹄筋为辅料烩制而成。这种朴素感在明清的文史资料中随处可见，《金瓶梅》《红楼梦》这种反映市井及大户人家生活的小说中也经常可以看到。以饮食闻名的扬州菜品在万历《扬州府志》中有记载：“扬州饮食华侈、制度精巧。市肆百品，夸视江表。市脯有白瀹肉、熝炕鸡鸭，汤饼有温淘、冷淘，或用诸肉杂河豚、虾、鳝为之，又有春茧鳞鳞饼，雪花薄脆、果馅餢飳、粽子、粢粉丸、馄饨、炙糕、一捻酥、麻叶子、剪花糖诸类。”这些菜品都是市肆饮食，除品种丰富外，也未有太多艺术化的元素。清朝末年，瞿鸿禨从军机大臣位上致仕还乡，修订整理家谱中的宴会菜单，所有菜品均是毫无装饰的朴素菜品，甚至也没有什么高端奢侈的食材。

（2）休闲菜品的艺术化。艺术化的菜品主要出现在一些娱乐性质的场所，虽然很受消费者欢迎，但也是正式场合不采用此类菜品的原因。南方地区出现了很多象形菜品，如《调鼎集》中记载的“松果肉”“樱桃肉”“松鼠鱼”“菊花肉”“金钱肉”等，这类菜品在宋元明时期极少看到，但在清朝却大量出现，充分说明饮食市场的菜品审美趣味的变化。这些菜品在精致一些的市肆酒楼里的就可以出现。食品雕刻在清代也有制作，但不是普通饮食店里可以供应的。《随园食单》中提到制成蝴蝶形的萝卜鲞，拉开后，“长至丈许，连翩不断”，制作者是一位侯姓尼姑。制作更为精巧的是“西瓜灯”和“萝卜灯”，这些不能当菜品来使用，只是用在酒宴上烘托气氛。但在清朝，扬州、苏州经济发达的南方城市里还曾流行过冬瓜盅、西瓜盅，里面是可以盛放菜品的，比如清炖西瓜鸡，鸡汤里带有西瓜的清鲜气息，它们是菜品的重要组成部分。

二、明清菜品设计的类型化

明清两朝虽然闭关锁国，但国内商业经济还是比较发达的，尤其是北京、天津、上海、扬州、苏州、南京、杭州、福州、广州这些京城或沿海省份或城市，以及内地的位于交通要道上的大城市，客商往来，使得各地菜品之间交流频繁且深入。这种情况在唐宋元时虽也有，但都没有明清两朝那么完善。

（一）烹调方法的概念基本统一

从先秦到宋元，由于地理位置的限制，各个地方菜品的烹调方法的概念其实不完全相同。明朝以后，尤其是清朝时期，各地烹调方法在概念上基本统一。下面以煨与烧两种方法为例来说明一下。

1. 煨

（1）古代的煨。周八珍中的炮豚，历代学者多将其解释为烤，但细究其烹调过程，主要的成熟方法却是隔水炖，也可以称为蒸。将其释为烤当然是不妥的，但说成是蒸、炖也不准确。但这个菜的小火慢加热的方法与炰、炰相似，“炰”字又是“炮”的异体字，所以很可能炮豚的烹调方法应该写作“炰”更准确些。这可能是先秦两汉时期的文字不统一造成的。这类烹调方法到明清以后基本可以统一叫作“煨”。

（2）泥煨、灰煨。用泥把带毛的食材包起来的小火烤熟的方法叫泥煨，后来引用到鱼以及带壳的笋这些食材上，而且是否带毛也不太重要。清代《调鼎集》中的“荷叶包鸡”流传至今称为叫花鸡，也叫黄泥煨鸡，就是典型的泥煨。《养小录》中煨“带壳笋”：“嫩笋短大者，布拭净。每从大头挖至近尖，以饼子料肉灌满，仍切一笋肉塞好，以箬包之，砻糠煨熟。去外箬，不剥原枝，装碗内供之。每人执一案，随剥随吃，味美而趣。”邱庞同先生将这种方法称为灰煨。《养小录》的这个做法与宋代《山家清供》中的“傍林鲜”相似，但傍林鲜比较简单，只是将新挖的笋用竹林里的落叶燃火烤熟。

（3）白煨。这是现代烹调中主要的煨法，将食材放在汤中用中小火煮沸，将汤煮成浓白汤，所以称为白煨。如淮扬菜中的白煨脐门，还有很多地方都有的农家菜瓦罐鸡汤之类都属于白煨。

2. 烧

（1）古代的烧。在明清以前主要是指烤、炙类菜肴的烹调方法。如元朝《居家必用事类全集》中的“筵上烧肉事件”，烧就是指烤与炙。到清朝很多地方还有这种情况，《随园食单》中的“烧小猪”就是今天的烤乳猪。

（2）清代的烧。主要有两层意思，一层是代指烹调，如把厨师称为烧饭的；另一层是指用酱油、糖等调味调色，最后收浓汤汁的烹调方法，称为红烧。烧与煮本是一类，清代烧法独立出来后，仍有一点煮法的遗留，烧菜中不用酱油的做法称为白烧，而白烧时若加了花椒则称为卤煮。在江淮之间，也把红烧鱼称为煮鱼。

（二）同类菜品的名称基本统一

基本菜品名称的统一是各地菜品交流融合的结果。先秦时期北方的羹与南方的臛属于同类菜品，在南北文化融合的唐朝，臛这个名字就基本被羹取代了。到了明清时期，这种情况就更为常见了，具体表现在以下两个方面。

1. 菜名简约

菜名让客人一看就知道是什么菜，这是商业化程度高的城市饮食店的基本要求。所以，我们看到的明清时期的菜品大部分情况下是用烹调方法结合主配料的方式命名的。少部分菜品的名称会与传说、典故结合，但也不影响理解。

2. 名称通用

明朝中期的一些菜品名称还是有地方特点或文言特点的。如自汉代就流行的立春当天要吃五辛盘，后来在吃的时候要用薄饼包起来，既做小吃也算点心，自宋元以来，这种点心有多个名字，常见的有三种：春卷、春饼、春茧。前两个名字从字面上很容易明白是什么，春茧就不很清楚了。直到明朝时，扬州市上还把它叫作“春茧”。但到清代，基本上全国各地都统一叫春卷了，少数地方则春卷与春饼通用。再如，古代有多个点心都被认为是馓子，如环饼、寒具、捻头、粔籹等，历代学者也多有考释，意见不一，到清朝时，馓子的定义基本全国统一了，是油炸制成的酥脆的食品，其形状有两种，一种是细长条的环绕的，如淮安的茶馓；另一种是种薄片状的，如鸡蛋煎饼中包裹的油馓。

（三）高端食材的制法基本统一

明朝以前，沿海的食材很难到内地，内地的食材也很难到沿海，一些高端食材、山珍海味可以在商业繁荣的大都市出现，但因为量少难得，这些大都市的厨师未必能掌握最佳的烹制方法。明清时期，由于商业发达，也因为这一些时期的饮食专业的书籍大量出现，这些高端食材的制法自然也就日趋统一。

1. 燕窝

燕窝是元明清以来长期受推崇的食材，因生于南海，取之不易，所以一直是高端食材的代表，用在筵席上作头菜时，该筵席则称为燕窝席。

（1）《随园食单》中的制法：“燕窝贵物，原不轻用。如用之，每碗必须二两，先用天泉滚水泡之，将银针挑去黑丝。用嫩鸡汤、好火腿汤、新蘑菇三样汤滚之，看燕窝变成玉色为度。此物至清，不可以油腻杂之；此物至文，不可以武物串之。今人用肉丝、鸡丝杂之，是吃鸡丝、肉丝，非吃燕窝也。且徒务其名，往往以三钱生燕窝盖碗面，如白发数茎，使客一撩不见，空剩粗物满碗。真乞儿卖富，反露贫相。不得已则蘑菇丝，笋尖丝、鲫鱼肚、野鸡嫩片尚可用也。余到粤东，阳明府冬瓜燕窝甚佳，以柔配柔，以清入清，重用鸡汁、蘑菇汁而已，燕窝皆作玉色，不纯白也。或打作团，或敲成面，俱属穿凿。”《随园食单》的燕窝做法后来被《清稗类钞》收录。这两本书的流传都很广，其制法影响了很多地方的厨师。

（2）《醒园录》中的两种制法：“用滚水一碗，投炭灰少许，候清，将清水倾起，入燕窝泡之，即霉黄亦白，撕碎洗净。次将煮熟之肉，取半精白切丝，加鸡肉丝更妙。入碗内装满，用滚肉汤淋之，倾出再淋两三次。其燕窝另放一碗，亦先淋两三遍，俟肉丝淋完，乃将燕窝逐条铺排上面，用净肉汤，去油留清，加甜酒、豆油各少许，滚滚淋下，撒以椒面吃之。另有一法，用熟肉，剉作极细丸料，加绿豆粉及豆油、花椒、酒、鸡蛋清，作丸子，长如燕窝。将燕窝泡洗撕碎，粘贴肉丸外，包密，付滚汤烫之，随手捞起。候一齐做完烫好，用清肉汤作汁，加甜酒、豆油各少许，下锅先滚一二滚，将丸下去，再一滚即取下碗，撒以椒面、葱花、香菇，吃之甚美。或将燕窝色在肉丸内作丸子，亦先烫熟。余同。”这个制法明显不能体现出燕窝这种高端食材的特点，所以在后来的燕窝菜中便没人采用这种制法。

2. 鱼翅[1]

鱼翅在清代已经成为高级食材，明清前期有禁海政策，取之不易，物以稀为贵，自然受到食客追捧。以鱼翅作头菜的筵席则称为鱼翅席。

（1）《随园食单》中的鱼翅二法：“鱼翅难烂，须煮两日，才能摧刚为柔。用有二法：一用好火腿、好鸡汤，如鲜笋、冰糖钱许煨烂，此一法也；一纯用鸡汤串细萝卜丝，拆碎鳞翅掺和其中，飘浮碗面。令食者不能辨其为萝卜丝、为鱼翅，此又一法也。用火腿者，汤宜少；用萝卜丝者，汤宜多。总以融洽柔腻为佳，若海参触鼻，鱼翅跳盘，便成笑话。吴道士家做鱼翅，不用下鳞，单用上半原根，亦有风味。萝卜丝须出水二次，其臭才去。尝在郭耕礼家吃鱼翅炒菜，妙绝！未传其方法。”

（2）《醒园录》中的煮鱼翅法：“鱼翅整个用水泡软，下锅煮至手可撕开就好，不可太烂。取起，冷水泡之，撕去骨头及沙皮，取有条缕整瓣者，不可撕破，铺排扁内，晒干收贮瓷器内。临用，酌量碗数，取出用清水泡半日，先煮一二滚，洗净，配煮熟肉丝或鸡丝更妙。香菇同油、蒜下锅，连炒数遍，水少许煮至发香，乃用肉汤，才淹肉就好，加醋再煮数滚，粉水豆粉和之以水的芡汁少许下去，并葱白再煮滚下碗。其翅头之肉及嫩皮加醋、肉汤，煮作菜吃之。”这是将鱼翅先加工成半成品，方便以后使用。

3. 海参

（1）《随园食单》中的海参三法：“海参无味之物，沙多气腥，最难讨好。然天性浓重，断不可以清汤煨也。须检小刺参，先泡去沙泥，用肉汤滚泡三次，然后以鸡、肉两汁红煨极烂。辅佐则用香蕈、木耳，以其色黑相似也。大抵明日

---

[1] 此处的鱼翅是古人在典籍中的记载。2016年，国务院已出台《关于加强对象保护的通知》，明确表示禁止捕捞、销售保护的陆生野生动物和重点保护的水生野生动物及其制品。餐饮企业也主动停止提供鱼翅菜品。——编者注，下同。

请客，则先一日要煨，海参才烂。尝见钱观察家，夏日用芥末、鸡汁拌冷海参丝甚佳。或切小碎丁，用笋丁、香蕈丁入鸡汤煨作羹。蒋侍郎家用豆腐皮、鸡腿、蘑菇煨海参亦佳。”这三种做法均被《清稗类钞》收录。

（2）《农圃便览》中的海参制法：“制海参，先用水泡透，磨去粗皮，洗净剖开，去肠切条，盐水煮透，再加浓肉汤，盛碗内，隔水顿极透，听用。”具体成菜的方法，该书中的建议是烂煮与糟。这种方法烹制的海参入味且口感软糯。

（四）菜品的应用类别基本统一

中国菜品在数千年的发展过程中，其应用类别是递进发展的。在先秦时期，存在很多主副食不分的情况，菜肴、点心、主食在筵席上常常同时上桌，菜品的功能性模糊不清。到明清时期，菜品的应用类别日趋清晰。

1. 菜肴

（1）看菜。看菜流行于宋朝，这些菜肴都是可以食用的，在客人点菜以后就上桌，却不是客人点的菜。宴会上也会有用水果或点心垒成的装饰性的饾饤。客人们大多也不会真的吃这些菜与果品，以表示自己不是很饿。明清时期，这类看菜越做越漂亮，演变成后的花色拼盘。饾饤一直到民国时期才逐渐消失。

（2）凉菜。凉菜的制作由来已久，到明清时期，凉菜的作用才正式固定，作为筵席上的前菜使用。这也是中式筵席区别于西式筵席的一个地方，西式筵席上的前菜既可以用凉菜也可以用热菜，而中式筵席的前菜基本就是凉菜。凉菜的这个应用特点也让它成为厨房里的独立工种，大多数时候不与热菜厨师互换岗位。

（3）头菜。用大碗盛装，并且大多数时候是第一个上桌的碗盛菜肴。头菜用来表示筵席的价格档次，所以选用的都是高级食材。

2. 主食

在日常饮食中用来填饱肚子的谷类食物，主要有米饭、馒头、面条等。

3. 小吃与点心

这类菜品的边界比较模糊。比如馄饨即可以属于小吃一类，又可以归入点心一类。包子稍大一些的都算是点心，而小巧的生煎包子通常归到小吃一类。这里面没有明显的边界，但有一个大概的规律。在街边摊上吃的通常算小吃，而可以买了装盒带走或用在宴会上充当主食的通常算是点心。

三、西方饮食文化对中国菜品的影响

（一）西餐技法的传入

从元代开始就有很多来自西亚甚至欧洲的人在中国生活，到明清时期欧洲文化对中国的影响更大，相应的欧洲菜品也影响了中国菜品。康熙初年，传教士们编写了《西方要纪》供皇帝御览，其中就有关于西方饮食风俗的介绍。道光以后，清朝与西方的文化交流越来越多，出访的使臣们在他们的笔记奏折中也多有关于西餐的介绍。在一些菜品传说中，最初是外国人口述菜品的要求，然后中餐厨师按自己的理解做出来，比如咕咾肉传说来自中餐的糖醋排骨，在做的时候抽去了骨头，并将原来的糖醋汁改成了番茄酱。这样的故事不一定是真实发生的，但很能说明中西餐最初融合的情形。

清代晚期，一些开放城市有大量的外国人，为了能让中餐厨师做出适合西方人口味的菜品，美国南浸传道会教士高第丕（Tarleton Perry Crawford）的夫人 Martha Foster Crawford 在 1866 年编写了一本西餐菜谱《造洋饭书》，这是中国第一本西餐食谱。其中有汤、鱼、肉、蛋、小汤、菜、酸果、糖食、排、面皮、朴定、甜汤、馒头、饼、糕、杂类十六个大类，基本都是西餐做法。《清稗类钞》中批评当时的繁盛商埠西餐馆做菜不中不西，反过来也正说明厨师们在尝试着对西餐的模仿或将中餐用西式的方法来做。

清代西餐炊具进入中国的主要是烤炉。《调鼎集》一书中收录有"洋炉鹅"等菜品，从名称可各知这款烤鹅所用的炉具是西餐中的烤炉，这些设备也在某种程度上对中国菜点的制作产生了影响。

（二）具体菜品的仿制

1. 牛排、猪排、咖喱鸡

（1）炸猪排。中国是农耕社会，历代都会有禁止宰杀耕牛的法律，到明清时期，即使是宫廷、高官的食单上也很少会出现牛肉类菜品，所以西餐里很常见的牛排在中餐里一直是比较珍贵的菜品。所以中餐厨师就用猪肉仿制了牛排，称为猪排。制作方法也采用了中餐的挂糊拍粉油炸的方法，可算是仿制西餐最成功的菜品。具体做法载于《清稗类钞》："以猪肋排去骨，纯用精肉，切成长三寸、宽二寸、厚半寸许之块，外用面包粉蘸满，入大油镬炸之。食时自用刀叉切成小块，蘸胡椒、酱油，各取适口。"

（2）咖喱鸡。咖喱是印度的调味配方，但传入中国却是因为西餐。民国梁实秋的《雅舍谈吃》中谈道："凡是用咖喱粉调制的食品皆得称为咖喱。最为大家所悉知的是咖喱鸡。我在民国元年左右初尝此味，印象极深。东安市场的中兴茶楼，老板傅心斋很善经营，除了卖茶点之外兼做简单西餐。他对先君不断地游说：'请尝尝我们的牛爬，不在六国饭店的之下，请尝尝我们的咖喱鸡，物美价廉。'牛肉不愿意试，先叫了一分咖喱鸡，果然滋味不错。"

2. 叉烤鸭与洋炉鸭

《调鼎集》中洋炉鹅的制法："腹内入葱卷并大头，以铁叉叉鹅，入炉炙熟。

鸡鸭同。”铁叉叉鹅入炉烤，方便随时翻转鸭身。这种方法与后来南京的叉烤鸭有相似之处。不同处在于叉烤鸭是明火烤，不用烤炉，厨师在操作过程中一直鸭不离叉、叉不离手，工作量大，人辛苦。这种洋炉烤的鹅、鸭、鸡不需要一刻不离地拿着烤叉。另外在炉内烤，热效高，烤得也比较快。这种差异在今天的中式烤鸭中可以明显看出优劣，南京的叉烤鸭在市场上基本见不到了，而北京的炉烤鸭依旧生意很好。

3. 金刚脐与面包

面包传入中国后一度成为时尚点心的代表。中国传统的面食多为蒸、烙，从技术与材料上来说能模仿的西式点心不多，但面包的制法与食材相对简单，易于仿制。扬州镇江一带的金刚脐除了外观，其做法与口味上都是模仿了面包。

4. 蛋糕的仿制

蛋糕相对于中式糕点来说虽然风味特点很明显，但还是很受食客欢迎的，而且用中式的制作方法也可以模仿。《醒园录》中有两款仿制的糕点。

（1）蒸鸡蛋糕法：“每面一斤，配蛋十个，白糖半斤，合作一处，拌匀，盖密，放灶上热处。过一饭时，入蒸笼内蒸熟，以筷子插入不粘为度。取起候冷定，切片吃。若要做干糕，灶上热后，入铁炉熨之。”这一条内其实收了两种做法，一个是蒸，一个是烤，后者与西餐蛋糕的基本方法接近。

（2）蒸西洋糕法：“每上面一斤，配白糖半斤，鸡蛋黄十六个，酒娘即醪糟，江米酒半碗，挤去糟粕，只用酒汁，合水少许和匀，用筷子搅匀，吹去沫，安热处令发。入蒸笼内，用布铺好，倾下蒸之。”这一种仿制的蛋糕做出来完全就是中式风味，可以称为酒娘蛋糕。

作业

1. 整理中国各个朝代的菜品，每个朝代十个菜品，附上古代的制作方法。
2. 了解各个朝代的餐具形式、材质及用途。
3. 先秦时期的菜品风格有哪些？
4. 如何看待炮豚、炙豚与现代烤乳猪的传承关系？
5. 菹齑与现代韩国泡菜的传承关系是什么？
6. 羹、臛与今天的烩菜的传承关系是什么？
7. 面粉加工技术对汉代菜品制作有何影响？
8. 简述唐代花色菜品的发展。
9. 简述宋代饮食市场发展与菜品设计的关系。
10. 简述宋代餐盘装饰技术的专门化发展。
11. 试论宋代菜品的用料与技术特点。

12. 简述元代菜品对宋代菜品的继承。
13. 试论元代菜品食疗观念的影响。
14. 简要介绍历代外来食材的传入情况。
15. 简述明代传统菜品的变化。
16. 试论明清菜品形式的特点。
17. 试论元明清三代西方饮食对中国的影响。

第三章　菜品的构成元素

本章内容： 介绍构成菜品的四大元素，包括材料元素、工艺元素、艺术元素与文化元素。

教学时间： 4 课时

教学目的： 通过对菜品构成元素的讲解，使学生能够从设计的角度来理解菜品，为后面章节的展开作铺垫。

教学方式： 课堂讲授。

教学要求： 1. 材料元素与工艺元素要突出中国物产的丰富与工艺精湛，艺术文化元素要突出中国文化的兼容并包的特点。

2. 使学生理解材料与工艺对于菜品本体重要性。

3. 学生理解艺术与文化对于菜品形式与市场接受度的重要性。

作业要求： 分析古今著名菜品的设计构成。

菜品作为一个设计的成果，可以分解为材料元素、艺术元素、文化元素与心理元素四个方面。对菜品元素的分解是为了更好地理解菜品在应用中的性质和作用，便于在设计时把握需求的关键点。

第一节　材料元素

在菜品设计中讨论材料元素不是要简单地重复原料学知识，而要从消费者需求的角度来理解原料，理解消费者对于原料的关注点。

一、材料的出产地

原材料是菜品的第一要素。除了常见的老嫩问题，原料的出产地在菜品设计中是最重要的问题。关于产地，我们主要关注的有两点：原产地与优质产地。原产地在消费者的心目中常常被认为是正宗的产地，而正宗又常被与优质画等号。这样的认识是不准确的，但庞大的消费群体是不会也不需要被教育的，这是一种顽固的认知。绝大多数原材料的原产地已经无法追溯，人们通常认为的原产地往往有着传说的成分。优质产地的形成有两个方面，一是文化方面，与人们对于食材品质的需求有关，以前人们普遍缺少高热量食物时，脂肪含量高的就被认为是优质食材，如 20 世纪 50 年代引进的苏白猪就因肥肉多而受到欢迎；二是自然条件，因产地的水土条件好而出现优于其他产地的品质。下面介绍一些常见的优质产地食材。

（一）蔬菜类

1. 蒲菜

蒲菜也叫蒲芽、蒲儿菜，是一种水生蔬菜，是香蒲科多年生植物香蒲的假茎，在中国很多地区都有生长，但只有江苏淮安与山东济南出产的蒲菜色如象牙，纤维柔嫩，可以作为蔬菜使用（图 3-1）。其他地方的蒲芽色泽偏绿，纤维也比较粗。蒲菜在使用时通常适合与猪肉、牛肉搭配，早在汉代《七发》中就有“雏牛之腴，菜以笋蒲”的做法，但出台因禁止宰杀耕牛的规定，后来蒲菜多与猪肉搭配，鸡鸭类食材也可搭配。

2. 瓢儿白

瓢儿白是青菜中的一种，主要产于长江中下游地区，其他地区也有出产。瓢儿白在各个地方的名称不同，在淮安称瓢儿白，在扬州称梅岭菜心，在南京称矮脚黄，这三个产地的瓢儿白品质较好。在淮扬菜里，瓢儿白最受人看中的是菜心部分，秋冬季经霜以后质感柔嫩无渣，滋味清鲜微甜。南京菜炖菜核用的就是瓢儿白菜心，秋冬季扬州的清炖蟹粉狮子头也常用瓢儿白菜心来配。

图 3–1　淮安蒲菜

（二）禽畜类

1. 北京填鸭

北京填鸭是制作北京烤鸭的专用食材。与普通鸭子的养殖方式不同，这种鸭子是通过人工填喂的方式养成。成鸭肌肉丰满，皮下脂肪厚，适合烤。烤好以后皮下脂肪基本烤融化，皮变得酥脆，若是用普通鸭子来烤就无法达到这个效果。由于填鸭的油脂太多，也不太适合用来做其他的菜品。

2. 盐池滩羊肉

滩羊主要产于宁夏贺兰山东麓的银川市附近各县，甘肃、内蒙古、陕西等地也有出产。盐池滩羊是宁夏滩羊中的著名品种，肉质细嫩，膻腥味极轻，脂肪分布均匀，营养丰富，是羊肉中的上品。相比而言，南方一些地区的羊肉膻味重，烹制时需要依赖多种香料来压制。在使用时，盐池滩羊可以用来做烤全羊，也可以用来做羊汤、红烧羊肉以及炸熘爆炒等菜品，适用面比较广。

（三）水产类

1. 螃蟹

螃蟹是畜禽类食材中产地属性比较鲜明的一类。民国时，北京名医施今墨把各地出产的螃蟹划分为六等，每等又分两级。一等湖蟹，江苏阳澄湖、浙江嘉兴湖为一级，江苏邵伯湖、高邮湖为二级；二等江蟹，安徽芜湖为一级，江西九江为二级；三等河蟹，清水河为一级，浑水河为二级；四等溪蟹；五等沟蟹；六等海蟹。总共是六等九级。在目前的市场上，一般也是湖蟹最受人追捧，价格最高。海蟹不能一概而论，帝王蟹之类的等级又要高于湖蟹，但在使用时，帝王蟹以蟹腿为主，蟹黄不是品尝的要点。

2. 鲥鱼

鲥鱼也叫刀鱼、刀鲚、毛鲚，是一种洄游鱼类。泰国、缅甸、柬埔寨的湄公河、湄南河等流域以及非洲部分地区的水域均有出产，一般成鱼体长 60 ～ 100 厘米。鲥鱼与河豚、鲥鱼并称为中国长江三鲜，但长江中的鲥鱼一般体长在 30 厘米以内。既是洄游鱼类，长江中可以见到鲥鱼的地方也就比较多，但只是在扬子江这一段出产的才是其中的优质品种。因为鲥鱼刺多，在洄游到扬子江这段时，鱼刺是软的，肉质也比较滋润，等沿江向西游到安徽、江西一带时，肉质变粗，刺也变硬。由于这个特点，扬州镇江一带烹制鲥鱼的方法是清蒸，而到了安徽就用油煎炸了，这种做法在《随园食单》中有记载。

（四）菌菇类

1. 台蘑

台蘑，又叫“天花菜”，是对产于山西省五台山区蘑菇的简称，主要品种有香蕈、秋露白、银盘、狗爪等，是五台山的稀有特产。台蘑质地细嫩，色泽乳白，菌体肥大，油性大，香味浓，可烹制成多种荤素名肴，是席上珍馐（图 3–2）。五台山南台附近是主产地，也出产的品质最佳。元代吴瑞《日用本草》：“天花菜出自山西五台山，形如松花而大，香气如蕈，白色，食之甚美。”唐宋时就被选做宫廷菜，是山西传统的著名特产。

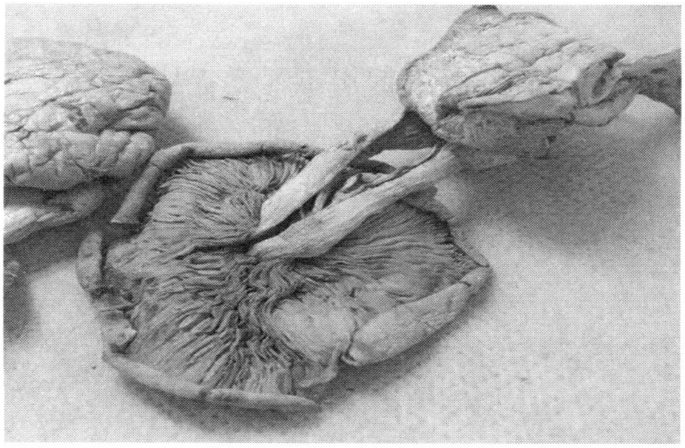

图 3–2　台蘑——秋露白

这里的蘑菇和张家口的口蘑一样，有规则地生长在草丛的圈道上，从根部到顶部呈乳白色。明圈分布在草丛长得茂盛的地方；暗圈隐藏分布在草丛中，须凭采集经验分辨寻找。每年从立秋到白露这段时间，是台蘑生长、采集的旺盛季节。台蘑的特点：呈伞形，肉质细嫩，色泽乳白，菌体肥大，油性大，香味浓，可烹制成多种荤素名肴，是席上珍馐。做出菜来色泽素洁清新，味道鲜美甘甜，口感嫩脆爽滑。

2. 口蘑

口蘑（图 3-3）又名白蘑、蒙古口蘑、云盘蘑、银盘。银盘也叫营盘，是口蘑中的最上品。口蘑不是指一种具体的蘑菇，是以张家口为集散地的多种蘑菇的总称，其中有青腿子蘑、香杏、黑蘑、鸡腿子、水晶蕈、水银盘、马莲杆、蒙西白蘑等，从名称就可以看出其中的不同，但在很多地方人们把常见的白蘑菇当作口蘑。主要产地于内蒙古自治区锡林郭勒盟（简称锡盟）的东乌旗、西乌旗和阿巴嘎旗、呼伦贝尔市、通辽等草原地区，河北张家口地区也有出产。现在很多是人工种植的白蘑菇。

3. 松茸

松茸，学名松口蘑，别名松蕈、合菌、台菌，隶属担子菌亚门、口蘑科，是松栎等树木外生的菌根真菌，具有独特的浓郁香味，是世界上珍稀名贵的天然药用菌，我国二级濒危保护物种。松茸好生于养分不多而且比较干燥的林地，一般在秋季生成，通常寄生于赤松、偃松、铁杉、日本铁杉的根部。我国主要产茸区有香格里拉产茸区、楚雄产茸区和延边产茸区等地区，其中香格里拉产茸区占全国总产量的 70%。松茸的寿命极短，子实体从出土到成熟，一般只需要 7 天时间，子实体成熟 48 小时后，松茸会迅速衰老，表面会出现开裂、脱膜、脱朵等状态，被称为老茸。松茸的整体呈红板栗色，有特别的浓香，口感如鲍鱼，极润滑爽口（图 3-4）。

图 3-3　口蘑干货

图 3-4　松茸

另有两种容易与松茸混淆的食用菌，一是花松茸，二是姬松茸。花松茸产季和松茸相同，形状极为相似。花松茸有一种刺鼻的味道，吃起来没韧劲，比较脆，像地瓜，而松茸吃起来很有韧劲。姬松茸不是松茸。姬松茸原产于巴西，也叫巴西蘑菇，属于伞菌科，与松茸是两种完全不同的真菌。姬松茸的外形是黑帽白脚，气味比较刺鼻。

（五）粮食类

1. 大米

（1）东北大米。东北大米是粳米，主要种植于中国东北地区肥沃的黑土地中，生长周期一般五个月左右。东北大米主要有四个品种：长粒香，圆粒香，稻花香，小町米。其中以圆粒最为人所熟知，米粒形短圆，长宽比约为 1.6 ： 1，腹白少，胶质率高，米色清亮透明。煮饭后出饭率高，黏性较小，米质较脆，饭粒油亮，香味浓郁。

（2）日本大米。日本大米是日本本土生产的大米的总称，其中尤以新潟县鱼沼市产的越光米为上品，越光米的口感香糯、柔软且味道上佳。越光米的这个特点还让它成为寿司首选用米，做出来的寿司入口不黏糊，易散开。

（3）泰国大米。泰国大米也称泰国香米，是原产于泰国的长粒型大米，是籼米的一种，是仅次于印度香米的世界上最大宗的出口大米品种之一。泰国香米主要出产于泰国东北部，尤其以黎逸府、乌汶府、武里南府、四色菊、素辇府（苏吝府）、益梭通府等地为多。泰国香稻只有在原产地才能表现出最好的品质，因为那里特殊的生长条件，尤其是香稻扬花期间，气候凉爽，阳光明媚，加上水稻灌浆期间土壤中渐渐降低的湿度，对香味的产生及积累起到非常重要的作用。泰国香米与印度香米都非常适合制作炒饭。

2. 岩米、野米

（1）岩米。岩米不是米，它是石草的种子，主要生长在中国与尼泊尔交界的岩石缝隙内，呈黄绿色，清香味浓郁，米香味略淡，故得名岩米（图 3-5）。蒸好的岩米颗粒饱满，质地黏稠、爽滑，入口即化，口感十分丰富。

（2）野米。野米也叫菰米、雕胡米、安胡米。有美洲菰米与中国菰米。美洲菰米外壳不用打磨，呈灰黑颜色，含有极高的营养成分（图 3-6）。中国人食用菰米上至先秦时期，西汉枚乘《七发》“安胡之飰”就是。黏性较小，用来煮饭不太容易烂，烹调时宜用动物脂肪增加滋润的口感。

二、材料的生产方式

食物材料有多种生产方式，很多动植物原料在采集、宰杀后会直接用来烹饪，如果一时食用不完，就会将其加工成便于贮存、运输的食材。在养殖技术成熟后，还出现了各种反季节食材。

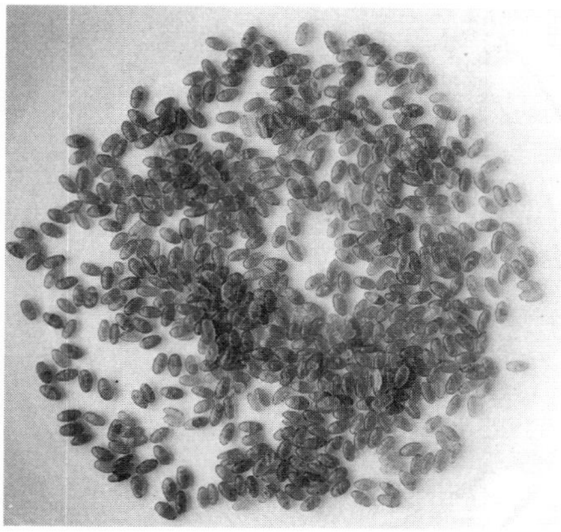

图 3–5 岩米

图 3–6 野米

（一）时令食材

原始人类并不区别食材的时令性，他们食用所能找到的可食物。当人类进入文明社会后，对于食物的时令性才有了要求，《论语》所说的不时不食就是对于食物的时令要求。时令食材有三种情况。

1. 自然界季节性供应的食材

动植物大多有其生长的季节性特点。一年四季中，植物从发芽到开花结果，是一个自然的过程，在温房技术没有普及的时代，不在季节就不会有相应的植物食材。动物食材的季节性供应由其迁徙的习性决定，如洄游的鱼类、迁徙的鸟类都有很强的季节性。

2. 食材品质的季节性选择

食材品质的季节性与动植物的生长的季节性有一定的关系。动植物在不同生长阶段的营养状况不同，其品质也就不同。古人选料时有春韭秋菘的说法，韭菜与大白菜在一年中的多数时候都有供应，但韭菜品质最好的季节在春季，大白菜最好的季节则在深秋霜降以后。“鲥不过端午”与“鮰不过清明”是一种季节性，大多数动物类食材则在秋、冬季较为肥美。这样的季节性往往还与饮食卫生和饮食养生联系起来，如“春不食肝”，是古人认为春天的动物肝脏对人体健康不利；“小暑长鱼赛人参”则是江淮地区认为这时节的黄鳝对人体最有滋养作用。

3. 基于可持续供应的食物选择

古人将食物的可持续供应上升到道德层面，如商汤捕鸟的故事，说他在捕鸟时网开三面让鸟儿逃离，认为商汤的仁德已经惠及禽兽。这个故事的背后是古人对于食物可持续供应的重视。后来这种选择行为表现为三个特点：一是不在春天的时候渔猎，二是不猎杀怀孕的母兽，三是不捕食幼小的动物。这三点大多数也与季节有关，关系到春季的渔猎行为。

（二）反季节食材

在自然状态下，反季节供应的食材品质是不太好的，或者是无处寻找的。当温房种植与动物养殖技术成熟的时候，反季节食材的供应也就成为市场的常态。但是在反季节食材的发展过程中，无论人们的认知如何变化，反季节食材的价格基本遵循“物以稀为贵”的原则。

1. 温房与反季节食材

温房在秦朝已经出现，当时只是极少数贵族才可以使用的。到宋朝和明朝，温房技术逐渐成熟，但因为成本较高，一直到 21 世纪后期才开始普遍使用。反季节蔬菜、瓜果在消费者的认知中经历了一个高价到平价的下降过程。刚开始，所有反季节的蔬菜瓜果价格都是偏高的，但当其在市场供给充足的时候，价格就开始下降。再到后来，人们认为时令的食材更为健康，反季节食材就成为菜荒时期的一个补充。

动物养殖中，反季节的食材不太容易引起消费需求，因为动物在一年四季的生长过程中，体内的营养基本是遵循自然规律的。目前的技术条件下，不可能让春天的螃蟹长得像秋天的螃蟹一样成熟。虽然有夏天上市的“六月黄”螃蟹拿来做醉蟹，但整体上还是无法与八九月成熟时期的螃蟹相提并论。其他动物食材也是这样。

2. 物流与反季节食材

在四季分明的地区食材的季节性比较明显，但在亚热带与热带地区，很多食材是可以常年生产的。在物流发达的现代社会，南方的很多蔬菜瓜果到了长江、黄河流域就相当于是反季节食材了。这类外来食材的风味与本地食材会有一定的差别，品质的认可度会比较高一些，相应的价格也会比较高。

（三）加工食材

各个地区都会有本地的一些加工食材，有些加工食材保存期限较短，有些则比较长。大多数加工食材只在本地区使用，有些则会成为著名食材，受到各地食客们的追捧。本书重点介绍火腿。

火腿是腌肉的一种，在猪肉的不同部位中，腿肉是品质较好的，因而火腿的价格也就超过大多数腌肉。火腿大多可以长时间贮存，美国的弗吉尼亚博物馆中有存放了 100 多年的老火腿。

1. 中国火腿

中国产火腿的地方很多，如产于浙江金华的火腿称为南腿、产于江苏如皋的火腿称为北腿、产于云南宣威的火腿称为云腿。金华火腿的香味更好，云腿则脂多肉厚。在使用时，中国火腿基本是加热后食用。中国火腿一般可以存放较长时间，敲击有金石声。清代扬州曾有商家将金华火腿蒸熟后剔去筋膜、骨头，再压制成块。这是一种便于使用的火腿半成品，价格也高于金华火腿。

2. 美国火腿

弗吉尼亚火腿是弗吉尼亚州生产的火腿，此外北卡罗来纳、南卡罗来纳、田纳西、佐治亚、密苏里、肯塔基等也有生产火腿的传统，这些火腿统称为乡村火腿（Country Ham）。弗吉尼亚火腿自 18 世纪以来就在北美殖民地出了名，且能够大批出口欧洲，是美国火腿中的名品。

3. 西班牙火腿

西班牙火腿从原材料上可分为塞拉诺火腿（Jamón serrano）和伊比利亚火腿（Jamón ibérico）两类。塞拉诺火腿是由常见的白蹄猪制成，在市场上和餐厅中比较常见；伊比利亚火腿是用产量稀少的伊比利亚黑蹄猪制成，并且制作更讲究，当然价格也更贵。用猪的后腿制成的西班牙火腿称为 Jamón，用猪的前腿制作的火腿称为 Paleta。在火腿产品的包装上都会印上 Jmón 与 Paleta 字样，以便区分。相比较而言，猪后腿的肥肉更多，做出来的火腿味道更好。

4. 意大利火腿

意大利帕尔玛火腿（Prosciutto di Parma）是从罗马时期就开始生产的，生产条件要求较高。原料必须用意大利特有的杜洛克猪或是长白猪；所有的帕尔玛火腿授权生产商都坐落在帕尔玛生产区内，这一区域从伊米利亚（Emilia）大街以南 5 公里起，东起恩扎河（Enza），西讫斯特罗纳河（Stirone），往上直至海拔不超过 900 米的地方；正宗的帕尔玛火腿只用海盐，含盐量比其他火腿要低。即使是产自帕尔玛地区但达不到帕尔玛火腿协会要求的火腿，也不能被授权命名为帕尔玛火腿，也就不会被印上官方认证标志——帕尔玛皇冠。帕尔玛火腿脂肪分布比较均匀，瘦肉呈粉嫩玫瑰色，吃起来口感较软。帕尔玛火腿也称生火腿，常被用来直接生吃，或是配上蜜瓜生吃，口味清淡且有特殊的香味。

三、食材的认知度

对于食材的认知度有两个方面，一是食材的珍贵程度，二是食材的养生功用。认知度的不同决定了人们对于食材的重视程度不同。

（一）珍贵程度

物以稀为贵，常见的食材自然不如稀有食材珍贵。食材的珍贵程度不是一成不变的，它会随着季节的变化、流通的发达、科技的发展而改变。

1. 常见食材

常见食材是指在日常饮食中经常用到，并且可以在本地轻易购买的食材。常见食材中不包含名贵食材。常见食材有地区性。有些食材从名称上看比较常见，但细分后会发现有不同，如牛肉是常见食材，但牛肉中的雪花牛肉与日本和牛就是名贵食材。常见食材的这种地区性是不同地区菜品得以区别于其他地区菜品的重要因素之一。

2. 稀有食材

稀有食材不包括国家保护的动植物，它是指可以合法食用的、但在日常饮食中较少用到的一类食材。通常所说的山珍海味就属于稀有食材。有些稀有食材就出自常见的食材，如鸭子是常见食材，但鸭舌就不是；鸡是常见食材，鸡子就不是；鲟鳇鱼、鲑鱼虽然价格高些，在今天还是比较常见的食材，但用它们的鱼卵制成的鱼子酱就是稀有食材，在法国餐里，鱼子酱主要指的是鲟鱼卵，是著名的奢华美食。

（二）养生功用

从养生功用来看，食材可分为普通营养食材与功能食物。养生功用有现代营养科学范畴的与养生文化范畴的，前者在现代基本是有共识的，只要是普及现代营养科学的地方，基本上会接受相关的观点；后者受各地传统文化影响，不一定有共识，甚至会有截然相反的看法。

1. 普通营养

按照现代营养学的观念，食物中有六大营养素，这六大营养素在不同的食物中虽然含量、种类不同，但相同的营养素并不会有高低贵贱的差别。如果菜品设计的目标是营养餐，对象是特殊需要的人群，在选料时应该遵循现代营养学的配餐要求。相关知识在营养学课程中已有讲解，这里不展开介绍。

2. 功能食材

功能食物的选料不宜包含药材类原料，明确作为药材的原料必须在医生的指导下使用。其他食材虽然不作药材用，但中国医食同源的传统让人们对于食物的药用功能大多持相信的态度，对于功能食物的选择也是在这个基础上进行的。下列介绍几种功能食材。

（1）蘘荷。在中国食用已久，也叫蘘荷姜、阳荷姜，主要食用部分是其花序，形状似荷花的花蕾，颜色呈紫红，有类似姜的辛香气味。我国很多地方都有分布。中医认为其根茎性温，味辛。温中理气，祛风止痛，消肿，活血，散瘀。治腹痛气滞，痈疽肿毒，跌打损伤，颈淋巴结核，大叶性肺炎，指头炎，腰痛，荨麻疹，并解草乌中毒，但这些在菜品制作中实际用不到。可食的花序可治咳嗽，配生香榧治小儿百日咳有显效。

（2）白鸽与乌鸡。在中餐里鸽子的滋补功效被认为远远超过鸡，号称一鸽胜九鸡。但并不是所有的鸽子都那么神奇，《本草纲目》认为“鸽羽色众多，唯白色入药”。普通的鸽子虽不如白鸽，但其作为滋补食材在民间应用比较普遍。

鸽肉性平味甘，在应用时没有太多的季节上的局限，用于春夏的清补也可以，用于秋冬的温补也可以。乌鸡也称乌骨鸡，《本草纲目》认为乌骨鸡有补虚劳羸弱，制消渴，益产妇，治妇人崩中带下及一些虚损诸病的功用。著名的乌鸡白凤丸，是滋养肝肾、养血益精、健脾固冲的良药。可见乌鸡的滋补功效主要是针对女性以及体虚血亏、肝肾不足、脾胃不健的人。

（3）海参。一般认为，海参有滋阴补肾、益精养血的功效，是一种阴阳双补的食材。因为海参本就属于名贵食材，再加上滋补功效，所以历来就是人们追捧的优质食材。

四、食材生产技术革新与菜品的创新

每个时代的菜品制作技术相对固定，不会凭空发展出新的技术与新的菜品，只有当原料、炊餐具、用餐环境以及用餐对象发生变化以后，新的菜品才会大量出现。食材的生产无疑是其中最重要的因素。

（一）科学研究与新食材

古代的科学研究不像今天这么严谨，研究也可能是出于炼金、炼丹等现在看起来很荒唐的目的，但在人们的研究中可能产生一些新式食材。

1. 松花蛋

松花蛋是古代食品生产的“黑科技”，从哪个角度来说，都不会产生松花蛋的工艺设计，因为色泽青黑的松花蛋完全不是正常食物的样子。从松花蛋产生的地区来说，大致可以认为是南方人为应对水乡的生活环境而产生的副产品。南方人在建筑房屋时为解决地面潮湿的问题，需要用到大量的石灰，生石灰用来做地基防潮防虫，熟石灰用来粉刷墙面增白防潮。所以在南方石灰塘随处可见。而人们养殖的鸭子有可能会在路过石灰塘时将蛋生在路上并偶然落入塘中。南方乡村灶塘中普遍烧稻草，烧过的草木灰通常堆在屋外不远处，鸭子也有可能会将蛋生在那里。石灰塘与草木灰的碱性环境使鸭蛋的蛋白质变性，于是就有了松花蛋。松花蛋的蛋清部分可以见到有松花，也有的地区做的蛋上没有松花，于是称为皮蛋。

松花蛋不需要加热即可食用，也可以用来制热菜，如玛瑙蛋、皮蛋瘦肉粥、熘松花蛋、烧椒皮蛋等。因为风味独特，此类菜品中基本没有其他食材可以替代松花蛋。

2. 豆腐

豆腐传说为西汉淮南王刘安所发明。淮南王刘安热衷炼丹修仙，有可能是他在吃豆粥时用的是没清理干净的炼丹的盆子，于是盆中豆汁凝成了块状。豆腐在晚唐五代时被称为小宰羊，可见人们对其美味的认同。

豆腐产生以后逐渐成为中国菜品中最重要的食材之一,其自身衍化出老豆腐、嫩豆腐、臭豆腐、毛豆腐、豆腐乳、豆腐皮、百叶、豆腐干、素鸡、豆渣等食材,更是大部分民间饮食及普通筵席上常用的食材,用豆腐制作的菜品有上千种之多。

（二）调味品与新风味

古代的调味品曾经非常简单，“若作和羹，尔唯盐梅”，用盐来调咸味，用梅子来调酸味。先秦时期出了酸味的“醯”、咸味的“酱”、甜味的“蜜”和“柘浆”，这些调味品使中国早期的菜品风味变得丰富多彩。

1. 从醯、酢到醋

先秦时期，除天然的梅子等果酸味的调料外，醯是最早可见的通过发酵制作而成的酸味调料，后来也被用作醋的名字，叫醯醋，这个名字至今仍在韩语中使用。春秋战国时期，醯逐渐被酢取代，酢的发音与醋相同。汉代以后，逐渐用醋字。从醯到酢再到醋，不仅是字面的变化，也是生产工艺的变化。醯是腌制醢时产生的汁发酵而成，原料比较复杂。而醋则是以米、麦、粱为原料制作而成，最初工艺与酒有点相近。古代酒放久变酸，因而人们也把醋称为苦酒，苦酒的苦是酸苦的意思。

2. 从蜜、柘浆到糖

甜味使人愉悦，所以古人一直认为甜味是美味。先秦时的甜味剂是自然状态的蜂蜜与柘浆，柘浆是甘蔗榨的汁。北方不产甘蔗，也少有蜂蜜，因此菜品的风味以咸酸为主；有蜂蜜与甘蔗的南方，菜品自然也少不了偏甜，“胹鳖炮羔,有柘浆些”，就是在炖甲鱼烤羊羔的时候用柘浆来调味。

除了蜜与甘蔗外，当时南北各地还用发酵的麦粥、米粥来制作甜味剂，这类甜味剂有多个品种及名称，如餦餭、白饧、黑饧、醴酪、黄茧糖等。这类甜味剂通常甜度不高，可以直接作点心食用，也可用作调味品。

唐代和宋代以后，白糖的生产工艺越来越发达，产量也越来越高。但总的来说，糖的价格还是贵，所以主要是富裕地区的调味品。宋代和明代以后，江南地区经济发达，糖在腌菜中的用量较大，原本偏酸的菹菜或是偏咸的腌菜逐渐被甜味的酱菜所取代。在北方地区，糖主要是用在各种点心里，如北京的点心、果脯等。

3. 从酱汁到酱油

最早的酱是对各种醢的通称，在使用时，酱有滋味浓厚的特点，但也有杂而不纯的缺点。南北朝时开始用酱汁，菜品的风味更纯净。南宋时，开始出现酱油一词，这也说明酱油的生产技术基本完善。相对于酱来说，酱油更适合用在旺火速成的菜品及一些生食的菜品中。由于酱油的出现，中国菜的调味变得更为便捷，酱油也成为中国菜品制作中标志性的调味料。

4. 胡椒、辣椒与世界流行口味

胡椒在中国菜里的使用比较早，隋唐时期就已经广泛用于贵族餐桌的菜品调味，并认为其有温中止痛、下气开胃的功效，直至今日，还有很多人认为药店中的胡椒质量更好。在水产、肉等为原料的烧烤、爆炒、炖煮类炒品中常有使用，也常于洋葱、韭菜等辛香类蔬菜搭配。辣椒原产南美，在 15 世纪后逐渐传遍世界，中国川菜、湘菜的种种辣味菜品也都是从那之后开始出现。胡椒与辣椒都在世界范围内流行，并影响了全世界的口味喜好，被认为是现代世界的流行口味。

5. 咖喱与西餐的流行菜

咖喱是一种调味方式，由众多香料调制而成，原本流行于印度、泰国一带，后传入欧洲并受到食客的追捧。再后来，咖喱又传入日本，成为流行的菜品。清末民国时期时，咖喱传入中国，被当成是西餐的经典菜式，著名的有咖喱鸡、咖喱牛肉等。现代，咖喱还被制成各种方便使用的调料，咖喱菜品虽不再被当成西餐，但仍被认为是异域风味。

（三）发酵技术与新菜品

发酵技术是人类饮食生产中仅次于养殖的最重要的技术。人们在食物贮藏过程中发现发酵的秘密，进而用这种技术改变食物的状态，延长了食物可利用的时间。这里不涉及调味品与酒，仅从食材的角度来介绍发酵技术对新菜品的影响。

1. 鲊与日本寿司

鲊是秦汉时期流行的菜品，在腌制咸鱼时加入米饭，腌制过程中有乳酸菌对鲊的风味产生影响。对这种传统发酵技术的吸收，日本寿司中有用鲊制作的品种，这样的寿司也称为鮨寿司。用米或其他淀粉类食材帮助发酵的做法也常用在腌制肉品中，如湘西的酸肉。

2. 臭鳜鱼

臭鳜鱼是安徽著名的菜品，其发酵原理与鲊有相似之处，但没有米饭参与发酵。现代餐饮企业中还有快速制作臭鳜鱼的方法，是将臭豆腐搅碎与鳜鱼一起腌制，可以在更短的时间里腌成，当然风味也与传统臭鳜鱼有差别。

3. 霉干菜

霉干菜是中国南方的腌菜，其制作过程与南方的湿热气候相结合，形成特殊的香味。从原材料来说，霉干菜有用雪里蕻腌制的，也有用萝卜叶腌制的。在使用时，类似的食材如苏中地区的干咸菜、北方很多地方都有的干豆角都是水浸泡后与肉一起烧，霉干菜除了这种用法，还有油炸、研粉等使用方法。不同的用法开发出霉干菜不同的风味，而这种风味是其他干菜不具备的。

第二节　工艺元素

菜品的制作工艺着重解决两大问题，一是菜品的味道，二是菜品的口感。因此，在设计菜品工艺时也是从这两个方面入手的。

一、工艺与味道

通常所说的味道其实包含气味与滋味两部分，前者属于嗅觉，后者属于味觉，二者的呈现都与温度有关。

（一）工艺与香气

香气与温度的关系比较密切，高温有利于香气的发散，低温则会抑制香气的发散。大概来说，温度对香气的高低与持久度两方面都有影响。

1. 香气的高低

高温对香气的作用方式有两种：一种是高温生香，食材本身在生熟状态下都没有强烈的香气，但经过高温油炸、烧烤，食材及调味料在的糖与蛋白质产生了焦糖反应与美拉德反应，并由此产生的香气；另一种是高温散香，食材本身有香气，或食材在正常蒸煮成熟过程中会产生香气，这种情况下，特意提高温度，会增加香气的强度，反之则会抑制香气的散发。在中餐里，绝大多数菜品宜热食，就是因为温度降低后香气不明显。中餐不同地方风味里，川菜、湘菜的香气更浓烈，除了其中香料的使用外，也与其煸炒时高温对香气的发散作用有关。江浙菜品相对内敛，但也有热油浇葱姜丝散播香气的做法。

2. 香气的持久度

香气的持久度与温度相关，温度迅速降低的时候，菜品的香气也会迅速消散，所以在冬季，用餐环境温度较低时菜品的香气也就不显，相应地低温菜品或生食菜品没有经过高温散香，其香气也可以保持较长时间。

香气的持久度还与香气的构成有关。传统中餐的团桌共餐形式，使厨师更关心香气的强度而不太关心菜品的香气构成，当分餐慢食的用餐方式流行时，香气的持久度就会显得比较重要。

3. 香气的层次

香气由前香、中香和尾香三段构成。

前香的香气高昂，但气味容易消散，如米饭的头香就在饭刚煮好的 5 分钟内，过了这段时间，香气就会消散不见。蒸鱼、虾等菜品在出菜时，会在上面撒上葱丝、姜丝，淋上热油，食材的香味加上葱、姜、热油的香味共同构成了前香。

中香是菜品主体的香气，保存的时间最长，很多菜品在经过多次重复加热后，其主体香气依然存在。相对来说，肉类菜品的中香是比较稳定的，水产类及蔬菜类菜品的中香不稳定，水产类菜品冷下来重复加热时腥味会加重，蔬菜类菜品时间长了以后，会缺少植物的新鲜气息，甚至还会出现酸味、闷熟味等。

大部分中餐菜品不关心尾香的设计。尾香是头香散去中香减弱后留在菜品中的香气，使用香料来调香的菜品尾香会比较明显，如镇江肴肉呈现给客人的主要是菜品的尾香。

（二）工艺与滋味

据研究，正常人味阈值随年龄增长而上升，11 ～ 15 岁年龄段的味觉最敏感，40 岁以上时阈值曲线陡直上升，老人的味觉识别较差。[1]这是消费者在不同年龄段的特征，菜品设计中滋味的调节是在这个基础上进行的。

1. 温度与味道关系

温度决定了调味料的溶解度，也决定了调味料的呈味阈值。一般情况下，菜品温度低于体表温度时，调味品的呈味阈值较高，高于体表温度时，呈味阈值较低。具体到菜品中，冷菜的温度通常在 20 ℃以下，甚至有低于零度的，这类菜品中盐以及其他调味品的浓度都比较高，而当凉拌菜的用油量较高时，调味品的浓度还要再高些。热菜的用盐量要低于冷菜，当菜品的温度高于 50 ℃时，辣味、酸味会非常明显。甜味受温度的影响不大，因为人的味觉本就对甜味有较高的耐受力。

2. 味道搭配关系

味道之间的适宜与否，既有地区性特点，也有文化类的特点。不宜互相搭配的味道通常与不好的情绪感受相联系，如酸与苦、酸与涩，酸苦、酸涩都是不好的情绪体验，在各地的菜品味型中也基本上见不到这样的搭配。麻与辣经常与热烈的情绪相关，如麻辣、热辣这样的词，既是味道的类型，也表达了热烈的情绪。热烈的情绪不太适合正式的社交场合，相应地，麻辣与热辣这样的一般也不会大量用于高档宴请，而是出现在大排档、火锅等场景中。咸鲜、咸甜、香咸、酸甜、香麻等味型基本没有与之对应的情绪，在克制、含蓄的中高端社交场合是常见的菜品味型。

二、工艺与质感

（一）刀工、烹调与料形的关系

刀工是运用刀具将食材加工成一定形状的过程。刀工是中餐里强调比较多的

---

[1] 老年人的味阈（附 80 例调查），中华耳鼻咽喉头颈外科杂志，1989 年 2 期。

一个元素，刀工精湛被认为是技术好的一个指标。在实际的菜品设计中，刀工要与烹调相结合，这两者是工艺，而料形应该适应工艺的要求。

1. 细薄料形

这类料形在烹饪时加热时间稍长就会因失水而变形，如果是爆炒类方法，细薄的食材还会粘贴在锅上。所以，细薄料形的食材大多适合用在凉拌菜、汤菜、煮菜中。一般来说，5 毫米粗的丝或 5 毫米厚的片可以用在爆炒类菜肴上，低于 5 毫米的通常会用在凉拌菜上，低于 2 毫米的通常会用在汤羹类菜肴上。

2. 粗厚料形

粗厚料形的食材大多可以适合长时间的加热，如果嫩度比较高的话，也适用于一些快速成熟或是凉拌类的烹调方法。纤维较粗、淀粉较多的食材如竹笋、土豆、胡萝卜等切成块状的食材在正式烹调前需要焯水、过油，使其预先成熟。用在红烧、焖煮类菜肴中，大多是在主料加热到一半时下锅。

（二）工艺与菜品质感

菜品质感的类型有脆嫩、软、酥、韧弹等，这些质感的形成有些与初加工方法有关，有些与刀工精细度有关，有些则与烹调方法有关。了解菜品质感的成因，有利于在设计时选择相对适合的工艺。

1. 脆嫩质感与工艺

脆嫩是指菜品水分较多，入口而裂。大多数时候，脆嫩用来形容植物食材的质感，而这种质感也是植物食材最常见的天然状态，如新鲜的黄瓜、莴苣等。当植物食材经过加热、烹调，脆嫩的质感很容易消失，这时就需要通过一些工艺方法来解决。对于瓜果根茎类蔬菜，醋渍与盐腌是常用的手法，当蔬菜经过醋渍或盐腌再用来爆和炒时就不容易变得软烂。

2. 软质感与工艺

软是指菜品质地柔软，有入口成泥的软烂质感，也有保持较多水分的软嫩质感。前者通常是针对以根茎类为主的蔬菜类原料，也有部分瓜果及叶菜类可以有软烂的质感。后者通常是针对动物原料的，厨师通常用软嫩、滑嫩形容。

根茎类原料可以通过长时间炖、煮、蒸来达到软烂的效果，土豆、莴苣、山药、芋头等以及部分瓜果，如老黄瓜等，都可以用这种方法。

动物类原料的软质感大多数是通过较低温度快速烹调来实现的，如上浆划油可以达到滑嫩的效果；油浸、油焐可达到软嫩的效果，当然这是有别于滑炒的那种略带弹性的软；低温烹调方法制作出来的温泉蛋、低温三文鱼等质感在软嫩的同时又带有胶质或油润的口感。

3. 酥质感与工艺

酥是指菜品水分很少，入口而碎，在具体菜肴中，还有酥脆与酥烂的区别。

酥脆一般是油炸菜品的口感，有两种方法可以达到酥脆。一是蒸煮后油炸，如香酥鸡；二是挂酥质糊，如酥炸鸡排。也有直接炸酥的，如淮扬菜里的醋熘鳜鱼，挂糊后经过三次高温油炸。

酥烂主要是通过长时间炖煮烧焖等方法达成的，如红烧肉、三套鸭等。有些酥烂的菜肴是两种方法共同形成的质感，如酥㸆鲫鱼与炖生敲，先将鱼炸透，再加调味料用中小火炖烂。周代“珍用八物”里的“炮豚”也是类似的工艺设计。

4. 韧弹质感与工艺

韧弹是指菜品有弹性质感。在自然状态下，动物的内脏及部分贝类原料经过短时间加热后会产生韧弹的质感，经过长时间炖煮后则会产生软烂的质感。韧弹而又不影响食用，则需要采用一些方法。

碱水浸泡法通常用在动物内脏上，有名的菜品如鲁菜中的爆双脆，直接旺火爆炒或沸汤汆烫很难咬得动，所以需要用碱水浸泡。

鸡蛋清添加到肉泥里可以增加弹性，这是贡丸、肉圆、鱼圆等常用的增加韧弹质感的方法，用这种方法通常需要与搅拌摔打结合，称为“上劲”。

第三节 艺术元素

一、艺术与饮食的历史关系

艺术与饮食在人类社会初期就是紧密结合的，而结合的场合是原始的宗教祭祀活动。之后，艺术在上层社会的饮食中得到体现，饮食附加了审美的元素。而当商业社会到来，市民阶层也接触到了美食的艺术，并在其中留下了本阶层的烙印。

（一）宗教祭祀中的饮食艺术

1. 固定的切割方式

宗教祭祀中饮食的艺术主要体现在仪式感以及由此带来的食物的切割与摆放方式。在甲骨卜辞中可以看到商代祭祀对于祭品毛色的选择，这种要求在周代也可以看到。虽然这些祭品还不是菜品，但对后来祭祀菜品的艺术处理还是有一定影响的，如周朝祭品要求“鳖去丑、鱼去乙”，就已经有一些审美上的要求了。《论语》所说的“割不正不食”应该是来自祭祀的分割食物的要求。乡饮酒礼中对于狗肉的分割有“脊、胁、臂、肩、肫、胳、肺。皆右体，进腠。”然后按宾、主、介身份的不同来分配，并且肉类均是皮朝上。皮朝上装盘会显得菜品比较整齐，在后来的带皮的菜品装盘时基本沿袭了这种做法。

2. 染色

上古时期的祭祀常见血祭，宰杀后的肉类不经加热就用来献祭，后来用熟食献祭时，也还保留着染红食物的做法。这样的做法对一些地区的牛肉粗加工还有影响，人们认为染红的食物会显得新鲜，即使不是出于祭祀的需要，人们也常把肉类及内脏染成红色，如唐代的赐绯羊与元代带花羊头中的羊肚肺都是染成红色的。

除了染红色，其他颜色也有应用，但都与相应的祭祀主题有关。如清明前后的青团、乌饭，调成青色主要与季节的五行属性相配，而在中国南方地区，还有调成五色的饭，其含义也是对应五行的。还有端午节的彩蛋，其菜品的特征已经退化，成为节令的小吃点心，但在最初这也是用于祭祀的食物，《管子》一书中所记载“雕卵”以及汉唐之间的“画蛋”是后来端午彩蛋的源头。

3. 整形或大型菜品

用完整的动物头来做菜也与祭祀有渊源。在古代祭祀中，猪、牛、羊称为三牲，在重大的祭祀中经常会用到这三种动物的头，因此用整只猪、牛、羊的头来做菜也就代表了一种规格。如元代的带花羊头，清代的扒烧整猪头等。带花羊头是用羊头及羊的内脏做成的拼盘，邱庞同教授推测羊头切后还是堆在羊头形状。扒烧整猪头是清代扬州名菜，在保持猪脸部完整的同时去掉猪头的骨头，烧成后装盘仍是猪脸的样子。类似的还有北方地区的扒猪脸。

用整只的大型牲畜来做菜的情况也有，如唐代用整牛、整羊制作的菜，西亚也有整烤的骆驼，这些也是源于祭祀以后的聚餐。这样的菜品在宋以后就比较少见了。

（二）文艺对饮食的艺术改造

源于祭祀的饮食艺术比较朴素，经过上层社会的改造后，艺术性就更加鲜明，并且不同时代的饮食艺术也都有各自的风格。

1. 工艺精致化

在古代，只有部分社会阶层才有能力追求艺术层面的极致工艺。如“脍”，这类菜品在中国历代都有，可以远溯到茹毛饮血的原始时期。宋代江南地区的脍，在苏东坡的笔下是“吴儿脍缕薄欲飞”，虽说是文学的夸张，但也可想象其刀工的精美。工艺精致化在清代菜品中更多地表现为工艺的高难度与烦琐程度，如河南的千层馒头可以一层一层地揭下来，扬州的三套鸭采用的整禽脱骨工艺把三种禽类套在一起清炖而成。还有江南地区的瓜盅，用经过复杂雕刻的西瓜与冬瓜作为容器来盛装菜品，展示的是这个阶层对于味外之味的极致追求。

2. 形式意境化

隋唐一些意境化的菜品不一定有精巧的象形，如谢讽《食经》中的“剪云析鱼羹”“春香泛汤”，从字面上看意境很美，但仔细推敲其并没有精工细作。同样借助想象力的《清异录》中的“赤明香”“红虬脯”“同心生结脯”则有着较为复杂的制作工艺，并且在形状、颜色上面与菜品的关联性较强。“玲珑牡丹鲊”这道菜直接拼装成牡丹花形；宋朝的“蟹酿橙”是另一种巧思，把趣味与美味结合。古代意境菜品的最佳作品应该是梵正制作的“辋川小样”，把王维的名画《辋川图》搬到了餐盘里。这种意境化的艺术处理到明清时进入一个低谷，只在较小的圈层中流行，造型主要是蝴蝶、花篮之类。进入21世纪以来，意境化的艺术处理又逐渐流行，在形式上则是将中国传统绘画的样式、日式极简主义的禅意美学与西方现代美学的一些方法糅合在一起。

（三）民俗生活对艺术的普及与解构

平民分为两大类人群，一类是乡村农民与普通乡绅，另一类是城市平民，包括百工、商贾及小知识分子。在解决温饱问题之后，平民对于饮食艺术的追求成为必然的现象。我国历史上和平繁荣时期的京城与重要商业城市都能看到精彩纷呈的平民饮食艺术。从消费的角度来说，平民饮食艺术是对上层社会饮食的想象与模仿。

1. 饮食艺术的普及

（1）饮食艺术的普及是从饮食排场开始的，主要是餐具与饮食的样式。当社会繁荣时，饮食的等级制被僭越，如汉代的商贾及富裕的平民在饮食中会用到青铜器、漆器；盛唐时期的商贾与豪族在饮食中会用到大量的金器。而到了宋代以后，商业发达，食材及餐具的等级制在社会中的影响已经很小了，通过精美餐具来衬托食物的做法在平民饮食中已经很常见。到现代社会，平等已经成为深入人心的观念，无论是餐具还是食材，只要是合法合规的，普通人就都可以使用。

（2）装饰菜品与菜品装饰的普及。这类食品最初是用在上层社会饮食中的，因为消费者不介意为菜品的艺术附加值付费。如20世纪初，造型美观的工艺菜品主要是用在有祭祀渊源的节令食品中，或用在大城市的酒楼里，如山西陕西的花馍、宋代汴京与临安的饾饤、民国以来大中城市酒楼里的花色菜等。2000年以来，中国经济迅速发展，农村与集镇的饮食消费观念也发生了很大变化，那些有装饰意味的菜品也大量出现在乡镇的餐桌上。

2. 传统艺术的解构

在这一人群中传播及流行的艺术菜品与历史文献中的艺术菜品并不是一回事，这是不同阶层消费者向上模仿的结果。所以，杭州、扬州、上海、广州等城市里的精美艺术菜品在传到其周边地区时，菜品的做工、配色、造型都发生了变化。不能认为这种变化是艺术性的减弱，事实上是消费者在其消费能力可以承受、消费观念可以接受的前提下对城市菜品艺术进行了调整。反过来也一样，乡镇菜品在传入城市以后，也会被城市的消费者加以改造。这样的解构除了发生在城乡之间，也发生在不同的文化圈层之间，并且因为圈层的复杂而使得菜品艺术呈现多元化的特点。

二、艺术与菜品的审美

消费者因其所处的社会阶层、地理环境、文化习俗、宗教氛围的不同，对于艺术的理解会有很大的差异，这种差异绝大多数时候并无对错与高下之分，只是表现为不同的艺术风格，其反映在菜品中也是如此。菜品的审美是通过食物数量的多少、餐具的风格、装盘的方式以及附加于食物上的意境等方式来表达的。

（一）朴素与时尚

1. 朴素的审美

菜品最本质的用途是饱腹与营养。人类社会发展至今，大多数时期都处于食物匮乏的境况下，因此，丰盛是最为朴素的审美。表现这种丰盛的是菜品装盘的饱满程度和食材中足量的肉食。当菜品装盘饱满时，人们又会尽可能地用较大的餐盘来盛装。朴素的菜品审美在生活中一直存在，古代菜品在大多数时候是以丰盛为美，即使贵为帝王，丰盛的食物也被认为是最好的供养，只是这种丰盛会以符号的形式出现，如先秦时期的鼎和宋代作为餐桌装饰出现的饾饤等。

2. 丰盛与精雅

时尚与时代背景密切相关，也与圈层相关。经过春秋战国的礼崩乐坏，汉代经济发展后的时尚是在菜品设计中大量使用青铜器、金银器，大量使用包括牛肉在内的各种肉类，丰盛与奢华是那个时代的时尚。唐宋以后，文人的审美趣味逐渐占据主导地位，于是精雅成为时尚，继而出现宋代的林洪的《山家清供》这样的饮食著作，著名的“蟹酿橙”就出自这本书。精雅的食物一般有数量少、构思巧、餐具雅、意境幽远等特点，往往还对养生有较多的关注。

（二）传统与现代

中国历史悠久，每个朝代的菜品都有其特点，但总体的艺术审美是由三教合一的思想生发出来的。进入近代社会后，西方的艺术对中国人的艺术、美学产生了很大的影响。现代社会快节奏的生活方式也使人们的审美观念产生了很大的变化。所以我们说现代审美的时候，不应将其与西方艺术画等号。西方社会也存在着文化交流及工业革命对审美观念的影响，并且发应在食物的审美上。在这个饮食审美的发展过程中，进入20世纪以后，迅速发展的农业、养殖业在世界大多数地方解决了食物的危机，这使得很多场合中食物的饱腹营养功能逐渐让位于社交功能、审美功能，这是菜品审美现代化的重要原因。

（三）传承与融合

1. 传承中的改变

所有的传承都是有发展、有变化的传承。明朝人传承了宋元时期菜品的部分艺术，清朝人传承了明朝人的部分菜品审美，这些传承都在传统的基础上加入了本时代的内容。现代菜品艺术的传承也是，餐具上我们不一定用清朝与民国时期常见的青花瓷，我们可以用历代餐具中精美适用的；菜品制法上不一定用五十年前、一百年前的，也可能会用更老的制法来做菜。在传承方面，红楼菜、仿宋菜、仿唐菜等都做了很多有益的探索。

2. 融合中的坚守

艺术审美的融合是现代社会的一个特点，也是都市菜品发展的一个方向。菜品艺术的融合往往需要一个内核，这个内核就是本民族的美感。在这个基础上，中餐可以与日本、韩国的料理相融合，也可以与法式菜品相融合，也可以东南亚菜品相融合。如果没有一个稳定的内核，融合的菜品美感便很容易流于怪诞、苍白，不容易引起消费者的共鸣。

三、艺术在菜品中的表达方式

艺术在菜品中的表达方式很多，其中造型、器皿、声色三个方面经常被用到。这三个方面或者直接作用于菜品，或者是作为菜品的展现平台，或者是引起消费者的意境联想。

（一）菜品的造型

1. 造型种类

严格来说菜品的造型都是立体的，但为了解说方便，我们将其分为平面构图、立体造型两大类。平面构图是指平面的图案，一般在设计传统的冷菜拼摆时会用到平面构图，所采用的图案大多会从传统的图案中来。立体造型比平面多了空间元素，简单的立体造型可以理解为多个平面构图的叠加。

2. 造型风格

现代菜品设计的造型风格大概有三类：民俗风格、文人风格、现代风格。这三类相互有交叉，只是对行业现状的一个简单分类。民俗风格的造型通常与民间美术相关，文人风格的造型通常受传统文人画以及古典园林的影响，现代风格的造型基本是受现代艺术的影响。

3. 造型手法

菜品造型大概有三类：盆景与插花手法、叠石手法、模具塑型。

（1）盆景与插花手法。盆景在中华文化圈里比较常见，构图方法来自传统中式园林，这种做法是把菜品当作一个微缩景观来设计造型。插花手法有中式、日式、西式三大类，三类插花的意境差别较大，可以用在对应的菜品设计中。

（2）叠石手法是中式园林中常见的，用于菜品造型设计是把菜品参照园林中的假山来造型。

（3）模具塑型所用的模具比较多，传统的有方形、球形、五角形、圆柱形等模具，现代常用的还有一些象形模具，如鱼形、葫芦形、花形等。模具造型可以提高劳动效率，因而在现代餐饮中应用较多。

（二）器皿的影响

在菜品设计中，器皿主要指的是餐具，其对于菜品的艺术表达主要在材质、色泽和器皿风格三个方面。

1. 餐具材质

常见餐具的材质有陶、瓷、金属、竹木、玻璃。这些材质会在品质、档次、文化性等方面影响菜品。品质好的餐具可以衬托菜品的质感，金银等贵重餐具会影响消费者对菜品的价格判断，而不同材质的餐具一般也会对应不同的文化属性。如竹木及陶器更适合于朴素的菜品、农家乐或特别设计的文人菜品；金银玉石等贵重餐具对应的是权贵富豪所用的菜品；瓷与玻璃餐具对应一些雅致、禅意的菜品。这也是一些大致的感觉，在实际应用中要看具体的文化设计需要。

2. 餐具色泽

餐具色彩的文化涵义在每个时期不一样，汉代以红黑为尚，当时的漆器餐具就是这两种颜色；唐代除金餐具外，其他餐具以青绿色为尚，如绿色的琉璃碗、越州窑的青釉餐具等，白色餐具因为工艺难得，被认为是当时最好的瓷器；宋代餐具以青白釉为尚，当时的五大名窑几乎都生产青釉餐具，南方则出现了淡青色的影青餐具；明代以后，明黄色被用作皇家的专用颜色，因此明黄色餐具也就成为当时最高档的餐具。到清朝灭亡后，明黄色餐具的使用不再有禁忌，于是在民间流行了较长时间。此外，在史上大多数时期，深色餐具都是民间使用的低档餐具，如黑釉、土陶餐具等。

3. 餐具衬托

餐具是菜品展示的最直接的平台，它可以衬托出菜品的美感、文化感、历史感。

（1）衬托有正向衬托与反向衬托。好餐具盛精美的高级菜品，普通餐具盛朴素的菜品，这是正向衬托，这样的衬托好处是菜品与餐具相当。用朴素的餐具衬托精致的菜品，用精美的餐具衬托朴素的菜品，这种反衬的手法在高级菜品的设计中经常使用，往往会产生意外的美感。

（2）文化感。文化感是餐具在设计时就被赋予的，用来盛装菜品时，这种感觉也会被投射到菜品上。如一般情况下，价格昂贵的菜品应该用高级餐具来盛，一般的菜品就用普通的餐具。宴会中的主菜要用大型的餐具来盛，其他菜品的餐具尺寸则要小得多。意境菜通常需要用大一些的餐具，菜品内容则比较少，这样在盛菜之后的餐具上还会有一些留白的空间。

（3）前面说过不同时代会有其时代特点的餐具。当菜品设计需要加入历史元素时，相应时代的餐具无疑是最好的选择，如仿汉菜宜用青铜器与陶器，仿唐菜用越窑的青瓷与邢窑的白瓷，仿宋菜用北宋的五大名窑以及湖田窑影青餐具，仿明清菜则宜用青花瓷、粉彩瓷以及德化白瓷。

（三）色彩与声音

1. 色彩

色彩是菜品艺术元素中重要的内容，在香气内敛的菜品中，色彩最先抓住人的目光。菜品的色彩艺术有色彩应用与色彩明度两个方面。从应用来说，菜品中应该采用一些能引起人食欲的色彩，蓝色紫色灰色用在食物中容易抑制人的食欲，要尽量少用。从色彩明度来说，尽量用一些明度高的色彩，这样菜品会看起来比较新鲜。

2. 声音

菜品设计中的声音很少被人关注。菜品中的声音分两类，一类是菜品本身的声音，另一类是上菜时的背景配乐。如三鲜锅巴、铁板牛排之类的菜品上桌时都是有声音的，这样的声音代表着菜品的质量过关，如果没有声音，那三鲜锅巴的锅巴一定炸得不够酥，铁板牛排也会让人觉得不是现做的。上菜时的配乐往往是设计者为了增加菜品的趣味或意境加上去的，如时迁鸡这道菜出自《水浒传》中时迁偷鸡的故事，设计者就为其配上了鸡叫的音乐，只要听到这个音乐，人们就知道这道菜上桌了。

第四节　文化元素

一、历史文化对菜品的影响

菜品是文化的一部分，饮食也是最重要的文化行为，因此历史文化自然会在菜品中留下影响。可以说各种文化都有可能对菜品产生影响，但其中最重要的当属文学、宗教、民俗、历史这四个方面。这些文化让菜品在全球化的浪潮中具有了民族性与在地性。

（一）文学

文学对菜品的影响主要表现在三个方面：菜肴名称、文学来历、新创作。这三个方面可能是同时出现在菜品设计，也可能只出现其中一个。

1. 菜肴名称

从唐朝开始，菜品中就已经出现一些文学化的菜肴名称，如红虬脯、赤明香、金齑玉脍、拨霞供、雪霞羹等。这种命名到清朝时逐渐变少。现代菜品设计中，人们为了说明菜品的意境，这种文学化的菜名又开始流行。具体做的时候有两种比较常用，一种是用成语作为菜名，除了我们熟悉的成语外，也包括词牌曲牌名；另一种是用古诗词的原句或意境作为菜名。

2. 文学来历

指菜品的创意来自文学作品，如红楼菜大多数出自《红楼梦》小说。这类菜品在古代不多见，但在现代菜品设计是常见的。文学作品中关于菜品的描写都有可能成为设计灵感的来源。金庸先生在武侠小说《射雕英雄传》里描写的菜品被人制作出来，称为射雕菜。这一做法启发了设计者，后来又有人根据武侠小说中武功以及药品的名字设计了一些菜，称为武侠菜。

3. 新创作品

有文学才情的设计师还会自己创作菜品的文学背景，如为菜品写一首诗、编一个故事等。

（二）宗教

宗教元素在菜品中的表现主要来自仪式、忌讳、戒律等，其中常见的是戒律与忌讳。这个主要存在于素菜的设计中。

1. 素食

中国的宗教素食要求戒荤腥，在原料的选择上不可以使用动物原料以及有辛香味的蔬菜，如葱、蒜、韭菜等。对于动物原料的禁忌，有的是可以吃奶制品的，称为奶素，有的是可以吃蛋类的，称为蛋素，还有的所有动物食材都不可食用，称为净素。净素不仅食材全素，而且菜名也不可以有动物名。中国素菜中还有一类模仿荤菜的做法，同时起一个荤菜的名字，这一类被称为仿荤或以素托荤。

2. 怀石

日本的怀石料理也有着宗教的来历，最初是僧人为解决禅修中的饥饿问题，将一块烧热的石头用布包起来放在腹部压住胃以抵消部分饥饿感，后来又用少量的食物替代那块石头，因而称为怀石料理。由于古代日本的茶人大多数有着寺院修行的经历，所以这种食物更多用在茶道里，称为茶怀石。

3. 祭祀

家庭祭祀也是有一定宗教性的，但相应的菜品设计与佛教、道教不同，可以使用大多数动物食材，但很多时候会赋予它们民俗上的意义。如江淮之间家庭祭祀通常会有肉圆，表示团圆；有鱼，表示连年有余；有豆腐，谐音为陡富，是祈求富贵的；有青菜，表示清白做人。当然也有很多的家庭祭祀中的菜品本身并无文化上的含义，只是为了用丰盛的食物去供养祖先。

（三）民俗

民俗是指特定族群、区域的生活习俗，其中影响到菜品设计的有节令、纪念、养生、人情往来等方面。

1. 节令

几乎所有民族都有自己的节令。中国人的节令主要是指二十四节气和一些重要的节目，每一个节令都会有对应的食物，这在先秦时的《月令》中就已经有记载。春节时南方人吃汤圆，北方人多数要吃饺子。元宵节也称上元节，要吃元宵，但各地有自己的做法，如扬州的元宵节从正月十三到十八，因为元宵节要闹花灯，所以正月十三称为上灯，十八称为落灯，上灯要吃大汤圆，落灯要吃面条，称为“上灯圆子落灯面”。清明节江南地区要吃青团，北方地区则要吃花馍。端午节要吃粽子，六月六要吃焦面（也称炒面）。这些节令饮食习俗都可能会影响到菜品设计，如南京、扬州、镇江地区端午节的菜品要用红色食材或者烹制成红色。

2. 纪念

民俗食物中有一些是为纪念某些名人的，虽然这种说法不一定经得起学术上的讨论，但在民间却是得到大家的认同的，如吃粽子是为了纪念屈原；北方人清明吃的花馍也叫子推燕，是为了纪念介子推；去井冈山旅游的人经常会吃到红米饭南瓜汤，这是为了纪念当年井冈山地区的红军。

3. 养生

世界各地都有关于饮食养生的观念。中国民俗中的饮食养生观念大多数源自传统医学，以阴阳五行的世界观为基础，以历代医学著作及养生经验为指导形成的。从季节上来说，春夏养阳、秋冬养阴；从调味上来说，春酸夏苦秋辛冬咸调以滑甘；从食材上来说，不时不食等。在实际的生活中，各地的养生观念还有冲突的。如淮扬地区在春夏季较少吃牛羊肉，而徐州一带则有吃伏羊的习俗，认为可以养生。

4. 人情

中国传统社会的人情往来都是携带食物的。生日时要吃面，如果是长者过生日，则会有寿桃，这些都是寓意长寿；考试前要吃糕和粽子，杭州地区则要吃定胜糕，寓意高中、一定胜利；庆贺生子，往往会给产妇送养生汤，或是可以炖汤的食材。

（四）历史

中国历史悠久，脍炙人口典故、传说也很多，用这些历史元素作为菜品设计的元素很能吸引消费者。

1. 名士与美食

名士的美食故事大多数记载于各种诗文中，人们因为喜爱那些名士而推崇与之相关的一些美食，这并不代表那位名士真的厨艺高超。如东坡肉，得名于苏东坡写的一首《猪肉颂》，中国有很多地方的传统菜中有东坡肉，这些地方往往是苏东坡曾经到过的。苏东坡写到过的美食不止烧猪肉一款，这些都可能被用作菜品设计的素材。其他如陆游、杨万里、倪瓒、郑板桥、汪增祺等，他们的诗文中也提到过大量的饮食。

2. 制度与美食

各个朝代的制度不同，但都会有关于饮食的一些相关规定，甚至是一些美食的具体做法。如周代宫廷的“珍用八物”俗称“周八珍”，其制作方法在相关文献里有比较详细的记载。其他一些朝代虽然没有这些制度美食的制作方法，但还是可以通过对当时的烹饪技法的解读来推测这些菜品的制法，早年的仿唐菜、仿宋菜包括红楼菜都是这样研制而成的。

3. 事件与美食

在一些历史事件中我们可以看到美食的影子，进而将其作为菜品的文化背景。有人就将春秋时期专诸刺王僚时的鱼炙当成是松鼠鳜鱼的前身，其实从制作方法上来说，淮扬菜中的醋熘鳜鱼更像是能藏剑的鱼炙。“染指”这个词也源于一个美食引发的大事件，那个事件中的美食是大鼋煮成的羹。

二、流行文化对菜品的影响

每个时代都会有自己的流行文化，其影响也都会出现在菜品中。如汉代道教产生并成为流行，其相关的食材就大量出现在中国人的食谱中，如豆腐、食用菌等；唐代西域文化在长安流行，很多西域的食物也与唐朝的菜肴点心相结合。现代社会的情况也是一样。

（一）全球化与菜品交流

1. 全球化打破了菜品交流的地域壁垒

传统社会的菜品交流往往与移民、经商有关，或者与区域接壤有关，基本是在较小的文化圈内的交流。由于互联网的发展，全球化是一个大趋势。人们在网上看到种种美食的制法，在食材与法律和文化都许可的情况下都可能被复制。所以现代社会中菜品的交流融合不受地域限制，也不受文化圈的限制。

2. 全球化打破了菜品交流的时间壁垒

传统社会的菜品交流有一个时间链条，某一菜品的制法或装饰手法在国际的一线城市出现后，大约要两年会出现在国内的一线城市，等传到二、三线城市时，已经落后国际大都市好多年。互联网让所有的信息在第一时间可以传遍世界各地，只要食材的条件许可，人们就可以仿制，食材条件不够时，也可能会用替代食材生产出替代菜品来。

（二）审美时尚与菜品风格

审美时尚既与一线城市的流行有关，也与二、三线城市的消费能力有关。近年来，中国传统文化复兴，国风审美也影响了菜品的风格。

1. 日韩审美对菜品设计的影响

日韩审美对于中国的菜品设计影响主要有三个方面。第一是餐具，日本与韩国的饮食大多数是分餐制，与中国餐饮业近些年的发展趋势相符，而传统中餐餐具设计少有分餐的小型餐具，传统大餐具用作分餐又受限于餐桌的大小，因此国内各地餐饮食业尤其是一线城市的餐馆在设计位上菜品时，很多选择了日韩风格的餐具。第二是色彩，传统中餐的色彩多采用浓重的色调，如江南菜的浓油赤酱、四川菜红油的颜色；日本与韩国的点心调色多用粉色，如樱花的粉红、柳叶的新绿等，这种色彩与现代都市小清新的审美风格相符，于是也被用在了中国的点心中，在一些意境菜的配色设计中也经常使用。第三是装饰，中国传统菜品的装饰采用的食品雕刻、以菜品装饰菜品的做法在20世纪90年代逐渐被淘汰，也就在这一时期前后，日本料理用天然花草装饰菜品的方法因为成本低、效果好且易学易用而逐渐被中国菜品设计所采用。

2. 国风审美对菜品设计的影响

国风兴起是近二十年的事，从汉服开始，逐渐影响到庭院、家具和生活用具，而这些都是很容易与餐饮业接轨的，所以毫不意外的，国风审美也在菜品设计中得到了体现，主要体现在餐具、菜式与装饰美化三个方面。

（1）餐具。因为国风审美的流行，近年来，各种仿古餐具在中国餐馆中出现，如青铜器餐具、仿汝瓷餐具、仿湖田窑餐具、漆餐具、仿明青花餐具等，其中以仿宋代汝窑与湖田窑餐具最为常见。在这些仿古餐具的生产过程中，所仿器型并不一定在古代是当作餐具使用的，很多是文房用具与茶具，但并不妨碍人们拿来用在菜品设计中。

（2）菜式。仿古菜由来已久，但国风审美影响下的仿古菜设计并不仅关注味道，而且把美观、有意趣放在第一位，这符合了现代菜品对于观赏的需求。

（3）装饰美化。装饰美化方面则更多是受宋明美学观念的影响，加上传统国画、园林的构图及手法，其中也少不了明清小说中对于菜品的美化描述。

（三）文化产品与菜品潮流

文化产品门类很多，包括影视、综艺、游戏、出版物、纪录片等。近年来对于菜品产生的潮流性影响的应属纪录片《舌尖上的中国》。这部纪录片热播以后，传统美食受到追捧，包括传统的食材、美食的制法以及包含在里面的中国人的四季生活方式与人情温度。以唐宋为背景的电视剧是近些年来的热点，《长安十二时辰》带火了西安的水盆羊肉、《知否、知否，应是绿肥红瘦》带火了宋式点茶、《梦华录》带火了宋代茶点，虽然剧中出现的点心“春水生”并不是宋代的。在这个背景下出版的一本叫《宋宴》的书，更推动了这波仿宋菜的热潮。

这种现象不是最近才有的，多年以前的韩剧《大长今》带动了国内的药膳的潮流，《满汉全席》带火了人们对于中国著名宴席的关注，《红楼梦》的热播带动的红楼热直接催生了红楼菜，使其从研究状态进入了经营状态。

作业

1. 收集整理牛肉、猪肉、火腿、羊肉等食材的产地信息。
2. 收集整理鲍鱼、鱼肚、海参、鱼翅等食材的产地信息。
3. 收集整理盐、醋、辣椒、糖等食材的产地信息。
4. 简述时令食材选择的特点。
5. 简述食材认识与选材的关系。
6. 简述烹饪工艺元素与菜品味道的关系。
7. 简述烹饪工艺元素与菜品质感的关系。
8. 试论宗教祭祀中的饮食艺术。
9. 试论文艺对饮食的艺术改造。
10. 试论民俗生活对艺术的普及与解构。
11. 简述艺术在菜品中的表达方式。
12. 试论历史文化对菜品的影响。
13. 试论流行文化对菜品的影响。
14. 对下列菜品的菜品文化元素进行分析。

东坡肉、红烧肉、坛子肉；罗汉上素、素什锦、杂素，佛跳墙、盆菜、杂烩、全家福；清炖狮子头、劗肉、坨子（团子）；扬州炒饭、什锦炒饭、碎金饭；叫花鸡、富贵鸡、黄泥煨鸡；子推燕、花馍、燕皮、肉燕；清炖乳鸽、参芪乳鸽汤；阳春面、长寿面、光面。

第四章　菜品的工艺设计

本章内容： 工艺设计是菜品设计的核心部分，本章讲解了菜品工艺设计的三个切入点，分别是原料特性的利用、古代菜品工艺的挖掘与现代菜品工艺的设计。

教学时间： 6 课时

教学目的： 使学生明白工艺的用途是为了更好地展现菜品的特性，而工艺方法需要鉴古知今。

教学方式： 课堂讲授。

教学要求： 1. 使学生正确理解原料与工艺的关系。

2. 使学生学会如何从前人与现代菜品工艺中吸收灵感。

作业要求： 分析古今著名菜品的工艺设计思路及适合于当下的工艺方法。

全面掌握菜品的生产工艺是菜品设计的技术基础。要掌握菜品的生产工艺，第一要了解物性，了解各种食材在烹调过程中的变化以及相宜相忌的特性；第二要尽可能多地掌握古今中外的各种烹调技术，做到古为今用，洋为中用；第三要努力吸收新技术。

第一节　原料特性的利用

一、植物原料的加热与调味特性

植物性原料多富含碳水化合物、维生素和矿物质，是中国人千百年来获取能量和其他营养素的主要来源。很多植物性原料有着不同的滋味和强烈的气味。

（一）自然味道

1. 滋味

植物性原料滋味上有个显著的特点，因其所含的成分不同而呈酸味、甜味、苦味、涩味、麻辣味等。

（1）甜味。甜，是人们最爱的味道。许多植物性食物里都含有葡萄糖、麦芽糖、果糖、蔗糖。有些糖类本身并不甜，但是一遇到唾液中的酶，就会被分解成有甜味的麦芽糖与葡萄糖，我们吃到这些含糖的植物就会感到甜滋滋的。甜味最早是从植物里面来的，迄今为止，甜味的主要来源也仍然是植物。因为甜味的来源是糖，糖是光合作用的主要产物。许多水果、蔬菜里都含有葡萄糖、果糖、蔗糖。尤其是蔗糖，常见的就是西瓜、梨、草莓、樱桃等水果，还有南瓜、甜瓜、甜菜和甘蔗等。蜂蜜也是来源于植物的甜味，而且比水果还要甜得多。蜂蜜是蜜蜂采集植物花蜜腺的花蜜或花外蜜腺的分泌液，混合蜜蜂酶液经过充分酿造而成的贮藏在巢脾内的甜物质。

（2）酸味。酸味的植物有酸杏、酸梅、西红柿和柠檬等。植物的酸，是因为有许多种酸类存在植物体内，如醋酸、苹果酸、酒石酸、琥珀酸、柠檬酸。在古代酸味大多是从酸梅这样的植物里面来的。梅子不管成熟与否都酸，熟了以后更酸。它里面含有若干种有机酸的混合物，被统称为果酸。柠檬里主要含的酸是柠檬酸，这是酸性是相对较强的有机酸。

（3）苦味。苦味，是因为植物中含生物碱的缘故。小檗碱（黄连素）药片因为太苦，所以外面包上了一层糖衣。黄连素正是从植物黄连中提取出来的，这苦是因为黄连中含有黄连碱。金鸡纳树皮能提炼治疟疾的金鸡纳霜（学名为奎宁），也非常苦，因为金鸡纳树皮含有金鸡纳碱。苦瓜是我们经常能够吃到的常见的苦味的食物，其苦味来源于瓜苦叶素和野黄瓜汁酶。蒲公英的苦也是其所含的生物碱引起的。

（4）鲜味。植物里面也有鲜味的来源，在幼嫩的植物组织里面比较常见。尤其是在种子萌发的时候，植物要通过体内的酶，把种子里的蛋白质分解成氨基酸，再运输给新生的组织，让它能够进行生命活动。所以豆芽就是一个重要的鲜味原料。西红柿和蘑菇也是呈鲜味的植物。

（5）麻辣味。麻实际上不是一种味道，而是感觉，花椒和青花椒都具有麻味。同样辣也是一种痛觉，灼热而疼痛的感觉。辣首推辣椒。辣椒之所以辣，是因为它含有辣椒素；而萝卜皮的辣是含有芥子油。具有辣味的植物性食物还有姜、胡椒、大蒜等。辣味这种疼痛和灼热的感觉，会刺激脑部的内啡肽分泌，让人产生愉快感。

（6）涩味。很多人爱吃柿子，又都不敢吃生柿子，因为它太涩了！这是因为生柿子里含有许多鞣酸。其他有涩味的植物，如梨、茶叶，也都含鞣酸。茶叶里面含有大量丹宁，让人觉得涩，另外含有的草酸也会让人感觉涩，草酸是一种对人不友好的酸，吃的时候，可以用开水焯一下，去除草酸。

（7）脂肪味。脂肪的味道也是味蕾能够传递给人的一种特别重要的味道，具有类似质感的果实就是牛油果。

2. 气味

人们习惯上称气味为香味，因为气味和滋味总是同时存在于食品之中，有时很难区别，其实它们有着本质的不同。香气是由多种呈香的挥发性物质组成。这些呈香物质种类繁多，但含量极微，其中大多数属于非营养性物质，而且耐热性差，它们的香气与其分子结构有高度的特异性。

香气的感觉是单纯的嗅觉，嗅感物质必须具有挥发性，不一定要求溶于水，而味道则是呈味物质通过味蕾所引起的感觉，它依靠的是味觉，呈味物质不一定要有挥发性，但必须具有水溶性，否则就品尝不出来。植物性食物的气味主要有清香、花香、果香、浓香、腥臭气味等。

（1）清香。新鲜的蔬菜水果普遍气味清香，其香气成分主要由酯、醛、萜、醇、酮等物质构成，一般成熟的苹果中含的香气成分就有近百种；蔬菜的气味较淡，主要由硫化合物、醇、萜烯类香气组成，如黄瓜的黄瓜醇，气味清香，沁人心脾。但有些蔬菜的气味独具特色，如葱、蒜、韭菜等均含有特殊的香辣气味，尤以蒜最强。蔬菜的特殊气味主要与其特殊化学成分密切相关，主要是硫化物和萜类。甘蓝、芜菁、萝卜、芥菜都具有一种辛辣的芳香气味，有时对鼻腔有刺激性或对眼睛有催泪作用。甘蓝、芜菁、萝卜中所含黑芥子苷，在水解酶作用下可水解产生异硫氰酸烯丙基酯。而芥菜的刺激气味则是硫代葡萄糖苷被硫代葡萄糖苷酶分解为异硫氰酸烯丙基酯产生的。异硫氰酸烯丙基酯是一种不稳定的化合物，在 37℃的温度下会慢慢慢降解。由于这种不稳定性，久置后的萝卜等缺乏新鲜时的辛辣气味。当然，若较长时间放置，萝卜有时也散发出一定的臭气，那是甲硫醇等硫化物所具有的气味。

（2）果香。水果具有天然清香和浓郁的芳香，香味主要通过酶促作用生物合成，并随着果实逐渐成熟而增加。水果的主要香气物质有有机酸酯类、醛类、萜烯类、有机酸类、醇类和羰基化合物类等。各种水果的香气成分差异较大，成分十分复杂。

（3）花香。构成花香的主要成分是一些有机化合物。这些有机化合物极易挥发，能够随花香散发到空中，在人们呼吸时进入人体嗅觉器官，刺激嗅觉神经，使人感到香味的存在。如檀木发出的优雅檀香味，是一种含有檀香醇的有机化合物；白兰花浓郁的香味伴随一些有机酸类化合物；还有我们常常嗅到的薄荷清凉香味，主要成分是萜类物质。

（4）浓香。浓香以香辛料居多，组成复杂，各具特色，多以醛、酮、酚、醇、酯、萜烯类组成，例如，具有芳香气味的八角、桂皮、丁香、莳萝、茴香、月桂叶等，具有苦香味的陈皮、草果、肉豆蔻、草豆蔻、荜拔、白芷、砂仁、山柰等。

（5）腥臭气味。鱼腥草带有非常浓烈的鱼腥气味，是由鱼腥草素（癸酰乙醛）产生的。

新鲜蔬菜多具有清淡的香气，没有水果的香气那样浓郁，类型也有别于水果，但有些蔬菜的气味独具特色，如葱、蒜、韭菜等均含有特殊的香辣气味，尤其是蒜最强。蔬菜的特殊气味主要与其特殊的化学成分密切相关，主要是硫化物和萜类。菌菇类的香气主要是由菌中含有的特征苷类在酶的作用下加热分解后产生的异硫氰酸苄酯、硫氰酸苯乙酯等化合物形成的。另外，它们的香气含有一种含硫环状化合物——蘑菇香精。

（二）加热后的变化

1. 滋味

果蔬食物加热后酸味多会增强，其原因一方面是加热促进了水果中有机酸的电离，释放出更多的氢离子，这样酸度就更强；另一方面果蔬为保持生命活动时的一定 pH，在其组织中含有由蛋白质或各种弱酸盐类组成的缓冲物质，当组织中的酸的浓度改变时，其 pH 很少变动。当果蔬加热时，缓冲物质中蛋白质即发生凝固，因而失去缓冲作用，氢离子浓度随之增加，酸味也就增强。

（1）苦味。苦味可以在加热的情况下减弱或生成，如苦瓜的苦味加热后可以减轻，而可可和咖啡，本身都是没有苦味的，他们的苦味是在他们的种子在烘烤和发酵的过程中逐渐产生出来的味道。

（2）鲜味。多数鲜味受热后会有所增强，是因为5-鸟苷酸（GMP）有较强的鲜味，这些原料与水一起受热后，其中的一部分蛋白质会逐渐分解，直至生成某些游离态的氨基酸，其生成物中的谷氨酸在一定氯化物的浓度下便生成鲜味物质。GMP 在竹笋、蘑菇、香菇中含量较丰富，所以竹笋、蘑菇、香菇等受热后更加鲜美。

（3）辣味。辣味加热后有不同的表现，葱、蒜类在煮熟后失去辛辣味而产生甜味，这是由于葱、蒜的辛辣味成分是硫醚类化合物，加热后二硫化合物被还原成硫醇。这些辛辣成分，有的是挥发性物质，如芥子油等，加热时能挥发掉一部分，因而加热后其辣味有所降低。但有的则相反，辣椒的辣味主要是辣椒素及二氢辣椒素两种，这两种化合物不挥发，而且受热后对人体的表皮组织有更强的刺激作用。

2. 气味

果蔬原料的品种很多，其本身虽然含有各种风味物质，但加热前很难从原料中挥发出来，有的甚至还含有一些辛辣的刺激性气味，经过加热后，不仅会改变其不良气味，还会产生各种独特的香气。大蒜、大葱、洋葱在加热前就有刺激性的香辣气味，形成这种气味的主要成分是原料中的含硫化合物，它们受热后，其刺激性的香辣催泪气味下降，味感反而变甜，原因一是加热后部分挥发成分损失，二是所含的含硫化合物发生了降解。洋葱中含量较多的二丙基硫醚受热后降解生成了丙硫醇，它比蔗糖还甜，所以洋葱受热后变得香甜。葵花籽、花生烘炒后也能产生独特而强烈的香味。传统菜肴中京葱扒海参利用的是大葱油炸后的香气变化，韩国的参鸡汤在制作时则利用了蒜头在油炸后炖煮产生的香味变化。

蔬菜加热时产生的气味与其原料的落差不大。蔬菜加热时间都较短，所以产生的化学反应生成物也少，可以认为蔬菜加热时的气味应由挥发性成分的大量挥发产生，也有少量酶促和非酶促化学反应所产生的风味，如甲硫醇、甲醛等。长时间加热蔬菜，反而会失去原有风味，又不能得到很好的风味物。快炒时，一般发生酶促反应，能够保持与原料相同的风味，故对于香气清淡或虽浓郁但要保持风味的蔬菜，不宜长时间加热。加热适度，蔬菜类食物才能形成特有的风味，如果加热时间过长，不但营养素损失较大，呈香物质大量挥发后，也会减弱蔬菜的香气。

（三）调味的影响

植物性原料因其所含的成分多呈酸味、甜味、苦味，我们在对调味时也应适合调制成酸味、甜味或苦味等味型。植物性原料种类多、香味特点各异，而且作用特点也不同，有的提香增香，有的助味提味，有的可除腥抑臭，所以可调配成不同的风味。

二、动物原料的加热与调味特性

（一）自然味道

相比植物原料，动物的自然味道总体是清淡的，生肉呈现一种血样的腥膻气味，而且不太受人欢迎。

1. 滋味

生肉里面可能含有致病菌、寄生虫等，有可能会导致传染病、寄生虫病等的发生。食用肉类食物一般还是要煮熟或炒熟，这样更加安全卫生，也可以避免不必要疾病的发生。在肉类安全有保障的前提下，也有不少地区的人喜欢使用一些生鱼片、肉片、海鲜，但大多数需要蘸料汁食用，极少数直接食用。

直接食用的肉自然滋味有咸、甜、苦、酸、鲜等。生猪肉的味道是以淡咸味、血腥味为主。有些肉中含有少量葡萄糖和一些氨基酸则会带给人一点点的甜味，特定部位的肉含有的一些肽类物质以及部分氨基酸会带给人苦味，马肉、驴肉等含有乳酸，会带给人酸味。成熟期的生鱼片、海鲜等水产品鲜味成分来源于核苷酸、氨基酸等呈鲜味成分。但不新鲜的海鲜会产生比较多的尸胺、腐胺、精胺等等具有强烈腐臭味的分子，从而遮盖住鱼本身的鲜味。

2. 气味

动物肉的香气具有品种差异，如牛、羊、猪和鱼肉的香气各具特色。种属差异主要由不同种肉中脂类成分存在的差异决定的。总的来说，具有腥、臭、膻、土等特点。

畜肉的气味稍重于禽肉，特别是反刍动物。野生的动物肉的气味高里于家养的。总体看来，动物肉在新鲜时，气味很小，有一些血腥味，这主要是乳酸及氨、胺类物质和一些醛、醇的气味。畜肉在成熟时，由于次黄嘌呤类、醚、醛类化合物的积聚会改善肉的气味。

肉的气味来自肌肉部分和脂肪部分，脂肪部分的气味往往更大。不同肉的气味不同，这主要取决于其脂溶性的挥发成分，特别是短链脂肪酸，如丁酸、己酸、辛酸、己二酸等。支链脂肪酸、羟基脂肪酸使肉味带膻气。与牛肉相比，猪肉的脂肪含量及不饱和度相对更高，加之猪肉中还具有孕烯醇酮转化而来的具有尿臭味的醇、酮类物质，所以猪肉相比牛肉气味具有尿臭味。羊肉中含有一些特殊的带支链的脂肪酸，所以羊肉带有中等碳链长度分含有支链脂肪酸特有的膻味。

畜肉的气味还与畜体的性别、饲料消化状况有一定关系。不同性别的动物肉，其气味往往还与其性激素有关，如未阉的、性成熟的雄畜（种猪、种牛、种羊等）具有特别强烈的膻气，而阉过的公牛肉带有轻微的香气；兔肉带有土腥味则与其腺体有关。一般来说，草食动物带有一定腥味，而肉食动物带有一定膻味，反刍动物在瘤胃中发酵可产生低级脂肪酸而影响其气味。

新鲜鱼有淡淡的清鲜气味，这是鱼体内含有多不饱和脂肪酸受内源酶的作用产生的中等碳链长度不饱和羰基化合物发出的气味。商品鱼带有的腥气较重，这是因为鱼死后，在腐败菌和酶的作用下，体内固有的氧化三甲胺转变为三甲胺，同时六氢吡啶和氨基戊醛增多导致的。

（二）加热后的变化

1. 滋味

加热主要使肉的食用变得更加安全，而对其味感影响不大。肉中的葡萄糖和一些氨基酸在适度加热的情况下基本不变化，所以对甜味影响不大，但含有的一些肽类的物质在受热情况下会变性或水解而导致苦味的减弱，同样乳酸也会溶解于水中，使酸味感变低。但由于加热加速了蛋白质类物质的水解而导致核苷酸、氨基酸等呈鲜味成分增加，从而增强了肉产品的鲜味。

2. 气味

肉类在加热煮熟或烤熟后具有本身特有的香气，特别是牛肉、鸡肉。

肉类在烧烤时能散发出诱人的香气，肉香是多种成分综合的结果。不过，目前认为，肉香主要是由羰基化合物和含硫化合物产生的。羰基化合物是肉的特征香，而含硫化合物是肉的主体香。

在加热时形成肉香物质的途径有以下几方面。①肉中的主要成分脂类可发生自动氧化、脱水及脱羧等反应，生成芳香醛、酮、内酯类化合物。②肉中的糖、氨基酸加热发生分解、氧化反应，或糖与氨基酸之间发生羰氨化反应，生成许多挥发性呋喃类、吡嗪类等成分。③以上产物之间也可发生二次反应产生香气成分。例如，肉中的含硫氨基酸和糖之间先发生美拉德反应，而后进行斯特勒克反应，产生肉香中的重要成分三噻烷及噻啶等含硫化合物。

（三）调味的影响

动物性原料调味除滋味方面外，更注重气味的调整改善。调味最神奇的地方是它可以除异味，增鲜味，提香味，润色泽。将调味品结合加热这一方式可以除去一些食物的特殊气味，如水产的腥味，牛羊肉的膻味，食肉动物的臊味等。

但调味要明确哪些香辛调味料可起到消除肉类异味、增加风味的作用。例如，加工牛、羊、狗肉时要使用具有去腥除膻效果的香辛调味料（如草果、胡椒、丁香等），加工鸡肉时要使用具有脱臭、脱异味效果的香辛调味料（如月桂、肉豆蔻、胡椒等），加工鱼肉时要选用对鱼腥味有抑制效果的香辛调味料（如丁香、肉豆蔻等）。有些香辛调味料本身具有特殊香气，如肉豆蔻，使用量过大会产生涩味和苦味；丁香过多会产生刺激味，并会抑制其他香辛调味料的香味散出等。同时，肉类菜肴烹饪中使用的香辛调味料，有的以味道为主，有的香、味兼具，有的以香味为主。添加时要目标明确，条理清晰。

三、加工原料的特性

（一）加工方法的影响

加工原料是指因为运输、贮藏以及风味改良等生活和生产需要，将原料进行腌渍、干制、发酵处理加工制成的原料。经过这些方法处理后，食材原有风味与品质特点都会发生较大的变化。

1. 质感变化

腌渍就是让食盐、糖大量渗入食品组织内来达到保藏食品的目的，这些经过腌渍加工的食品称为腌渍品。其中盐腌为主要形式，盐腌制品有蔬菜腌制品、腌肉、腌禽蛋等。

蔬菜腌制品又可分为腌菜（干态、半干态和湿态的盐腌制品）、酱菜（加用甜酱或咸酱的盐腌制品）、糟制品（腌制时添加了米酒和米糟）。中国北方地区的腌菜用盐量较大，不太容易产生发酵的现象，所以腌菜的气味大多比较单一；南方地区因气候潮湿，腌菜多为半干态与湿态，易产生发酵现象，如著名的霉干菜。酱腌菜的制作多使用高浓度的盐、糖，可以使其具有咸香脆嫩的口感，增加食欲。糟制腌菜在南方地区较多，如糟茄子、糟茭白等，都是湿态的腌菜。

腌肉包括鱼、肉类腌制品，常见的有咸猪肉、咸牛肉、咸鱼、风干肉、火腿、腊肉、板鸭等。腌过的鱼肉质地会变得紧实，煮熟后呈蒜瓣状。腌过的畜肉质地会变嫩，不像鲜肉那样煮的时间稍长就变老。腌禽蛋即用盐水浸泡或含盐泥土包裹，并添加石灰、纯碱等辅料的方法制得的产品，主要有咸鸡蛋、咸鸭蛋、咸鹅蛋和皮蛋等。水腌咸蛋在腌制时间稍长时易产生臭味，但并不是变质，有些地区喜欢吃这样的咸蛋。咸蛋以蛋黄出油为好。皮蛋碱味不宜太重，以质地软嫩、有松花为好。

干制加工指原料的干燥脱水，所得产品则称为干制品。在干制原料较低的水分含量水平下，一定期间内微生物和酶的活动以及害虫等引起的质量下降可以忽略。很多著名的土特产，如干辣椒、金针菜、玉兰片、萝卜干、霉干菜等都是晒干或阴干制成的；肉制品中的风肉、火腿和香肠经风干或阴干后再进行保存。干货制品类原料大都有干、硬、老、韧、脆的特点，做成菜肴后，味道和质地会保留少许鲜活时的风味。还有许多原料，如莲子、玉兰片、黄花菜、香菇、木耳等，干制涨发后则具有特有的风味。

发酵是人类巧妙地利用有益微生物来加工制造食品，其产品具有独特的风味，丰富了我们的饮食生活，如酸奶、干酪、酒酿、泡菜、酱油、食醋、豆豉、腐乳、黄酒、啤酒、葡萄酒，甚至还包括臭豆腐和臭冬瓜，主要有谷物发酵制品、豆类发酵制品和乳类发酵制品。

2. 香气

鱼、肉类在腌制后一般都会有一个风干或晒干的过程，在这期间，腌肉制品会产生特别的香味，称为腊香，咸鱼、火腿、香肠、腊肉都会有这样的香气。但如果晒的时间过长，则会产生哈喇味，这是油脂发生酸败的表现。

酱、腌菜靠高浓度的食盐和香辛料等的综合作用来保藏蔬菜并增进风味，腌制成熟后会产生酱香味或香辛味。北方地区在做酱、腌菜时，通常会有三种方式，第一种是只用盐腌的，第二种是盐腌时加香辛料的，第三种是加酱与糖来腌制的。第二种和第三种一般在大中城市和南方地区使用比较多。

新鲜食材在干制过程中通过酶的作用，风味分子互相反应，丰富的蛋白质、氨基酸和鸟苷酸二钠等生成了更多的鲜味，原料中的已酸乙酯等挥发性物质形成了醇厚的脂香，鲜甜味也更加凝聚，浓缩出精华，因此干货会比鲜货还鲜美，尤其在烹饪时能激发出食材的多种香味。

发酵食品的种类很多，它们的风味物质非常复杂。其香气成分主要是由微生物作用于蛋白质、糖类、脂肪及其他物质而产生的醇、醛、酮、酸、酯类等化合物产生的。主要由以下几种途径形成：①原料本身含有的风味物质；②原料中所含的糖类、氨基酸及其他类无味物质，经发酵在微生物的作用下代谢而生成风味物质；③在制作过程和熟化过程中产生的风味物质。由于酿造选择的原料、菌种不同，发酵条件不同，产生的风味物质千差万别，形成各自独特的风味。

3. 颜色

火腿、香肠等肉制品具有更为鲜艳诱人的颜色，是因为在腌制时，常用硝酸盐或亚硝酸盐作为发色剂，利用特定的化学反应使肉中的色素转变为亚硝基肌红蛋白、亚硝基高铁肌红蛋白、亚硝基基色原。亚硝基肌红蛋白呈鲜红色，性质不稳定，但加热后能形成稳定的粉红腌肉色素的亚硝基基色原。此外，腌制时强氧化剂亚硝酸盐也能使肌红蛋白中的血色素最初呈氧化态，形成高铁肌红蛋白，形成亚硝基高铁肌红蛋白，所以腌肉制品的颜色更加鲜艳诱人，并且对加热和氧化表现出更多的稳定性。

（二）加热与调味的宜忌

1. 干制品的加热与调味

干制的蔬菜在经过涨发以后，本身除了植物的清香，并没有太多的风味，而且由于干制过，植物纤维会比新鲜时要老韧一些。其于这些原因，干制的蔬菜在烹调时需要经过较长时间的泡发，还需要与鲜味较浓的食材搭配使用。如杭州菜的“扁尖老鸭煲”，扁尖笋由于同老鸭火腿一同炖煮才显得更为鲜香。

2. 腌制品的加热与调味

腌制品本身的盐分较多，不适合直接拿来做菜，需要先用水泡去盐分。如果是腌鱼、腌肉在泡的时候往往还要加淘米水，这样更容易去除表面的油污。虽然经过泡水，腌制品的盐分含量还是比较高，所以在烹调时要谨慎加盐。腌制品本身的咸味与香味都比较足，所在在烹饪时除了可以直接当主配料用，也可以当成其他菜品的调料来使用。如前面所说的“扁尖老鸭煲”中的火腿就起着增香的调味作用，在北方一些不产火腿的地方，人们也会用咸猪爪来代替。

3. 发酵食品的加热与调味

各种发酵食品的香气成分及其组合是非常复杂的。发酵过程中产生的一些成分在加热时更容易发生进一步的反应，所以烹调发酵食品时的香气往往都很浓烈。例如，豆瓣酱在炒菜、烧菜中对菜肴的香气有决定性作用。但发酵食品在烹饪加工中需要注意：第一，注意避免混入杂菌，尤其是致病菌，如肉毒杆菌，最好吃之前要加热熟透，这样可以杀死致病菌以及对人体有害的细菌而产生风险。第二，注意亚硝酸盐。家庭自制的发酵食品，泡菜可能存在亚硝酸盐的风险，因为温度、咸度、蔬菜的种类等因素有关，一般认为一星期左右就能达到高峰，再过 10 天亚硝酸盐含量就平缓了，所以建议腌咸菜等要在 20 天以后食用。

第二节　古代菜品工艺的挖掘

从考古资料与文献资料来看，古代菜品的数量非常巨大，但历代流传下来的菜品少之又少。先秦至宋朝和元朝流传下来的菜品少之又少，今天的菜品大多是明清以来流传下来的。菜品被淘汰有时并不意味着不好，很多只是不适合当时人们的需求，有些工艺在今天看来还是有价值的，这是我们挖掘古代菜品的缘由。

一、古代菜品的工艺类别

菜品的工艺分类有多种，可以按烹调方法分，可以按炊具分，也可以按朝代分。在这里为了理解古代菜品的设计理念，我们按照工艺的目的来分。从这个角度看，古代菜品有两大类，第一类是基本工艺，第二类是高端工艺。

（一）基本工艺

基本工艺的目的是将食材加工成可食的菜品，是最基本的烹调方法。这类工艺都是最质朴的，有的是为了将食物加热成熟，如是烤、炙、煮等；有的是为了保存食物，如腌渍、发酵、干制等；如果食材可以生食，人们也就很自然地选择生食，如鱼脍、肉脍等。

1. 烤、炙、煮

烤、炙、煮这三种方法是人类最早发明的烹调方法，采用这些方法烹制的古代名菜很多已经被淘汰或边缘化。

（1）烤与炙相似。古代的烤有直接在火上烤，也有在石头上烤。前者是明火烤的，后者是没有明火的烤。用小火烤的称为炙。明火烤需要分析的是烤的燃料，因为不同燃料产生的气味不一样，用柴、草直接烤的烟味比较大，用木炭烤烟味就比较小，用油性的木材烤烟味较大，用枣木、樟木香味就比较多。现在的北京烤鸭还坚守传统，采用果木烤，食客与厨师们都认为用果木烤出来的烤鸭香味更正宗浑厚。除烤鸭外，这类菜肴还有烤乳猪、烤方等。没有明火的烤需要分析的是传热介质，如用鹅卵石、铁板、盐板、竹筒、泥巴、面团等。鹅卵石、铁板之类对食物味道产生的影响较小，盐板、竹筒、泥巴、面团则会在食物上留下香气与味道。这类菜品有烙馍、叫花鸡、竹筒烤鱼等。传统的烟熏技法其实是另一种形式的烤，属于没有明火的烤，烟熏料一般由茶叶、白糖、大米、葱、姜、樟等混合而成，通过加热烟熏料产生的热空气来烤熟菜肴。这类菜品有樟茶鸭子、生熏白鱼等。

（2）煮菜的方法。煮菜的方法古今没有太多的变化，我们所能发掘的主要是一些风味方面的设计。如原始社会石烹的做法，将石头烧热，投入水中，利用石头的热量来把食材煮熟。这种做法在今天主要适用于一些较易成熟的食材，从料型上来说适用于薄片和丝状的食材，从原料上来说适合鱼虾等易于成熟的食材。

2. 腌渍、发酵、干制

腌渍、发酵、干制这三种最初是用来保藏食物的方法，其中发酵是在保藏过程中被人类发现并利用的。之后，人类发现了这三种方法在保藏食物的同时，还能使食物发生风味上的变化，这种变化能丰富食物的味道。

（1）腌渍与发酵常常是同时发生的。腌时需要用盐，而用盐后会产生汁液，食材浸于其中就是渍，后来还有意识地将食材浸渍于液体调味料中。腌渍时盐浓度高，则发酵就不太容易发生。发酵后的食材可以不经加热食用，国外的如西班牙火腿、古代传到日本的鲊，国内的如醉虾、醉蟹、腐乳、臭鳜鱼等。现代社会在解决了食品卫生与安全等问题的情况下，也是可以使用这类方法来制作菜品的。

（2）干制食物的过程及其后来保存食物的过程中，食材的风味也会发生变化。古代保藏这些干制食物的条件不太好，在保藏过程中易发生变质。比如，动物类食材在干制时会产生腊香、干香，但当保藏时间较长时，腊香和干香的浓度增加了，会表现为油脂酸败的特征。现代社会干制食物的方法比古代要洁净，速度也要快，这看起来是一种进步，但也会损失一部分腊香的风味。

3. 脍

脍也写作鲙，是细切的肉，也就是肉丝，原材料有鱼肉和牛羊肉，但用得最多的是鱼肉，具体制作的时候还会把红肉与白肉分开切。在食用时，常用齑来调味。脍本身相对简单，主要是选料与刀工处理，而齑作为食脍的重要调料就要复杂得多，古代有著名的脍齑、白梅蒜齑、金齑等，应该是挖掘研究的重点。今天日本料理中的刺身也属于脍一类。

（二）高端工艺

高端工艺不是为满足饱腹为目的，它是为满足包括味觉在内的多层次享受为目的的工艺，审美与趣味是高端工艺的重要内容。

1. 画作仿真

晚唐五代时最著名的设计是尼姑梵正制作的“辋川小样”，以王维的名画《辋川图》为原型制作而成的一组冷菜拼盘。这也是中国烹饪史上最著名的冷菜拼盘。王维《辋川图》原作已经失传，现存后人多个摹本（图 4–1）。据王维自己的记述，辋川的主要景点有二十处：孟城坳、华子冈、文杏馆、斤竹岭、鹿柴、木兰柴、茱萸沜、宫槐陌、临湖亭、南垞、欹湖、柳浪、栾家濑、金屑泉、白石滩、北垞、竹里馆、辛夷坞、漆园、椒园。这与《清异录》中的记载正好相符：“比丘尼梵正，炮制精巧。用鲊臛脍脯、醢酱瓜蔬、黄赤杂色斗成景物。若坐入二十人，则人装一景，合成辋川图小样。”辋川小样开了中国花色拼盘的先河。其选用画家作品为底本，画家已经对自然风光作一翻艺术剪裁，为厨师的创作提供了最佳的模版。由于用餐场景的限制，这样的大型花色拼盘在后代并未普及，只在唐代供文人赏玩吟咏。

图 4–1　北宋郭忠恕临王维《辋川图》

2. 文人趣味

文人趣味更多的在于菜品的想象空间。以文人趣味来设计的菜品一般成本不会太高。

（1）《山家清供》里的“拨霞供”。其是一道涮菜，与今天的火锅差不多：

“向游武夷六曲，访止止师，遇雪天，得一兔，无庖人可制。师云：‘山间只有薄枇，酒、酱、椒料沃之，以风炉安座上，用水少半铫，候汤响，一杯后各分以箸，令自夹入汤，摆熟啖之，乃随意，各以汁供。’因用其法，不独易行，且有团栾热暖之乐。越五六年，来京师，乃复于杨泳斋伯岩席上见此，恍然去武夷，如隔一世。杨，勋家，嗜古学而清苦者，宜此山林之趣。因作诗云：‘浪涌晴江雪，风翻晚照霞。’末云：‘醉忆山中味，都忘贵客来。’猪羊皆可。”

（2）《山家清供》里的“雪霞羹”。是一道羹菜：“采芙蓉花，去心蒂，汤瀹之，同豆腐煮，红白交错，恍如雪霁之霞，名‘雪霞羹’，加胡椒、姜亦可也。”以花入菜不多见，这道菜所用食材并不高贵也不稀奇，但通过菜名的渲染，让人觉得这是一道仙家美馔。

3. 豪门饮食的巧思

精巧的构思是豪门菜品设计的特点之一。当权力大到一定程度、财富积累到一定量时，一般意义上的稀奇食材已经不足以显示他们的能力，于是各种巧妙的构思成为菜品设计的主流。

（1）韭蓱齑。这是将韭菜根捣碎与切碎的麦苗拌在一起腌制而成，因为切碎，麦苗与韭菜就不容易分得清了。这是《世说新语》中石崇与王恺斗富时拿出来的一款菜品。当时是冬天，没有韭菜，这道菜拿出来就显得比王恺高了一层。这是用借味的方法，借韭菜的味，达到出乎意料的效果。

（2）咄嗟羹。这也是石崇与王恺斗富时拿出的菜品，仍然是以出乎意料作为设计理念。咄嗟是仓促的意思。《世说新语》中提到石崇用豆粥招待客人，咄嗟立办。但在人们的生活常识里，豆子煮粥需要很长时间才能煮烂，所以石崇的豆粥咄嗟立办让人觉得不可思议。石崇的做法时先将豆子炒熟碾碎，等客人到时用沸水稍煮便好。后世有这种预先处理的方法做的类似菜品还有咄嗟脍。

（3）赐绯羊。这是五代孟蜀宫中菜品，记载在《清异录》一书中。“其法以红曲煮肉，紧卷石镇，深入酒骨淹透，切如纸薄乃进。”将羊肉用红曲卤入味再卷压成形，还要用酒糟来浸，切时更强调刀工技术。这样的做法放在今天也是极有创意的。

二、古代工艺在现代的重现

（一）影视剧中的重现

饮食活动作为生活中不可缺少的场景经常出现在影视剧中，其中的菜品内容近些年来越来越受到编导的重视，与剧情的历史背景也越来越接近。

1.《红楼梦》电视剧与现代仿古菜

1986 年热播的电视剧《红楼梦》带动了红楼热，小说中所写的菜品虽在电视剧中出现不多，但不妨碍人们对这些菜品关注的热情，很多学者都加入了关于红楼菜的讨论，也出现了多个版本的红楼宴。

2. 影视剧对古代菜品的模仿

近些年的一些著名的热播剧已经不满足于把饮食只当成一个道具，而是追求与时代背景的契合度。例如，很多影视作品中都出现过唐代长安的食物，虽不能与历史上的食物完全对应，但餐具与饮食风格上比较接近。类似的情况在宋朝文化背景的影视剧中也可以得见。

（二）仿古宴会的重现

从 20 世纪 80 年代的仿唐宴、仿宋宴开始，古代菜品工艺的挖掘工作方兴未艾。

1. 仿唐宴

西安从 1982 年开始研究仿唐菜，菜品选择上至隋朝，下至五代。使用仿唐菜的筵席有曲江宴等。其中的菜品名称大多出自唐代文献，如“遍地锦装鳖”“软饤雪龙”“驼蹄羹”“金齑玉脍”“玲珑牡丹鲊”等。

2. 仿宋宴

开封与杭州都曾研制过仿宋菜，并推出仿宋宴。蟹酿橙、宋嫂鱼羹是其中最著名的品种，其他还有莲房鱼包、荔枝白腰子、江瑶清羹、鳖蒸羊、三脆羹、炙骨头、水晶脍、虾圆子等。杭州的楼外楼于 2000 年 11 月在西湖博览会美食节期间推出了仿宋菜，产生较大影响。而在此前杭州就曾推出仿宋宴，因价格较高，在国内市场上没有太大影响力。

3. 红楼宴

以《红楼梦》中所描写的菜点为基础设计制作而成的菜品，北京的红楼菜结合的是北京的菜品风格，扬州的红楼菜结合的是淮扬菜的风格，广东的红楼菜结合的是广东菜的特点。整体上来说，红楼菜属于仿清代的菜品。红楼宴中著名的菜品有“胭脂鹅脯”“姥姥鸽蛋”“茄鲞”“火腿炖肘子”“虾丸鸡皮汤”“莲叶羹”等。红楼宴中很多菜品既是清代菜品，也在现代的扬州、杭州等地存在着，尤其是口味上，因此，红楼菜也是仿古菜中知名度最高的。

4. 满汉全席

清代出现的满汉席在《扬州画舫录》一书中有记载，当时是作为供应随皇帝南巡的官员的饮食。但在南巡结束之后，满汉席作为民间可见的最高规格的宴会而存在于人们的谈资中。北京、香港、台湾、扬州等多个地方都曾制作过满汉全席，菜品也多为清代相关资料中所记载。

（三）主题餐饮的仿制

在一些以古典文化为背景的餐饮活动或场所中，古代菜品是菜品设计的重要灵感来源。

1. 古风餐馆

以古建筑、古园林的环境设计作为用餐场所，以传统瓷器作为餐具，服务人员的服装也是仿古的。在这样的餐馆里，用上仿古的菜品会与环境起到相得益彰的效果。这类餐馆大约在中国流行了十多年，但很多是刚开的时候生意好，时间稍久人气就散了。究其原因，菜品是一个重要方面。很多古风餐馆里面供应的菜品与其他餐馆并无太大差别，消费者得不到很好的体验感。

2. 古典文化

在宴会或用餐环境中加入中国传统的诗词书法琴棋等元素，这是现代一些文化型宴会设计常用的方法。相应地，宴会中所用到的菜品以古代菜品的一些形式出现，更能够突出用餐场所的文化情境。

3. 历史典故

以古代的名人或大事件来设计菜品与宴会，如设计东坡宴，其中的菜品应当首选苏东坡的诗文中提到过的那些菜品；设计板桥宴，就应该首选郑板桥的诗文绘画中出现过的菜品，较为成功的设计有东坡肉、东坡豆腐等。也有牵强的设计，如把蛋炒饭说成是越国公杨素留下的做法，把蟹粉狮子头说成是杨万里诗中描写过的，更有说法说是隋炀帝的厨师制作的。

三、古代菜品工艺的评价

（一）传承价值

1. 技艺传承

古代菜品的流行与淘汰，很多并不是简单的优胜劣汰，有些菜品及技术被淘汰只是因为当时不符合市场的需要。如现在糖果中的黑糖，很多人以为是从日本传到我国台湾再传到大陆的，实际上黑糖的制作技术在《齐民要术》中已经有记载；宋代的蟹酿橙在元、明、清三代都已经消失，待杭州仿宋菜将其发掘出来后又成为深受好评的菜品；生食的鲊在宋朝以后就逐渐消失，手握的饭团唐代以后就少见了，但在日本却成为著名的寿司。因此，对于古代菜品工艺的研究挖掘，不仅可以将古代出现的一些烹饪技法传承下来，还可以为当代的菜品设计提供一些思路。

2. 文化传承

饮食是人类生活方式的重要内容，而菜品就是人们吃什么与怎么吃的例证。古代的菜品在现代生活中并非完全消失，很多的是换了一种名称及存在方式。如河南、江苏的一些地方春天所吃的冷蒸，就是秦汉时期《月令》中所说的春节食麦的习俗留存；江南地区春季的青团也是来自秦汉以前的寒食习俗。

（二）学术价值

对一些古代菜品的研究，可以作为其他学术研究的佐证。这样的研究从菜品设计的角度来说，可以使设计者明白菜品与具体消费者之间的关系以及菜品与使用地区的地理环境和文化环境之间的关系。

1. 人口迁移与菜品

人口迁移一定会带来菜品技艺与饮食风俗的传播。例如，明清以来的扬州菜品中面食的比例较多，在同一纬度的城市中，扬州也是面食制作最为精良的，而扬州却并不是小麦的主产地，通过对这个问题的研究，我们可以把扬州面食的制作技艺与明清时期在扬州经商的山西和陕西商人群体联系起来。通过对广州早茶的研究，我们可以看到清代中后期扬州饮食文化对于广州茶点的影响。

2. 人口构成与菜品

按照人口的身份特点，大概有商业、农业、军户、百工等若干大类，各类人群对于菜品的消费要求是不一样的。扬州、广州等商业城市对于菜品的消费需要与消费观念是受到商业人口的影响的，这部分人有较强的经济能力，对于菜品的制作技艺有特别的要求，因此这些地方的菜品被人称为商贾菜。又因为经济发达，这些城市的文化人比较多并对饮食生活有一定的话语权，所以这些地方的菜品也被称为文人菜。人口流动性较大的城市，菜品的制作技术与风味特点变化也比较大，如扬州在明朝中期时山西的商人比较多，到清代中期就以徽商为主，很显然菜品的风格会受这些人的影响。

（三）商业价值

古代菜品在实际应用中的接受度决定了其商业价值。完全没有商业价值的古代菜品一定会被市场所淘汰。

1. 时尚需要

近些年来宋文化成为时尚，宋代的文人、宋代的瓷器以及宋人的生活方式都受到不同程度的追捧。所以相应地，仿宋的菜品也受到欢迎，全国各地的仿宋餐馆也越开越多。在这种情况下，仿代菜品的商业价值就是比较高的。

2. 应用场景

有些菜品被淘汰是因为应用场景的消失。在传统厨师的技艺里，食品雕刻、花式点心以及一些高端复杂的菜品都曾经作为最高水平的代表，现在这些技术大多存在于学校的教学以及展览、比赛等场景中，没有明显的商业价值。所以重新发掘这些古典菜品的应用场景就显得很重要，当然这些应用场景也是与时尚关联的。如淮扬的花式点心，原来是作为高级饮茶活动中的食物存在的，正好现代茶艺的流行重新为这些点心找到了使用的场景。非常高端复杂的菜品如三套鸭等，在古代本是用在特定人群品的美食品鉴活动中的，而这样的人群如今不足以支持这些菜品的商业应用。

第三节　现代菜品工艺的设计

在进行菜品工艺设计时，首先要确定设计的目标，对菜品的口感、应用场合有预设，然后才能决定采用哪种工艺来实现这个目标。菜品工艺可分为基本工艺与个性工艺两大类。基本工艺决定的是菜品制作方法的大的方向，个性工艺决定的是菜品的品质层次。关于基本工艺的内容在《烹调工艺学》教材里有详细的讲解，这里只解说个性工艺的设计。

一、确定菜品的品质目标

菜品的应用有两种分类，第一种是按场景分，第二种是按菜品的类型分。菜品的品质与其应用场景有关，消费层次较高的饮食场所，其菜品的品质通常要求比较细腻，中低层次的消费场所，其菜品的品质相对比较粗犷。菜品的类型有两类，一类是按菜品在宴会中的应用来分，有前菜、开胃汤、主菜、餐后甜品等；另一类是按菜品的冷热及日常饮食中的作用来分，有凉菜、炒菜、大菜、点心、汤羹等。品质目标大概包括质感、料形与滋味三个方面。

（一）冷菜

1. 质感的设计

现代菜品里，冷菜在大多数情况是当作前菜使用的，需要有开胃的作用，在质感上宜爽脆。蔬菜是比较容易处理成爽脆质感的，盐腌醋渍就可以；动物类原料的爽脆感不同于蔬菜，有爽滑、脆嫩等，这些主要来自加热时间与温度的控制，最主要的控制手法是快速降温。如案例 1 中的白切猪肝的做法，传统卤煮猪肝入口干硬，是因为加热时火力太强、时间太长。猪肝煮熟后如暴露在空气中，色泽会变黑。不可用生水冲凉，以免污染。同样的方法也可用来处理猪舌、白切肉等。

案例 1：白切猪肝

猪肝放入冷水锅中，放入葱姜，用小火焖煮至变硬，约 12 分钟，用手按最厚的部位，没有柔软感和血水渗出，立刻取出，放入盆中，用冰块盖满，用保鲜膜包好放入冰箱。食时取出切片，配调味小菜佐食。

2. 料形的设计

冷菜的料形各种都有，具体设计的原则是：细薄改变口感、宽大体现品质、刀工体现技术。

食材的口感与粗细度有关，细薄的食材让人感觉口感绵软细嫩，所以大多数需要切成丝状片状的食材都应该切得细薄一些，如凉拌海带丝、烫干丝等。

过碎的形状让人觉得食材品质较差，因此，可以切大片的食材应该尽量切成大的薄片，如白切肉、酱牛肉等。

刀工精良会让人觉得烹饪的水平比较高，因此这是为菜品加分的技术。但刀工精良并不是要求将所有食材都加工得很细，而是要根据菜品食材的特点来均匀地切割原料。一些象形花刀的使用会让人觉得厨师做菜很用心。

3. 滋味的设计

冷菜的滋味有清淡也有浓厚，达成这种效果的方法有两类，第一类是味的本身，第二类是调味汁的厚度。从味的本身来说，用稍多量的调味料或者多味复合的调味料能够达到浓厚的效果。我们通常觉得北方菜比南方菜的滋味浓厚，觉得内地菜品比沿海省份的滋味浓厚，就是因为北方地区、内陆地区的调味料用得重。从调味汁来说，稠度大的调味汁比较容易挂在食材上，因而会让人觉得滋味浓厚。

从冷菜本身来说，滋味不宜太淡，因为冷菜的温度低，一般用油量也比较多，用盐量较少的时候会让人觉得味淡，起不到开胃的效果。但也不宜太辣、太甜，这样的味道会影响人的味觉与食欲。有些冷菜是用来与其他热菜搭配上桌的，这类冷菜的设计目标一般是解腻、增味。

（二）炒菜

1. 质感的设计

宴会中的炒菜主要作用是下酒，所以这类菜中荤菜的质感一般以爽脆滑嫩为主，烹饪方法常用滑炒、爆炒、熟炒等。而普通的下饭菜所用的炒菜对于质感的要求没有这么高，通常用煸炒、熟炒，口感偏韧。蔬菜无论哪种使用场合，质感都以脆嫩为好。为保持蔬菜的脆嫩感，通常会用盐腌或焯水进行预处理。如白瓜，直接下锅炒会显得软烂，若是炒之前先用盐腌 10 分钟，然后挤去盐水再炒，就会有脆感。花菜和西芹等的蔬菜因形体较粗大，下锅炒的时候不易炒匀，先焯水后炒就会保持其脆感。

2. 料形的设计

炒菜的料形有自然形的，如花菜，更多是需要刀工处理的。自然形的食材用手撕开或掰开就可以。需要刀工处理的，一般片形不宜太大和太厚，那样不易炒透，如果太薄则又容易粘在锅上，通常片的厚度在 3 ～ 5 毫米，丝则是用这个厚度的片切成的。料形的搭配在《烹调工艺学》课程里有讲解。一些特别设计的炒菜会用一些花式刀法来切，如切成秋叶形、如意丁等。

3. 滋味的设计

作为下酒菜的炒菜，味道不宜咸，总的来说应该突出鲜、香，在东部沿海地区，咸鲜、咸甜、糖醋等较为常见，在内陆地区，麻辣、酸辣等味型较为常见。作为下饭菜的炒菜，味道上盐的用量略多，各种味型基本都可以，但糖醋味不太适合。

（三）大菜

中餐里的大菜相当于西餐里的主菜。一般来说是价格较高、味道浓郁、营养最为丰富的一类菜品。大菜的烹调方法较多，炖、焖、煨、煮、烩、烤、炸、熘等都是用来制作大菜的。

1. 质感

因为烹调方法较多，很难给大菜归纳质感的特征。整体上来说，大菜一般不会设计成脆嫩、滑嫩的口感。脆，通常是香脆、酥脆；烂通常是酥烂、软糯等。

2. 料形

大菜的料形都比较大，如块状的东坡肉、球状的狮子头、完整的红烧鱼和八宝鸭等。如果是细小的食材来制作大菜，一般都要用另一种食材包起来，如素烧鸭、腐皮鱼卷、百叶卷等。较长的原料通常会打结，如百页结、海带结等。整形的菜品往往会提升宴会的档次，如烤全羊，清蒸江白鱼等。用于正式宴会或一些主题宴会上的大菜也经常制作成各种花式造型，此类造型参见本书第五章的相关内容。

3. 滋味

滋味的设计是大菜工艺设计的核心。首先是食材的搭配。炒菜、冷菜也有食材搭配问题，但相对简单。大菜的搭配传统的做法是浓配浓、清配清。如杭州的金银蹄，是用鲜猪爪炖火腿爪，风味浓郁。这个经典的搭配在《红楼梦》小说叫火腿炖肘子。竹荪鱼圆汤是清配清的做法，江浙地区的鱼圆在制作时掺水量较多，鱼圆做成后与竹荪、豆苗等一起氽汤，所用的汤则是清澈的高汤，整体上味道清清淡淡。其次是味道的厚度，作为主菜，滋味上需要饱满，这种饱满感一方面因为食材搭配时蛋白质、脂肪的丰富，另一方面是菜肴汤汁的醇厚。从味道上来说，大菜以咸鲜、咸甜、酸甜等味型为主。案例2中的

案例2：京葱㸆牛方

1. 将牛肋条肉焯水，切成4厘米见方的大块。

2. 京葱切成2厘米段，下油锅煎黄，加姜片，与牛肉一起，加黄酒、酱油、冰糖，大火烧开，再用小火焖2小时。

3. 将鲜山楂去核洗净放锅中略煮5分钟，调好味，收浓汤汁。

4. 将牛肉块盛入盘中，配上山楂、京葱段即可。

此菜在制作时可以用熟牛肋，调味时也可加入黑胡椒、番茄、黑橄榄等。

“京葱㸆牛方”是一道味道深厚的菜品，用以佐饭时可以调味稍偏咸，用来佐酒则可以略少盐，但黑胡椒，京葱之类可使风味浓郁的调味料则不可少。

二、叠加式的工艺设计

叠加式的工艺设计是为了在普通的烹饪工艺达到的菜品效果上增加或强化某种品质特点而进行的工艺设计。

（一）烹调方法的叠加

对设计菜品的风味或质感定位有时会跨越不同区域甚至文化，这种情况下我们就会进行这种跨区域、跨文化的技法叠加。这种叠加对成熟度不一定有影响，但处理不好的时候会有过熟的表现。

蒸或者炸都可以将食物加热成熟，但蒸可以得到酥烂的质感，炸可以得到香脆的质感，当设计者要将两类质感结合起来的时候，这种叠加的设计就产生了。周代的“炮豚”是先炸后蒸（隔水炖）的，这样的设计会使菜品既有炸的香味也有蒸炖的酥烂，类似的菜品还有“虎皮扣肉”。先蒸（或煮）后炸的菜品有“香酥鸡”或“香酥鸭”，这是先将鸡鸭蒸烂或煮烂，然后拆去骨头，抹上肉馅或虾馅，再上笼蒸熟，挂上糊后下油锅炸成的。这样的菜品口感是酥烂香脆俱全的。案例 3 中的糯米烤鸭卷是结合了日本寿司的手法制作而成的，但是将寿司里卷的食材换成了烤鸭肉，并且做卷成后的制法都是中餐的烹饪手法，且最后的油炸彻底去掉了寿司的印迹。

案例 3：糯米烤鸭卷

1. 糯米煮成饭，加盐、洋葱与色拉油拌匀。
2. 烤鸭肉与黄瓜都切成 1 厘米粗的条，京葱白切成丝，咸蛋黄捏成条。
3. 鸡蛋打散调匀。
4. 寿司帘展开，上面铺上糯米纸，将糯米饭铺在糯米纸上，在厚度约 0.8 厘米。在糯米饭中间刷一点甜面酱，然后放上烤鸭肉、黄瓜条、咸蛋黄、京葱丝。
5. 用卷寿司的手法卷紧，裹上鸡蛋液，再沾上面包糠，放入 180 ℃的热油中炸至色泽金黄。捞出，改刀成 2.5 厘米宽的段，装入盘中。食用时可以蘸花椒盐。

（二）调味方法的叠加

不同的区域都会有自己特色的调味方法与风格。在菜品设计中，对不同的调味方法进行组合使用，会收到一些特别的效果。案例 4 是苏州的“早红橘酪鸡”，其做法在中餐里是有些奇怪的，但如果联系到西餐里奶油蘑菇汤里用黄油炒面粉的做法，就能明白此菜的创意由来。但这道菜用的所有调味料又都是中国的，从风味来说是一道地道的中国菜。

调味料的使用是现代菜品设计重要的手法。从番茄传入中国，番茄酱逐渐替代传统的糖醋汁开始，西式调味料就陆续在中国里出现并且受到消费者的喜爱。这并不能说明西式调味料比中式调味料好，只不过是人们对于异国风味的好奇。同样的情况在西方也存在，源自印度的咖喱在西餐中使用就很广。而中式的酱油、醋等调料随中餐一起走向世界，也在影响着西餐的调味。

案例 4：早红橘酪鸡

1. 将早红橘剥去皮、衣膜及核。嫩母鸡从背部剖开，治净。

2. 将锅置中火上烧热，舀入熟鸡油，加入面粉、盐炒熟，再放入早红橘，炒成橘酪浆，盛入盆中。

3. 锅中舀入花生油，烧至六成热时，放入鸡，炸至金黄色时倒入漏勺。

4. 将鸡（胸朝下）放入橘酪浆盆中，加绍酒、盐、葱结、姜片、鲜橘皮、香菜叶，用圆盘压住鸡身、用绵筋纸封口，上笼用旺火蒸至酥烂，取出翻扣入盘中。

三、自然的工艺设计

在现代菜品中，尤其是一、二线城市的菜品，消费者对于本味越来越推崇。突出本味的工艺设计就是自然的设计。主要表现在两个方面，一是自然的加热，二是自然的调味。随着人们生活水平的提高，这种设计也会越来越受欢迎。

（一）自然加热法

在所有的加热方法中，蒸与煮被认为是最健康的最接近自然的加热法。烤也是接近自然的加热法，但从现代营养学与卫生学的角度来看，烤的菜肴与点心对健康不是很有利，因而不在自然加热法当中。

1. 蒸

作为有着悠久历史的蒸，在现代菜品的制作中应用得越来越多，很多以前红烧的菜品被蒸的方法改良了。如红酥鸡，原来这道菜最终的烹制方法是收汁红烧，但现在很多厨师会选择扣碗上笼蒸，最后将汤汁勾芡淋在上面。从工作效率来说，蒸菜解放了一部分的劳动力。

从工艺效果来说，蒸菜可以最大限度地保留菜品的鲜美滋味。曾经流行过的汽锅鸡就是最典型的一道蒸菜。另外还有近几年流行的“海鲜一品锅”以及日本菜里的“土瓶蒸”等菜品。案例 5 的“汽锅鸡”在蒸的时候是不加水的，菜品制成后汽锅里的汤是水蒸气的凝结，这种情况下，鸡的鲜味几乎没有损失或被稀释。蒸菜加水的做法在中餐里不多见，这些大多被称为隔水炖，如蒸蛋羹也被称为炖蛋。

2. 煮

煮法制作的菜品在鲜味保持上不如蒸菜纯，但因为煮时锅里处于沸腾的水对食材的冲击力较大，因而菜品风味的饱满度比较高。蒸的菜品基本上是清汤的，而煮的菜品大多数是浓汤。煮的菜品不勾芡，为了让汤汁稠浓，在食材选择上需要用一些胶原蛋白比较多的原料，加上油脂的乳化作用，煮菜的汤大多看起来比较稠。案例6是对传统淮扬菜“大煮干丝”所作的工艺改进。淮扬菜中一直有使用虾汤的传统，但在近些年里用得较少。很多厨师在煮干丝时会用豆油来烧，颜色黄亮比较好看。缺点是油腻。用鸡油虾汤，菜的口感浓厚又不腻，保留了此菜的传统风味，也符合现代人的口感要求。

案例 5：汽锅鸡（图 4–2）

1. 仔鸡一只，切块焯水后码放入汽锅内，在汽锅 1/2 ～ 2/3 的深度。

2. 火腿切片，与葱结、姜片、水发竹荪等一起放入汽锅中。

3. 将汽锅盖用纸封好，放入蒸锅蒸 2 小时即可。

汽锅内不放水，所有的汤水最终都来自蒸制过程；搭配的食材和调料不要有刺激性太大味道。

图 4–2　汽锅鸡

（二）自然调味法

自然的调味方法应该是适应本地区气候、地理环境的，突出食材本味的调味方法。

1. 简单调味品

以盐、醋、酱、酒、葱、姜、蒜等最基本的调味料为主，调味的方法以不影响食材本味为原则，菜品的味道以单一味为主。这种调味的设计主要用在优质食材上。食材本身的味道鲜美，没有异味，如新鲜的竹笋、藕、鸡头米、蚕豆、蒲菜、鸡毛菜、虾、蟹、贝类等。清代袁枚在《随园食单》

案例 6：大煮干丝

1. 将扬州的白豆腐干批成薄片，每块豆腐干批成 24 片。

2. 虾仁上浆、火腿切成细丝、熟鸡脯肉撕成细丝。豆苗掐净。

3. 将虾头放入锅中，用鸡油煸香，加鸡汤用中火熬煮至汤呈黄色，捞去虾头。

4. 将干丝用沸水烫软，沥去水，再放入鸡汤锅中用中小火煮 15 分钟，加入虾仁火腿丝、鸡丝等配料，调味，盛入碗中，最后撒上汤熟的豆苗。

中说这些清鲜的食材宜独用，事实上厨师们也是这么做的。如清炒虾仁、清炒笋、清蒸螃蟹等都是仅用简单调味品来调味的。案例 7 是袁枚关于调味品的观点，基本上可以代表当时高层次淮扬菜的要求。

2. 主配料互相衬托

利用鲜味相乘原理来调味是自然调味法中最常用也最容易做出经典菜品的，如传统的佛跳墙、杂烩、荷花什锦炖、烩四宝等。用这种方法调味，不需要有复杂的加热方法，也不需要有太多的调味品，只需要各种食材的鲜味互相衬托。案例 8 中的“醉蟹狮子头”并没有复杂的调味手法，都是食材风味的相互衬托。这个做法来自江苏兴化等地的醉蟹清炖鸡。如果用一些品质较好的牛羊肉来做也是可以，但不如猪肉的效果好，因为牛羊肉自身的气味较大，与醉蟹的风味融合得不是很好。

案例 7：作料须知

厨者之作料，如妇人之衣服首饰也。虽有大姿，虽善涂抹，而敝衣蓝缕，西子亦难以为容。善烹调者，酱用伏酱，先尝甘否；油用香油，须审生熟；酒用酒酿，应去糟粕；醋用米醋，须求清例。且酱有清浓之分，油有荤素之别，酒有酸甜之异，醋有陈新之殊，不可丝毫错误。其他葱、椒、姜、桂、糖、盐，虽用之不多，而俱宜选择上品。苏州店卖秋油，有上、中。下三等。镇江醋颜色虽佳，味不甚酸，失醋之本旨矣。以板浦醋为第一，浦口醋次之。

案例 8：醉蟹狮子头

1. 猪五花肉切粒，加葱姜水、盐一起摔打上劲，团成肉圆。

2. 植物油加热到 180 ℃，把肉圆下锅炸至外皮浅黄色，捞出，放在砂锅里。

3. 砂锅中加入两只对半切开的醉蟹，50 克醉蟹卤，加水没过肉圆，用大火烧开，再用小火炖 90 分钟即可。

这道菜是在传统的扬州狮子头的基础上设计而成的，用醉蟹的浓醇香味与狮子头的鲜香融合。

四、新技术的利用

每个时代的烹饪都会面临新技术的问题，但现代烹饪是以科学技术迅猛发展为背景的，面临的新技术也就更多。

（一）新技术对菜品工艺的影响

1. 改良旧工艺

当新技术替代旧技术时，旧的工艺效果一定会发生改变。如传统的烤炉是用柴、炭直接烧烤的，南方也有用稻草替代的，这样的烤法一定会有烟。所以当无烟的电烤炉出现时，菜品上原有的烟味也就消失了。传统的发酵是自然发酵，当用干酵母来发酵时，就没有了自然发酵的香味。从风味来说，传统的风味是个性的特点，从卫生角度来说，新技术更加安全卫生。两者之间并不绝对抵触，如传统发酵并无安全卫生问题。所以在特定情况下，传统工艺也有可能会被人们重新使用。

2. 引出新方法

新技术会对菜品制作方法产生一些影响。如在传统工艺中，蒸与烤是两种截然分开的方法，不可能在蒸的时候烤，也不可能在烤的时候蒸。但现代的蒸烤箱可以做到，于是蒸烤出来的食物表皮就不会太干。食物加热成熟的温度一般在60℃左右，但传统烹饪中极少用这个温度来加热食物，因为这个温度不易控制。现代低温烹调机的出现，使人们可以通过自动控温的设备来控制温度，于是低温慢煮的菜品就开始大量出现。

（二）现代技术在菜品设计中的应用

现代技术，从红外线加热到微波到超声波再到分子料理与低温烹饪，从设备更新逐步进入菜品工艺的更新，其所应用的是物理化学的知识与理化实验的一些手法及工具，相比传统烹饪而言，整个过程更加精确。所以现代技术给烹饪带来的不仅是技术与工具的革新，更是烹饪理念上的革新。

1. 科学地看待成熟问题

传统西餐煎牛排时会将成熟度分级，中餐烹饪中也有几成油温几成熟的说法，但那些分级是厨师凭经验来控制的，科学技术使控制食品加热的温度更加精确。研究者们仔细研究了食物在不同温度下的状态，以下表4-1与表4-2是研究者的部分成果，通过这些研究，我们可以根据所设计的品质要求来选择相应的成熟度，使传统烹饪的经验变成可精确控制的技术。

2. 趣味地处理调味方法

传统烹饪的调味主要是为了解决香与味的问题，少量的是为了解决色的问题，对于趣味是极少考虑的。但新技术把趣味放在了调味的重要位置。

图4-3的醋珠胶囊是分子料理的一个有趣的手法，将调味料做成胶囊，在装盘时放在食物上。这样胶囊里的调料不会流在食物上影响色泽，本身还作为形状固定的色彩元素可以起到装饰作用。胶囊在制作时，还要将外观的色泽形状与其真实的味道形成一个反差，让食客产生错觉，这样在食用时会产生一些意外的惊喜。这种手法不仅用来做调味品，也常用来做甜品。

表 4-1 100 ℃热水煮蛋烹调时间与状态、用法对照表

烹调时间	状态描述	最佳用法
1 ~ 3 分钟	蛋白的外层刚好成形，使鸡蛋在剥壳时仍足以维持其形状	当用鸡蛋拌沙拉或意大利面时，可以使用煮了 1 ~ 2 分钟的鸡蛋。但单吃是不太美味的
4 分钟	蛋白是不透明的，接近蛋黄的地方保留了一点半透明状。蛋黄几乎没受加热影响，完全是生的	作为蔬菜或谷物的配料，加在烫芦笋或青豆上，或加在汤面上
5 分钟	蛋白是不透明的，仍然没有变硬，有点儿果冻状。蛋黄是温热的，但仍然是生的	早餐
6 分钟	蛋白是不透明且结实的，蛋黄是温热的，而且边缘开始成形	早餐
7 分钟	蛋白是全熟的，像全熟的水煮蛋一样结实。蛋黄是金黄色的，中心是液体状但边缘开始成形	早餐

注 引自［美］J·显尔洛佩兹奥特《料理实验室》。

表 4-2 牛排成熟度与肉质特点

成熟度	内部温度	肉质特点
一分熟	48.9 ℃	肉的内部呈亮红色且光滑。在这个阶段，肉的细纤维尚未排出大量水分，因此，在理论上，这应该是最多汁的牛排。然而，由于肉的柔软性，咀嚼会使肉的细纤维彼此推挤，而非胀破并释放它们的水分，因此人会获得滑而瘫软的口感，而不是多汁的口感。此外，肌肉内的大量脂肪还没有软化
三分熟	54.4 ℃	肉已经开始变成粉红色，且肉质明显硬了一些。水分流失仍然很少，约为 4%。肌肉内的脂肪已经开始化开，它不仅能润滑牛肉，使牛肉尝起来多汁且柔嫩，还可向舌头与上颚提供脂溶性风味化合物——这个温度下的牛肉比一分熟的尝起来有更明显的牛肉味。在牛排盲测时，甚至自称为“生肉爱好者”的人都表示喜欢这个温度的牛排。它成为最受欢迎的选择
五分熟	60 ℃	肉呈玫瑰粉红色，且摸起来感觉相当结实。水分流失超过 6%，肉仍然是湿润的，但已接近干燥。这种牛肉若长时间咀嚼，会产生过熟肉那种常见的“锯木屑”口感。但脂肪在这个阶段已充分化开，提供了大量的牛肉味。这是第二受欢迎的选择
七分熟	65.6 ℃	肉仍然是粉红色的，但已接近灰色。在这个阶段，肌肉细纤维收缩剧烈，导致水分流失比例急剧增加——达到 12%。这种肉入口肯定很干，具有耐嚼、多纤维的口感。脂肪已经完全化开，开始聚集在牛排外面，并将风味带走
全熟	71.1 ℃	肉干燥、呈灰色且死气沉沉。水分流失高达 18%。脂肪完全化开了

注 引自［美］J·显尔洛佩兹奥特《料理实验室》。

图 4–3　醋珠胶囊

3. 提供全新的菜品造型空间

新技术本身对于菜品的造型空间并没有提供太多技术与方法上的支持，但打破了厨师固有的思维方式，带来了菜品造型空间的变化。传统菜品在盛装时的空间是扁平化的，而现代菜品在造型上是向空间发展的。这一点很难区分好坏，但变化可以带给食客新的体验感。

图 4–4 中的冰球给菜品提供了一个新的空间，有了这个空间后，菜品的色、香、形就与外界多了一层隔断，既把食客的注意力都吸引到菜品上来，又与下面的盘子保持联系，有一个舒展的外延。同样的方法也可以用刨冰来做成雪屋的形状，雪屋比冰球少了一些透明度，但多了一点厚重的感觉。用热的糖浆也可以为菜品营造新空间，这最早是中国拔丝菜品的技法，后来人们利用融化的糖浆的可塑性将其或拉成丝或团成球，或做成网状、瓶状。在营造空间的手法上，糖浆与冰球相似，但在应用方面，冰球雪屋主要用于冷菜，糖浆造型主要用于热菜中的甜菜。

图 4–4　冰球营造的空间感

作业

1. 简述植物原料加热与调味特性。
2. 简述动物原料加热与调味特性。
3. 加工原料的特性有哪些?
4. 古代高端菜品工艺的目的与手法有哪些?
5. 古代工艺在现代社会的重现形式有哪些?
6. 如何评价古代菜品工艺的价值?
7. 如何达成现代菜品中冷菜的品质目标?
8. 如何达成现代菜品中炒菜的品质目标?
9. 如何达成现代菜品中大菜的品质目标?
10. 叠加式的工艺设计有哪些方法?
11. 自然派的菜品工艺设计有什么特点?
12. 简述新技术在现代菜品设计中的应用。

第五章　菜品的艺术设计

本章内容： 讲解菜品审美的内容，以及在此基础上对菜品的艺术形式进行设计的方法。

教学时间： 4 课时

教学目的： 通过讲授使学生明白艺术设计与审美的关系，并了解菜品艺术表达的基本方法。

教学方式： 课堂讲授。

教学要求： 1. 使学生理解不同时代的审美风格。

2. 使学生掌握艺术设计的基本方法。

3. 要使学生明白人民大众才是菜品艺术的服务对象。

作业要求： 以较大量的阅读艺术方面的课外读物为主。

第一节　菜品的审美

审美趣味是菜品艺术设计的向导。不同文化区域的审美趣味不同，经济发达程度也会影响人们的审美趣味。因此，我们需要对菜品的审美经过一番梳理，才能在设计中对各种艺术理念与艺术手段灵活掌握应用。本节着重介绍古代菜品审美的发展。

一、丰盛美

在原始社会，人类社会的绝大多数时候都处在食物匮乏的状态中，因此在食物审美上大多数国家和地区都是首先以丰盛为美的。这种丰盛美体现在食器大小与食品数量两个方面。

1. 食器大小

中国先秦时期贵族的食器普遍偏大，如著名的后母戊鼎和后母辛鼎，虽然这两个巨大的鼎不可能放在食案上，但当时其他的食器体型、容量相对于分餐制的用餐者来说也是比较大的。到了汉代以后，青铜器餐具的体型变小，成为可以放在食案上的餐具。图 5-1 为广陵服食官鼎，直径 22 厘米，高 29 厘米，去掉鼎足的高度，整个器型容量与现代的中号碗大小相当，单看器型并不大，但这只是诸侯七鼎中的一件，作为单人用的食器来说还是比较大的。图 5-2 所示的兮甲盘，南宋末年因战乱流落民间，大书法家、鉴藏家鲜于枢在僚属李顺父家发现此盘，已被其家人折断盘足，以作炊饼用具。因盘内有铭文，做出的炊饼也应当是有铭文的，可算得史上最有文化的炊饼了。现盘高 11.7 厘米，直径 47 厘米，这么大的盘放在今天的大圆桌上也算是大个头了。明朝中晚期推崇宋式审美，餐具一度较小，但到了清朝，社会风气又转向以丰盛为美，餐具变大，而菜品喜用“全体”，也就是整只，如整只的猪蹄、整只的羊肘，用鸡鸭时更有一盘盛双鸡、双鸭的做法。在第一章中，我们介绍的很多古代餐具尺寸都是比较大的，食器大，意味着盛装的食物量比较多。

2. 食品数量

古代人在能力允许的范围内大多会用食品的数量来满足人们对于菜品的审美。古代帝王饮食号称“食前方丈”，汉代以后，因为餐具变小，菜品的审美也就由体量向数量转移。周天子的饮食规格是九鼎八簋二十六豆，再加一些小菜，菜品总数不会低于 60 道。到了清末民国初年时，传说中的满汉全席有 108 道菜，而淮安的长鱼席菜品总数也高达 135 道。虽然这些是宴会的情形，也不一定是真实的食物数量，但真实的食物数量也是比较多的。相对简便的八大碗、八小碗也有主菜16道。

图5-1　广陵服食官鼎

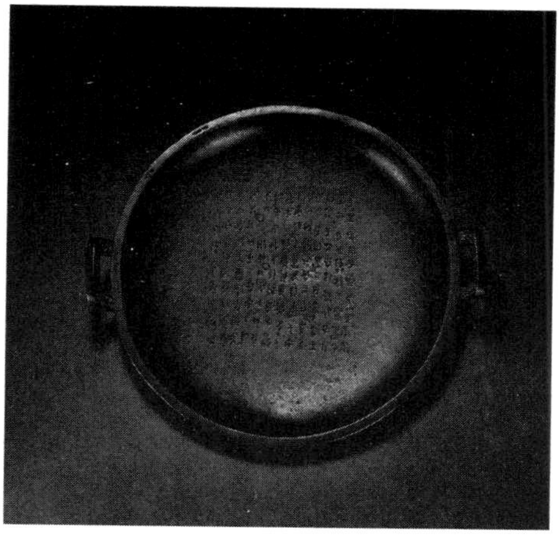

图5-2　兮甲盘

菜品数量多是食物匮乏时期人们的饮食审美追求。韩国人的饮食，即使简单也会有好几道咸菜，以示丰盛。古代欧洲人们也会将食物在宴会的餐桌上堆满，即便是下午茶那样的简餐，食品的数量也相当多。

二、工艺美

工艺美是对菜品制作技术的审美，比如刀工以及烹饪的过程。这其中既有对技术熟练程度的审美，也有对工作过程专注度的审美。

1. 刀工技艺

古代菜品的刀工首先是体现在脍的加工技艺上的。唐宋诗文中常有描绘斫脍刀工的句子，著名的如杜甫的诗句“鸾刀缕切空纷纶”、苏轼的诗句“吴儿脍缕薄欲飞”“运肘风生看斫脍，随刀雪落惊飞缕”等。这种工艺最初是为了让脍在食用时蘸调料更容易入味，但因古代厨师斫脍常常是当着客人的面操作的，因而就多了一层观赏性。刀工技艺对刀的要求比较高，古人常称为银刀，并不是说要用银来做刀，而

案例：王小余做菜

其倚灶时，雀立不转目，釜中瞠也，呼张吸之，寂如无闻。眴火者曰“猛”，则炀者如赤日；曰“撤”，则传薪者以递减；曰“且然蕴”，则置之如弃；曰：“羹定”，则侍者急以器受。或稍忤及弛期，必仇怒叫噪，若稍纵即逝者。所用堇荁之滑，及盐豉、酒酱之滋，奋臂下，未尝见其染指试也。

——袁枚《厨者王小余传》

是刀身与刀刃磨得亮，显得锋利。但到了明清时期，扬州厨娘表演烹饪时就真的用银质刀具了，当然也仅是刀的辅助部分是银质的。

从精细的角度来说，刀工多用于需要细切和薄切的菜品。唐宋以前的菜品大块的较多，所以刀工展示的平台并不多。宋朝以后，旺火速成的炒菜越来越多，这类菜品大多要求加工得比较细薄，这样更易于成熟。因此精细刀工应用得就越来越多。现代烹饪中的兰花刀、蓑衣花刀以及各种花式刀法都是从古代流传下来的。

2. 工作过程

工作过程的审美价值来源于古代开放式的烹饪场景。最早描绘这个场景的著名故事是"庖丁解牛"，虽然这个故事只是庄子拿来讲养生道理的，但客观上说明了当时的厨房并非闲人莫入的地方。汉代画像砖上也有大量的烹饪场景，其中有些就是当着食客的面操作的。宋人洪巽《旸谷漫录》描述厨娘的工作过程："更团袄、围裙、银索攀膊，掉臂入厨房，据胡床坐，徐起切抹批脔，快熟条理，直有运斤成风之势。"清代袁枚描写他的家厨王小余做菜时的状态，紧张、专注，极有观赏性。

三、图案美

古代菜品，尤其是用在典礼祭祀上的菜品，经常会采用拼摆堆叠的手法，这些堆叠都是以一定的图案为样式的。图案按大类可以分为几何图案与自然图案，中国古代菜品的图案是以自然图案为主的。

1. 花形图案

这类图案有的来自变形的绘画图案，有的则模拟真实的花形。在实际使用时并不会分类，而是混在一起的，如宋朝的雕花蜜煎。

（1）变形的花形。变形的花形有宝相花、曼陀罗花、葵花、菊瓣纹等。宝相花的原型是莲花，自然界的莲花是五瓣或五的倍数，在佛教里使用的时候花瓣变形成为六瓣或六的倍数，但每片花瓣的形状还是莲花瓣，因为宗教的缘故，佛教这种变形的莲花也就被称为宝相花。其他葵花纹与菊瓣纹又是在这个基础上的变形。《烧尾宴食单》中的"蕃体间缕宝相肝"是用牛肝或羊肝拼摆成宝相花形。宝相花在民间还是被称为莲花，宋朝菜品有"莲花鸭签"，此处的莲花应该也是"宝相花"一类。《烧尾宴食单》中的"曼陀样夹饼"是在饼上印上曼陀罗花的图案，这个图案也是来自印度的佛教，传到中土时应该也是已经变形的图案。曼陀罗花在使用时也是变形成六瓣花的。

（2）仿真的花形。仿真的花形是模仿真实的花卉形态，但也并非完全写实。《清异录》中记载的"玲珑牡丹鲊"是吴越地区的菜品，将鲊切成薄片，拼成牡丹花形，蒸熟后，微红如初开牡丹。这种花形与真花就较为接近，但也只是比拟。

“漏影春”是五代时茶道里的一种游戏，用剪纸在茶碗里撒茶粉做出图案，再用松子等果品在茶碗中间拼饾出花蕊，这基本是变形花与仿真花的一个结合。宋代“雕花蜜煎”的花形基本以仿真花形为主的，兼有一些动物图案。由于受西域文化的影响，唐以后的花卉图案中多了很多的卷草纹，这类图案基本也可归为仿真的花形。用模具直接做成花、叶形的方法也是常见的，如小说《红楼梦》里的“莲叶羹”就是用模具做成的莲叶、莲蓬形状。

2. 动物图案

动物图案中比较多的形象有龙、凤、鹤、虎、狮等，基本以猛兽与吉祥动物为主。

（1）猛兽图案。虎、狮之类的猛兽有辟邪的作用，所以人们会将其应用在生活中的很多场景里。做成虎形的比较少，周代朝事之笾的食物中有虎形盐。狮子图案在民间很快从猛兽演变成可爱的形状，宋代用糖做成狮蛮形状，这种造型看起来也并不威武。

（2）瑞兽图案。龙凤图案较多，隋炀帝下江都，吴中贡的糟蟹糖蟹在上桌时都要贴上金箔剪成的龙凤花云等图案。明清时菜品的动物图案常见还有蝴蝶、松鼠等。鲤鱼图案也是古代菜品中常用的。多数时候，鲤鱼形象会被简化成抽象的鱼，多数也是用模具制作成的，如宋代的两熟鱼，并不是真的鱼，只是做成鱼的形状。

3. 饾饤图形

饾饤就是将食物、菜品堆垒在盛器中。这种做法由来已久，先秦时的盛器“豆”就是用来盛饾饤的，食物垒得高表示丰盛，所以由此产生了古代的“豐”字。到宋代，一般的饾饤已经不足以装饰桌面，于是又出现了“绣花高饤”。所谓绣花，是指用金箔、银箔剪成花形，然后将其粘在饾饤上，使饾饤更增加装饰感。因为饾饤的装饰用途逐渐增加，食客们一般并不会真的去吃它。明清以后，这种做法还用在了茶饮中，用来招待尊贵客人的“高茶”，就是在盖碗中堆起果子的茶。饾饤与高茶都只是表示一种待客的档次，如果客人真的吃了这种就显得客人本身没见过世面（图 5-3）。

四、意境美

从先秦至明清，意境美是仅次于丰盛美的古代菜品审美类型，甚至可以说是涵盖其他审美类型的。

1. 联想

古代菜品的意境美首先来自色香味的联想，颜色，青色联想到春天，红色联想到云霞，金玉联想到富贵；香气，清香联想到兰花，浓香联想到椒桂等。这种联想往往与当时社会审美相关，前朝的审美常常会对后代产生影响。如甜味，使人联想到美好，而古代甜味调料较少，人们多用蜜、饴，之后蜜与饴就承担了这种美味的联想。

图 5-3　赵佶《文会图》中的饾饤

2. 寓意

寓意很多是在联想的基础上产生的。如“拔霞供”是把兔肉片在锅中烫熟时的颜色变化想象成天上的云霞，拨弄云霞是仙人的生活日常。再如“雪霞羹”是把菜品中的白色与粉红想象成雪与霞，澡雪餐霞也是隐士生活的状态。有特别寓意的形象还有鹤、鹰、龙、马、青鸾、白凤等。通过语言的修饰，这些形象与具体的食材结合起来，原来的寓意也就附于具体的菜品上了。如《吕氏春秋·本味》中提到的那些食材，并不意味着人们真的吃过，很有可能只是找一些相似的食材来代替，以此来表示食材的珍稀与饮食场景的不近人间烟火。

第二节　现代菜品审美的类型

20 世纪以后，世界范围内食物供应丰富，在这个背景下，现代哲学、美学的发展带动的艺术潮流对人们的审美观念产生了较大的影响，对于饮食的审美观念也逐渐产生了变化。现代哲学、美学主要的流派、思潮有现代主义、后现代主义、古典主义、新古典主义、自然主义等，这些在现代菜品审美中都有相应的表现。这些思潮相互之间有交叉，所以不能用非常明确的标准来界定现代菜品具体属于哪种类型。下面对现代菜品审美的类型解读也是有交叉的。厨师群体并不会对现代哲学与艺术流派有深刻的认识，但当其在社会上流行时，很自然地会影响到厨师群体的审美，并反映到菜品中。这种情况在艺术比较发达的大都市较为常见，比较保守的中小城市对此接受得较迟缓。

一、现代主义菜品审美

1. 现代主义简介

现代主义艺术包括野兽派、抽象派、后现代主义等。现代主义艺术早期吸收了康德的先验唯心主义，而后又受到尼采、弗洛伊德、柏格森、荣格等人的哲学、心理学的影响，形成了迥异于古典的现实主义的艺术形式。从造型上来说，现代主义风格的菜品会采用更多的几何造型。这种风格来源于现代派对于无意识的研究。弗洛伊德认为“无意识才是精神的真正实际”；19 世纪 80 年代，法国的后印象主义、新印象主义和象征主义画家们提出的“艺术语言自身的独立价值”“绘画不做自然的仆从”。以此推理，无意识必然会发展到对现实世界造型与色彩的否定。后现代主义风格是现代主义的一部分，但其表现形式走得比现代主义还要远，因此这里单独解释。后现代主义模糊甚至消解了艺术与非艺术的界限。后现代主义的代表是达达主义，其进一步发展则成为超现实主义，又回到弗洛伊德的潜意识理论，用建设性的态度对待艺术创作。

2. 现代主义在菜品中的表现

现代主义美学在菜品中主要是通过色彩与装盘形式来体现的。同样地，厨师们大多数不理解（也不需要理解）色彩与造型的含义，也只是现代主义艺术在建筑、服饰及其他设计上的流行来参照使用。

（1）菜品造型的现代主义风格。传统菜品的造型通常喜欢具象，如像孔雀、蝴蝶、老鹰等。现代主义的造型则钟情于简洁明快的几何型，如圆柱体、球体、长方体等。这样的组合打破了传统菜品组合的和谐观念，用一种新的节奏感来达到新的和谐。图 5-4 是前些年的西餐中现代主义的摆盘，在这个菜品中，我们看不到非常具象的造型，但有一些符号性的元素暗示它们可能代表着什么，如那些小小的植物的芽与那朵紫色的小花，隐喻一种生机，主体的食物部分则都是容易引起人食欲的乳白色与粉色、肉色。

图 5-4　西餐中的现代主义的摆盘

（2）菜品色彩的现代主义风格。在传统菜品中，菜品的色彩基本来自烹调的自然效果，此外，还有一些色彩在菜品中存在使用禁忌，如蓝色、紫色、黑色、粉红色等极少在菜品中出现。但现代主义风格的菜品打破了这一禁忌，人们使用蓝色来暗喻大海，使用粉红来暗喻春天，使用黑色来体现高级感等。现代主义强调了色彩的符号性，用大块色与几何造型结合起来，赋予菜品快节奏、工业感等现代效果。

二、古典主义菜品审美

1. 古典主义简介

古典主义及其后来的新古典主义是现代主义艺术流行之前的主流艺术，但在菜品设计里不能等同于传统的菜品审美。古典主义的概念出现于法国，本质上是新兴资产阶级和贵族集团政治妥协的产物。新古典主义也出自法国，在古典美学规范下，用现代工艺与材料重新诠释传统文化，推崇神似而非一味复古。无论是东方还是西方，古典主义审美用于菜品设计中都是近几十年的事，食物的丰富与文化的复古是其得以流行的主要原因。

2. 古典主义在菜品中的表现

古典主义在菜品的技艺上强调拟古，而装盘效果却与传统菜品不同，多用古典图案作装饰以及仿古餐具配合相应的用餐环境，来强调菜品的历史文化底蕴。中餐历史上自唐以后直至民国，在中低端的市肆餐饮店或非正式的家庭宴饮中，菜品多是以同桌共餐的形式出现，每份菜品的量也就比较大，如北方的四喜丸子，扬州的葵花大斩肉等。当新古典主义菜品来表现时，就会出现两种情况，第一种是同桌共餐的方式，还是较大的菜量，但餐具上更多仿古的变化；第二种是用于分位的餐厅，菜量减少，此时除了仿古餐具外，其他的古典元素也都会出现。

整体上来说，古典主义的菜品设计在食材搭配、盛装形式及色彩应用上更强调秩序感，规范严格，标准明确。新古典的菜品则更倾向于简洁的现代风格，装饰性较少。

三、自然主义菜品审美

1. 自然主义简介

自然主义一般称为唯物论，是哲学的范畴，它认为一切都可以用自然原因解释。物质事物是唯一的现实——任何事都可以用物质和物质现象解释。自然主义追求绝对的客观性，崇尚单纯地描摹自然，着重对现实生活的表面现象做记录式的写照，并企图以自然规律特别是生物学规律解释人和人类社会。新自然主义是在遵循自然主义原则的基础上发展起来的，对于装饰性的设计提倡环保节能，反对人为的污染以及浪费。

2. 自然主义在菜品中的体现

从自然主义的角度来看，菜品作为食物的原始功能是核心，而其他关于秩序、节奏感的设计都是多余的。因此在调味时，更崇尚本味或最接近自然的调味，在装盘时也只是将餐具作为食物的盛器。从整体风格上来说，自然主义与东方的禅宗哲学有相通的地方，所以有很多自然主义风格的菜品呈现有着东方传统美学的影响。因为自然主义将菜品还原成食物，也有一些菜品的装盘形式比现代主义风格的菜品还要难以理解，对于二、三线城市的消费者来说不是很容易接受。从设计者的角度来说，理解菜品中各种食材与调味的内在联系是一个关键。图 5-5 是日本西餐中的自然主义的摆盘，看似凌乱，但盘中食物摆放还是暗含规矩。中间的鸡脯肉是味道最淡的，所以与调味汁靠得最近，那只鸡腿是腌制以后再成熟的，所以离调味汁最远。那几颗石榴籽即用来与鸡脯肉的颜色相呼应，也用来餐后清口去味。

图 5-5　自然主义的摆盘

第三节　菜品造型的方法与构图

造型是菜品艺术设计的重要内容。对于菜品造型的理解可以从平面与立体两个方面来理解，但平面作为一个理想的角度在实际工作中其实是不存在的，现实中所有的造型都是立体的，因此本节关于菜品造型也是从立体的角度来讲解。具体的造型有以下四类手法。

一、造型方法

（一）加热法造型

加热法造型是通过加热来固定菜品的形状。这类方法广泛用于中外菜品的造型，有自然定型与手工造型两类。自然定型是基本保持食材原有形态的一种方法，如烤鸡、烤鸭之类，虽然也对其原形进行了整理，但不影响原有的形态。手工造型则对食材原有的形状进行了较大的改造，然后通过加热的方法来固定。

1. 自然定型

自然定型的目的决定了具体的工艺及应用对象。具体有两类，一是以整理外形为目的，二是以固定外形为目的。

（1）整理外形的加热。这类加热主要是针对动物食材，对食材外形的整理都是为了使其看起来更紧凑挺拔。加热本身可以使动物食材的外皮收紧，看起来更饱满。对外形有影响的部分，有的需要剪除，如鱼鳍；有的则可以塞进腹中或盘在翅下，如烧鸡和烤鸡的鸡爪、鸡头等。此外，在食材表面所进行的刀工与贴花的装饰，也是通过加热来定型的，如鱼体上的柳叶花刀，花式卤蛋表面的贴花等。

（2）固定外形的加热。全体或大件食材需要对外形有特别设计的，需要通过加热来固定。如糖醋黄河鲤鱼，结合鲤鱼跃龙门的传说，需要将其设计成跃动的状态，这种造型设计就是通过剞刀、挂糊、油炸定型的。八宝葫芦鸭、三套鸭之类腹中有馅的菜品，在正式烹调前都需要定型以保证能达到外形设计效果。各种点心也是需要加热来定型的，具体方法有蒸、煮、炸、烤、冻等。

2. 手工造型

小件食材，或多种食材组合的菜品需要造型时需要用到一些辅助手法，常见的有卷、扎、包、酿、扣、叠、穿、塑等，加热方法则有烤、炸、蒸、氽等。

（1）剞刀菜品的造型。刀工处理的菊花鱼、松鼠鱼等块型较大的菜品，用拍粉炸的方法定型会显得挺拔，如果用油氽、水氽的方法则显得质感软嫩但型不够立体。但对于料形更小的剞刀食材来说，油炸、油氽与水氽的造型效果相差不多，如腰花、鱿鱼卷、墨鱼卷等。

（2）卷、扎、包、穿类菜品造型。卷、包方法处理的菜品油炸定型除了显得饱满，还增加了一些酥脆的口感。鱼卷之类的菜肴用的是焐油的方法，属于低油温炸。这类造型方法可以设计出一些别致的菜品来，如葫芦虾蟹，用包的方法，做成了葫芦形，然后油炸定型。虾仁蛋卷之类的如果下水锅氽则容易散，下油锅炸则容易膨胀，笼蒸就比较容易定型。扎起来的食材一般不需要加热来定型，但也有例外，如传统素菜金针鱼翅，用干的黄花菜扎起来，再挂糊油炸使其散开形似鱼翅。穿是将一种食材从另一种食中穿过，如麻花腰子、龙穿凤翅等，这类菜品大多数需要挂糊油炸来定型。

（3）酿、扣类菜品造型。酿是有馅的，在一种食材里填上馅。这样的菜品作为外壳的食材本就是有型的，如酿青椒、酿瓠子、酿竹荪、荷包鲫鱼等，加热只是为了使馅心固定不外漏，可以蒸或油焐。扣类的菜品是用碗作为菜品形状，把食材在碗内码好，然后上笼蒸透再倒扣在盘中，如炝虎尾、扣三丝、虎皮扣肉等。

（4）蓉泥类菜品造型。蓉泥类菜品可以做成球形、饼形、条形，也可堆塑成各种动物、植物、建筑的造型，如鱼圆、肉圆、鱼面等用蓉泥做的菜品，还有用蛋泡糊做成的天鹅、用鱼蓉做成的花卉等。蓉泥类材料质地柔软，一般用蒸、汆等方法来固定形状，质地较硬的也可用油炸、油煎的方法来定型。

（二）拼摆塑造法造型

拼摆塑造法造型的方法也是使用最广的，中外菜品、冷热菜品都经常采用。从菜品风格来说，这类造型法既可用于传统菜品设计，也可用于现代各种风格的菜品设计。

1. 拼摆类

（1）冷菜。传统冷菜将造型分为硬面与软面，所谓硬面就是经过规则拼摆的造型，而软面是自然堆放的，虽然也是一种造型，但在技艺与精细度上比硬面要差。硬面拼摆又分为排拼与花色拼摆。排拼一般将食材切成薄片整齐排列，有单拼、双拼、三拼、什锦拼盘等，除单拼外，其他的形式在实际应用中极少出现；所谓花拼，实质上是多个排拼与软面的结合，一般会拼成吉祥图案，如宫灯、花篮、蝴蝶等，这类拼盘在明清少数高端宴会中会出现。

现代冷菜的拼摆讲究效率，传统的排拼用得较少；一些菜品被切成较大的块状，拼摆时造型更为现代。食材的光感与色调更为讲究，干冰、冰雕等气氛营造更是经常采用。构图上，现代冷菜更多采用现代艺术的一些手法，更多立体几何造型，以表现菜品与环境及用餐主题的关系。

（2）热菜。传统热菜中拼摆方式造型的有扣菜、扒菜与烧烤类菜品。扣菜是在扣碗中摆好，大多是传统冷菜中硬面的摆法，可以是多种原料，也可是单一原料，如扣三丝是三种原料拼摆在扣碗里，扣肉、熟炝虎尾则是单一原料拼摆在碗里。扒菜是在锅中拼摆好造型，然后在烹调过程中保持住，装盘时整体盛入盘中。这两类菜品有时也会用到围边，围边大多是装盘以后摆放的。烧烤类菜品的拼摆根据菜品的具体情况会有不同，如烤鸡、脆皮乳鸽等常在盘中拼出禽类的全体，有头、腿、翅；烤牛排烤全羊之类则多是切成厚片、斩成大块，类似冷菜硬面的摆放，当然整体没有那么细致。

现代热菜拼摆注重图案美，松鼠鱼菊花鱼之类也会用到，但总的来说，块形太大的菜品不适合现代快节奏的餐饮，尤其是在需要分餐的场合。现代热菜的拼摆图案设计有中心式、平衡式、排列式等，而具体的造型有几何形状的堆叠组合，也有可食用的自然花草的柔化装饰。在一些现代热菜的装盘中，也经常会用到小调味碟、小点心、凉拌菜作为搭配，既是造型的补充，也是菜品风味搭配的一部分。

2. 塑造类

塑造类大多数是通过模具来完成的，在批量生产菜品中经常用到。制作糕点的模具由来已久，古今中外都有使用。现代常用的塑形模具可以做出动物、花卉以及各种几何造型。应用方面从冷菜到热菜到点心都可以看到塑形的菜品。模具的材质有木质、金属、硅胶塑料三类。木质模具是最古老的，直到今天仍在使用，如中国的月饼以及一些花式糕点多数是用木模具来制作的。金属模具多制作成几何形，有球形、圆柱、立方体、星形等。硅胶塑料模具更方便造型，几乎各种造型都可以做，所以也是现代餐饮中应用最广的模具。

（三）雕刻法造型

雕刻法造型主要应用在传统中餐里，历史悠久，最初的应用有时令性，宋以后主要应用在一些娱乐性的消费场所。具体在制作时，可以用来作菜品的主体，更多的是用来作菜品的装饰。

1. 菜品主体的雕刻

雕花的菜品不是很多，但只要出现就会很惊艳。一般来说，小件的雕花菜品多以花式配料的形式出现，大件的雕花菜品会以可食用的食材制作成菜品的盛器，如瓜盅等。瓜盅所用的材料有冬瓜、西瓜、香瓜等，也可用食用葫芦。

（1）瓜盅类。冬瓜与葫芦都可与所盛食材一起蒸、炖成熟，可以食用。传统的冬瓜盅用的是较老的冬瓜，通常形体较大，虽可雕刻美化，但不太适合现代的分餐潮流，所以个头较小的冬瓜如“一串铃”就更适合制作每客一份的小冬瓜盅，瓜盅与其所盛菜都可食用。西瓜盅所盛的菜品与冬瓜盅差不多，但作用却稍有区别，主要是为菜品增加一点西瓜的清香。

香瓜雕成的瓜盅不太适合用来制作热菜，更适合盛水果。木瓜盅常用来炖甜品，但外表不适合雕刻。小南瓜、番茄都可雕刻挖空后作盛器，所盛菜品咸甜皆可。

（2）玲珑类。雕刻成小花形的食材都属于这一类。宋代的雕花蜜饯是这类雕刻的代表，在今天的湖南还有生产。雕花蜜饯都是甜味的，适合一些甜味的菜品或饮品。此外还有用篮花刀切成的一些食材，最常见的用萝卜制成，通常是咸味的，江淮和江南的一些地方还在生产的萝卜鲊即是。食品雕刻中常见的萝卜花、萝卜绣球、胡萝卜花都可。此类可作配菜，也可作小菜。

2. 菜品装饰的雕刻

用作装饰的雕刻可以是大件，尤其是在制作食品展台时用得较多；也可以是小件，作为菜品的配饰。菜品装饰的雕刻内容要与菜品本身有关联，这个关联可是以食材上的，可以是季节时令上的，可以是与菜肴名称的关联，也可以是与菜品主体形态之间的关联，如螃蟹类菜品可以配雕刻的鱼篓作装饰，也可以配菊花作装饰。主体质地柔软的或线条多曲线的，可以配一些有飘动感的装饰。

（四）餐具与菜品的造型

餐具是菜品艺术重要的组成部分，所以古人讲美食不如美器。传统菜品的餐具在样式与色彩上多数没有太大的变化，而现代餐具风格多样，为菜品的造型提供了更多的空间。

1. 餐具作为菜品的平台

餐具是菜品呈现的直接平台，不仅是用来盛装菜品，也是菜品造型的衬托。菜品的造型应该与不同款式、不同品质的餐具相呼应。

（1）餐具的宽度与菜品造型。所谓餐具的宽度就是指其平面尺寸。传统平面餐具的尺寸一般为六英寸[1]、八英寸、十英寸、十二英寸。六英寸餐具用来盛放冷菜，八英寸与十英寸的餐具用来盛放炒菜，十二英寸的深盘可以用来盛放烩菜，碗也有大中小号。碗与盘在使用时基本是盛装饱满的，菜品在这样的餐具里并无太多造型的空间。现代菜品与餐具的容量比例要小了很多，餐具比较大而菜品的量相对较少，这就为菜品的造型留出了空间。

（2）餐具的高度与菜品造型。碗、盏与汤盘都是有一定深度的，菜品在其中的造型一定要考虑到食客的视角。如果是不分位的菜品，在较深的盘中应该有一定的高度使客人可以看见；如果是分位的菜品，餐具在客人面前，菜品少一点低一点也不影响观赏。

高足盘、高足碗这样的仿古餐具在现代菜品设计中也经常用到。由于高足本身将基础抬高，其中的菜品如果还如普通的平盘那样高，食客观赏的角度其实不是设计者的视角，因此也就无法体会到设计者所预设的美感。

2. 餐具参与菜品的造型

（1）玻璃餐具。中餐烹饪讲究刀工，但料形细小的菜品却不方便造型。有些菜品需要浸在汤汁之中，不分餐时还可以按传统方法排列，也算有一些造型，但分餐的情况下，菜量变少也就很难设计造型了。还有一些流汁的菜品、饮品也无法设计造型。在这种情况下，玻璃小杯就是很好用的造型工具，因为自身是透明的，所以杯子的形状就是菜品的形状。

（2）异形餐具。异形餐具样式很多，有象形的，也有几何形的。这些餐具本身就很有趣味，而这种趣味也会成为盛放其中的菜品的趣味。如在蟹形的盆中盛放蟹粉狮子头，在荷瓣形的杯中盛放凉拌的藕。几何形的餐具有更多的现代感，一些不规则形状的餐具也都有其相应的造型效果。这些异形餐具有的是独立使用的，有的则放在大餐盘中搭配菜品使用，都直接或间接地参与了菜品的造型。

[1] 1 英寸≈2.54 厘米，后文同。——编者注。

二、构图方法

一般说来，构图常用的方法有对称、平衡、黄金分割、对比、多样统一、变化和谐及节奏等。在实际使用时，很多是来自西方美术的一些概念与案例，近些年来，随着文化自信的深入人心，一些中国传统美学的构图方法也开始在菜品设计中得到应用。构图方法在烹饪工艺美术的课程中有详细讲解，下面就一些常用的构图方法进行简单介绍。

（一）对称与平衡

1. 对称

对称是指图形或物体对某个点、直线或平面而言，在大小、形状和排列上具有一一对应关系。对称形式有轴对称与中心对称两种。轴对称的图形有一条中轴线，可以分为左右对称与上下对称。中心对称也称为辐射对称，以一点为中心，对应点可以在任何角度上构成对称关系。还有一种对称形式叫旋转对称，所有的中心对称都是旋转对称，典型的如太极图形。其他如平行四边形、正多边形以及线段都是旋转对称图形。总的来说，对称就是一个点或一条线的两边，有大小、形状和排列上完全一样的东西。对称是一种物理性的等量排列。

对于圆形餐具来说，常用的是轴对称与辐射对称；对于椭圆形餐具，只有轴对称。对于方形餐具来说，主要是轴对称。一般可把椭圆形与长方形餐具看作两条对称轴，正方形餐具看成有四条对称轴。图 5-6 ～图 5-8 是三种对称的形式的示意图。

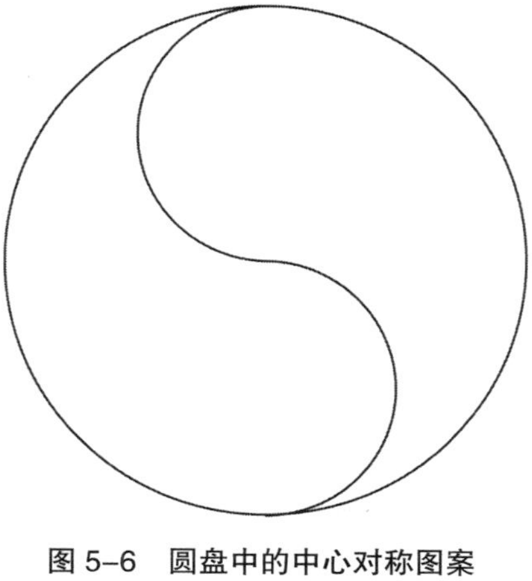

图 5-6　圆盘中的中心对称图案

图 5-7　圆盘中的轴对称图案

2. 平衡

平衡也称均衡。在构图当中，平衡的画面不一定是两边的物体形状、数量、大小、排列的一一对应，不一定是绝对的对等，而是形状、数量、大小不同排列，给人以视觉上的稳定,是一种异形、异量的呼应平衡。平衡则是一种心理性的体验。

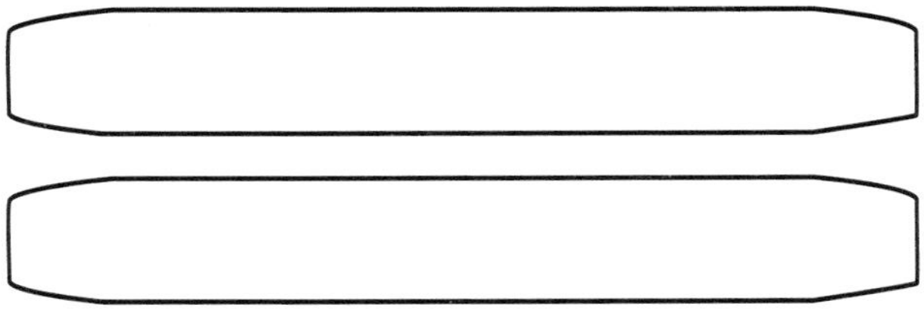

图 5–8　长盘中的轴对称图案

平衡感两个要素：重量和体积。同类物体中，体积大的比体积小的重。而在非同类中，体积就不是决定重量的主要因素。人们可以把重量感分成几种：人比物重；动物比植物重；动的比静的重；深色比浅色重（背景为浅色时），浅色比深色重（背景为深色时）；体积大的比体积小的重；颜色鲜艳的比灰暗的重；近的东西比远的东西重；离支点或画面中心远的比距离近的重；画面当中，物体位于上部比位于下部显得重；画面当中，右边位置比左边位置重。

（二）比例关系

1. 黄金分割

这是人们所熟知的比例关系。把一条线段分割为两部分，使其中一部分与全长之比等于另一部分与这部分之比。由于按此比例设计的造型十分美丽柔和，因此称为黄金分割，也称为中外比，近似 0.618。这个数值的作用不仅仅体现在诸如绘画、雕塑、音乐、建筑等艺术领域，而且在管理、工程设计等方面也有着不可忽视的作用。在我们生活中比比皆是。黄金分割的比例接近 4 ：6，因此厨师在工作中为提高效率，也可以简化处理为这个比例，不一定要非常准确地按照黄金分割比例。图 5-9 与图 5-10 是圆盘与长盘中黄金分割的比例图。

2. 三七停

这是中国绘画中常见的比例关系，是比较符合中国人审美习惯的比例。即将画面横竖各分成 10 份，取 3 ：7 的点，把主体物象放在三七点上，对打破均衡，匀称起到至关重要的作用，也易于形成韵律节奏，给观者以视觉美感。

（三）对比关系

对比关系在构图中无处不在，对于菜品来说主要有色彩的对比、体积的对比两大类。

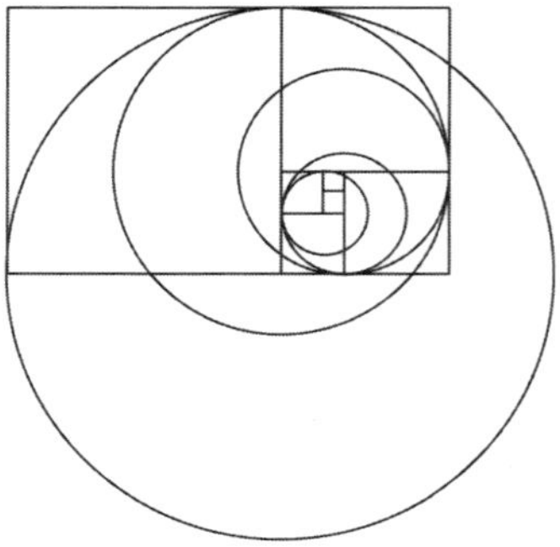

图 5–9　圆盘中黄金分割

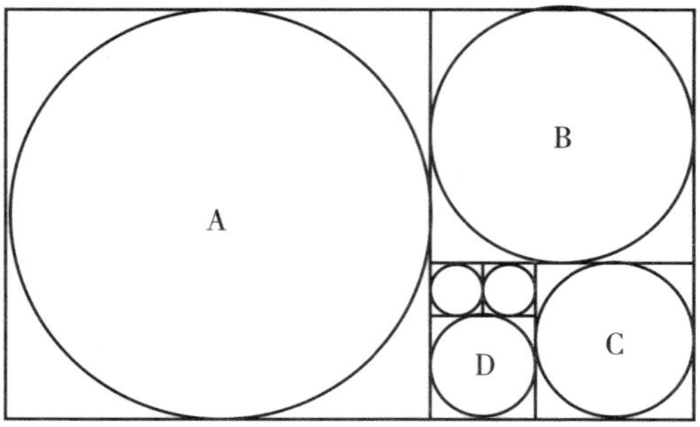

图 5–10　长盘中黄金分割

1. 色彩的对比

在构图上，色彩的对比有衬托式的，即一种颜色在另一种颜色之上；互邻式，即两种以上色彩靠在一起；互嵌式，即几种色彩混在一起。能够形成明显构图效果的是前两种模式，具体在设计的时候也必然会用到对称、均衡及比例关系等手法。

2. 体积的对比

我们对体积的理解包括虚与实两个部分，具体来说可以形成虚实及疏密关系，不仅仅是大与小的对比。

所谓的虚实也就是指有与无，在餐盘中，放置食材的地方则为实，没有食材的地方则为虚，虚的部分称为留白。但留白并非是指空白无物，而是这部分会结合构图给人以想象空间。

所谓疏密是指构图中食材的排列关系，这种排列我们通常可以借鉴中外绘画、园林的手法，通过食材在餐盘中不同的位置与不同的体积来形成主辅关系。而这种位置关系又必然联系到黄金分割或三七停的比例。食材在餐盘中的疏密除了与体积有关，也与食材的质感有关，如牛肉、排骨等比较实在的食材属于密的部分，切成丝状的蔬菜或随意堆放的细小食材一般属于疏的部分。

（四）节奏与变化

1. 节奏

节奏是构图中的重复性，即同一形状在餐盘中反复出现。节奏在传统菜品的装盘中是最常见的，如一份菊花鱼，十朵菊花在圆形盘中围成一圈，不管是等距离排列，还是两两一组排列，都是一种节奏。这种情况在位上菜品的主体部分看不到，但在装饰部分也是经常出现的。

2. 变化

变化是对节奏的打破，让空间产生一种变化。无论是哪种节奏，在使用得比较多的情况下都会显得呆板，这时在空间里出现一种全然不同的形状、结构，就会带来变化。而新出现的形状结构又要与原节奏有相似的色彩与造型元素，这种变化就会让构图具有整体性，又避免了节奏重复带来的枯燥无趣。

第四节　菜品色彩的变化与应用

一、原料色彩控制方法

菜品色彩的控制有两类方法，一是通过加热、调味、调色来控制，二是通过组合对比衬托来控制。前者会改变食材本来的颜色，可称为变色法，后者不改变颜色，只改变色彩搭配，可称为衬托法。

（一）变色法

1. 加热

植物原料在加热中的颜色变化主要有两种，一是叶绿素、花色素的变色；二是苋菜红、胡萝卜素、番茄红的渗出。动物原料在加热时主要是肉类变成粉白色，在与糖类结合油炸与烘烤时发生的美拉德反应使颜色变深。

（1）变色。叶绿素是绿叶蔬菜中最主要的色素。在经过焯水、汽蒸等短暂高温加热时会变得更加鲜艳，但在加热后要迅速晾凉，否则色泽会转黄。在经过200 ℃油炸时，绿叶蔬菜会变成墨绿色，传统菜松的制法就是将菜松炸成墨绿色。花色素在加热过程中会发生不一样的变化。如紫薯、紫包菜生时颜色是鲜艳略偏红的紫色，而加热后则变成青紫色；樱花、桃花等的粉红色在加热后颜色会逐渐消失；新鲜苋菜颜色红中带青，加热后菜叶颜色变化不大，但菜汁则变得更鲜艳；而油菜花之类的黄色在加热后黄色却不会发生明显的变化。

（2）渗出。色素渗出在植物原料加热中是普遍的情况，但具体又有不同。如绿色蔬菜变色是常见的情况，但因加热而渗出的汤汁不一定都发绿。西蓝花、鸡毛菜、生菜等在炒的时候渗出的汤汁中色素较少，在焯水时渗出的色素则比较多，而韭菜、菠菜无论是炒还是焯水渗出的汤汁都很绿，一方面与叶绿素的水溶性有关，另一方面也是因为韭菜与菠菜的叶绿素要多于其他蔬菜。苋菜、胡萝卜、南瓜、番茄、韭菜在炒时渗出的菜汁中色素较多，在焯水或煮的时候渗出的色素较少，但色彩没有明显的变化，这种情况与此类蔬菜中色素的脂溶性有关。这类容易渗出色素的蔬菜经常用被榨汁用作菜品的天然调色剂。

2. 调味

调味料本身有颜色会影响菜品。酱油的酱红色、番茄酱的红色、辣椒粉的红色、沙姜粉的黄色等都会使食材染色，而固定这些颜色的方法有烧烤、油炸、煮、浸泡等。

醋可以使一部分食材脱色、变色。大部分绿色蔬菜用醋浸泡或烹制时加醋会变黄。红萝卜的外皮浸在醋里会脱色，而脱下来的颜色又会被生姜这样粗纤维的食材所吸收，生姜也就因此会染上萝卜皮的红色。

适量的碱对于叶绿素有固色的作用，广东厨师在给蔬菜焯水时会在水里加一点食碱就是这个道理。过量的碱会破坏叶绿素，不过真的达到过量的程度，这个菜品已经无法食用，因此一般不会出现在实际的生产操作中。

3. 调色

菜品的调色需要用到色素，有人造色素与天然色素两类。从食品安全的角度出发，在菜品设计中尽量不使用人造色素。天然色素在厨房中的提取方法与实验室不同，两者都可以使用。实验室提取的天然色素颜色更纯净一些，厨房中的提取方法更简便，适合应急使用。常用的是蔬菜榨汁法，在榨汁前往往需要经过盐腌、焯水等处理。类胡萝卜素是大分子量的有机化合物，能溶于大部分有机试剂中，一般不溶于水。所以提取胡萝卜、南瓜等的色素可以加一点油。粉碎法也很常用，即将有色原料粉碎，因为是即制即用，一般不需要干制，直接粉碎，使用时将有色的泥状食材与需要染色的食材混合就可以。这种方法也经常用在鱼圆、汤圆、面条的染色中。

（二）衬托法

1. 衬托法与染色法

衬托法与染色法是用大面积的颜色来衬托小体积的主食材的一种控色方法。食材的颜色调配不宜像绘画那样调得过于鲜艳，否则会让人产生不真实、不安全的感觉。这时，用衬托法是相比染色来说更简单，也更符合中国人对于食材的理解。当然这里面也有文化的问题，日本的菜品中染色就是很常见的，西餐里也经常会用各种色素，天然的与人造的色素都有使用，只要符合相关法规即可。

2. 衬托法的类型

（1）以食材衬托食材。食材的形式有固体与液体两种。固体的可以用大片的菜叶、细切的菜丝、粉碎的蓉泥等铺在盘中，然后将被衬托的主食材放在上面；液体的是将食材调制成汤汁倒在盘中，然后将主食材放在汤汁中。

（2）以餐具衬托食材。表面上看这似乎是很自然的事，所有的菜品都需要用到餐具，衬托控色就自然发生了。但实际上，很多饭店的餐具是成套购买的，基本是一个颜色，这样的餐具颜色不可能适合所有菜品的配色要求。因此，从这个角度来说，菜品设计必须包括餐具选择在内，而且在设计的初始阶段就要开始考虑餐具的元素。

二、色彩的类型与组合

（一）色彩的类型

1. 色彩的温感

色彩的本质是人眼对光照反应的接受。最基础的颜色是红、黄、蓝三原色，在三原色的基础上进行各种调配便可产生自然界的缤纷色彩。我们从色彩的心理感受将其分为冷色调与暖色调，以通常所说的“红橙黄绿青蓝紫”七色来说，红橙黄是暖色调，青蓝紫是暖色调，绿色介于冷暖之间。此外，还有黑白两色，这两种颜色既不是冷色调，也不是暖色调，属于两极色。在人类的食物中，大多数是偏暖色调的，少数是偏冷色调的。

2. 色彩与错觉

当一类色彩的视觉刺激作用停止以后，色彩感觉并不会立刻消失，这叫做视觉后像，也称为视觉残像。视觉后像有两种：当视觉神经兴奋尚未达到高峰，由于视觉惯性作用残留的后像叫正后像；由于视觉神经兴奋过度而产生疲劳并诱导出相反的结果叫负后像。人们看烟花看到的亮闪的线条，就是正后像的结果。当人们盯着一种颜色看 2 分钟以上，比如凝视一个红色方块后，再把目光迅速转移到一张灰白纸上时，将会出现一个青色方块，这就是负后像的结果。这种现象在生理学上可进行如下解释：含红色素的视锥细胞，长时间的兴奋引起疲劳，相应的感觉灵敏度也因此而降低，当视线转移到白纸上时，就相当于白光中减去红光，出现青光，所以引起青色觉。产生的无论正负后像都不是客观存在的真实景象，是一种错觉，但这种错觉却会影响观者对于后一色彩的感觉。

（二）色彩的组合

色彩组合的类型主要有两类，一类是顺色搭配；另一类是花色搭配。所谓顺色搭配就是同类温感的色彩搭配在一起，而花色搭配则是不同温感的色调混合搭配。

1. 顺色搭配

暖色调的搭配让人感觉温暖、有美味感，所以世界各地的菜品大多数是暖色调的。从食材来说，肉类食材大多数制作成暖色调；从烹调方法来说，红烧、炖煮、烧烤等菜品也是暖色调的。冷色调的搭配让人感觉清新、新鲜、清凉，让人有节制食欲的感觉。从食材来说，很多蔬菜类食材制作成暖色调；从烹调方法来说，冷色调的菜品大多是生食或采用旺火速成的氽、涮、炒等方法。

2. 花色搭配

顺色搭配是一种理想状态，实际上菜品配色大多数是花色搭配的，只是配色是表现为以暖色为主或冷色为主。如红烧肉、红烧排骨、干烧鱼之类的菜品在装盘时会撒上一些葱花蒜叶之类的食材，在暖色调上的基础上加一些冷色，会显得暖色比较明亮清新；在以白色、绿色等为主的菜品中加一点暖色，则会使菜品多一些温感与美味感。近年来，有些另类菜品以蓝、绿、黑、红等色彩为主来制作，偶尔用时会让人眼前一亮，但在诱人食欲这方面还是有所欠缺的。

三、餐具与菜品的配色

美食不如美器是古代美食家们的观点，放在今天依然不过时。对于菜品来说，餐具是菜品最直接的呈现平台，餐具的质感与色彩对菜品起着重要的衬托作用。餐具的部分质感也是由色彩体现的，因此在这里主要讲色彩。

（一）浅色餐具

浅色餐具从材质上来说主要是瓷餐具，色彩主要是白色，可以细分为亮白、黄白、无光白、青白等。在基本保证餐具品质的前提下，这些颜色并无高下之分，但在具体使用时会有差别。亮白的餐具会使菜品的细节展现得很清楚，这对菜品既有好处也有坏处，它可以完美呈现菜品的色彩细节，也可能会放大菜品色泽的缺点。黄白色餐具对于白色的菜品衬托效果不太好，会显得菜品不是很干净，盘中有黑色斑点的粉白餐具也会有同样的问题。无光白，尤其是甜白瓷器会显得菜品的质地比较细腻，菜品上一些不太明显的色彩问题也会被遮掩。青白瓷餐具通常会让菜品的颜色显得比较清新、秀气，它本身也适合色调清新的菜品。总的说来，浅色餐具上可以表现同色以外的其他所有颜色，所以在大多数菜品中都可以使用，是菜品中使用最广泛的餐具。

（二）深色餐具

深色餐具除了瓷器以外，还有石器、铁器、漆器等，色彩有青色、黑色、靛蓝、暗红等。这些颜色本身都很好，但对于菜品的具体应用会比较挑剔。菜品盛在这样的餐具里，对于灯光效果要求比较高。深色餐具盛浅色菜品时，明亮的灯光会使菜品本身比较突出，盛深色菜品时，明亮的灯光会使菜品颜色分明，但菜品整体呈现出来的色调还是暗的。因此深色餐具一般适用于一些主题偏古典风格和装潢偏厚重的餐厅。

（三）亮色餐具

宝蓝色、明黄色等色彩很容易吸引目光，它们在颜色堆里很容易跳出来。

这一类餐具在明清时期大多用于宫廷菜，而宫廷菜用餐具是按制度来安排的，多数时候并不太讲究与菜品颜色的搭配。现代的餐饮中，这类颜色已经不再有身份地位的符号，所以在使用时还是要讲究与菜品的颜色搭配的。宝蓝色餐具盛不带汤的菜品基本都是适合的，如果有清汤也还可以表现出菜肴的品质，但常见的酱红色、茄汁的红色、南瓜的黄色等，在浓度不够的时候就会显得色彩不美观。

第五节　声音在菜品设计中的应用

一、菜品中声音的来源

现代很多设计者会忽略对于菜品中声音的设计，但在传统菜品中对于声音是有一定重视程度的。菜品中的声音有三个来源，一是菜品制作过程中的声音，二是菜品食用时的声音，三是特定菜品上桌时的环境音。

（一）菜品制作过程中的声音

在很多传统的高级饮食场所，菜品制作过程极少会在出现在用餐现场，这大概是来自“君子远庖厨”的古训。现代餐饮场所审美多元，菜品制作技艺也是人们欣赏的重要内容，因此，菜品制作过程中的声音也成为设计的元素。

1. 客前菜品制作

客前菜品有两类，一类是明档，另一类是堂灼。

明档是将菜品制作的大部分过程呈现在客人面前，此时一定会有烹制菜品的声音，如刀工切配的声音，食材下锅的声音等。明档不是专门为某一客人服务的，周围活动的人比较多，烹制的菜品也比较多，所以声音会比较杂乱。

堂灼是在客人用餐的餐桌旁烹制菜品，具体环境可能是在包厢，也可能是在大厅。如果在包厢内，制作菜品的声音会比较清晰；如果是大厅，制作菜品的声音不会很清楚，但环境声会增加一些热闹的感觉。大厅里的堂灼还会让食客受到旁边人的注视，增加心理的满足感。

2. 餐具自带的声音

一般情况下，餐具是没有声音的。但有一些由炊具兼作餐具的，会因为受热而发出声音，这种情况可以看作是烹饪过程的延续。如西餐店中常见的“铁板牛排”在上桌时铁板的炙热温度使得牛排还在发出“滋滋”的声响；广东的“啫啫煲”，这是大排档上常见的砂锅，在上菜时砂锅还在发出“啫啫”的声音，这与北方的砂锅菜不太一样，北方的砂锅菜虽然也会发出一些“滋滋”的声音，但并不会因此而引起食客的注意。

（二）菜品食用时的声音

1. 菜品在口腔中的声音

这是作为菜品口感设计的一部分，但从声音设计来说，又有超出口感设计的内容。比如普通的煎饼有咬劲、干香，这样的风味就够了。放一些馓子、薄脆卷在煎饼里面，吃的时候会明显有声音。另外，一些油炸的菜品吃的时候也都会有声音。

2. 菜品的残余烹饪

大部分菜品在上桌时烹饪过程已经全部结束，有少部分菜品的烹饪过程的结尾是在桌面上完成的，可以称为残余烹饪。如经典菜品“平地一声雷”，也称为“三鲜锅巴”，上桌时是把炸好的锅巴与三鲜汤分开的，然后当着客人的面将汤浇在锅巴上，此时就发出“刺啦”一声响。

（三）特定菜品的环境配音

环境配音有两种，一种是餐厅在日常经营过程中经常播放的音乐，通常这种音乐的风格是比较一致的，如怀旧的古典音乐、民族音乐等，另一种是专为菜品配的音乐。

1. 背景音乐与菜品的情调

背景音乐应当与餐厅的风格相适应，而菜品的风格也应当与餐厅的风格相适应，在这种情况下，背景音乐很大程度上就成为菜品的环境音。通常情况下，传统文化气息较浓厚的餐厅适合江南丝竹；农家乐及旅游景区的一些餐厅适合民乐；仿膳等宫廷菜的场合适合有政治氛围的音乐；西餐场合适合西方音乐等。以《诗经》为例，其中的《国风》就是当时民间普通用餐场合的音乐，也适合一些非正式官方用餐，相应的菜品也可以轻松随意；如果是王侯正式宴会，通常需要演奏《大雅》《小雅》之类的音乐，菜品的风格也就比较正式。

2. 菜品专用配音

设计师更多的会结合菜品的主题，给它配上一些音乐。如“时迁鸡”这道菜在上菜时会同时播放母鸡下蛋鸣叫的“咯咯大”的声音，也有的餐厅会播放《水浒传》中时迁偷鸡片段的音乐。这种专用配音还可以根据客人的需要来定制，如情人节的菜品、老人节的菜品、教师节的菜品等。定制的情况比较复杂，需要对客情进行调查后再决定为菜品设计什么样的配音，而且通常不适合用在其他客人的菜品上。

二、声音在菜品中的作用

（一）熟练与节奏

1. 表示技术的熟练程度

这是很多酒店明档所展示的重要内容。如果只是展示操作过程，其中的声音会比较杂乱，不能很好地表达菜品。所以在设计时，要对技术过程中的关键声音进行展示、放大、加强，而对其他声音进行弱化处理。这样的处理，可以用设备来帮助完成，也可以只是通过厨师对过程的反复演练来掌握尺度。庄子在“庖丁解牛”的故事中通过庖丁的动作结合几个拟声词就表现出了一个厨师技艺的高超。现代厨师的技艺也是这样，剁肉时的节奏合于鼓乐的节奏，最简单也是马蹄刀法的节奏。有节奏的声音表示厨师操作过程的麻利。

2. 表示菜品的节奏

这种情况在客前菜品制作中最常见到。一个训练有素的厨师在客前服务时应当可以控制声音出现的节点。如在日式铁板烧的操作中，厨师常常会有一些用小铲刀敲击铁板与金属盆罐的动作，这些动作与菜品的制作水平是完全没有关系的，只是为了给服务过程带来一些节奏感。

（二）松弛与情绪表达

1. 打破空间的寂静

一些用餐场所的氛围比较安静，过于安静的空间会让食客们感觉拘谨，而松弛的精神状态才能让人品尝到菜品的美味、体会到设计者的用心。因此在这种情况下，一个声音突然出现就会起到这种效果。在日本茶道里，全程安静，茶人在往茶碗里放茶粉时，会用竹茶匙在茶碗上轻敲一下，那一声瞬间打破茶室的寂静。这种设计当然不是日本人的原创，而是来自唐诗中的名句：“蝉噪林愈静，鸟鸣山更幽。”

2. 表达食客的情绪

食客们在用餐时是会有各种情绪的。如工作带来的压力、恋爱中的浪漫、朋友相聚的高兴、获得某种成功时的喜悦、失意时的落寞等。这些情绪大多数会与长期工作、生活、学习的环境有关，并因此附着于菜品之上，在时空变化以后，仍然会因为熟悉的声音想起当年的菜品。前面所提到的“时迁鸡”的配音虽然与食客的直接情绪无关，但是可以带动用餐场景的气氛。

三、声音设计的方法

（一）结合时事的设计

这是最容易引起食客共鸣的方法，准确地说，这不是一种方法而是借用时事给旧的菜品赋能，声音还是原菜品中所有的声音。如“三鲜锅巴”本是一道传统家常菜，传说在清代河道官员庆贺河堤合龙的宴会上，所有菜品都已经上完，河堤合龙的消息还未传来，参加宴会的大小官员已经打瞌睡了。这时厨师把厨房里剩下来的食材与锅巴做了一份三鲜锅巴端上了桌，正在服务人员往锅巴里浇三鲜汤的时候，传来了大堤合龙的消息，于是长官一高兴就把这道菜命名为“平地一声雷”。同样还是这道菜，在抗战后期的重庆餐馆里，上桌时厨师把锅巴垒成高楼的样子，上桌时浇上三鲜汤，随着“刺啦”一声响，锅巴坍塌在盘中，人们把这道菜命名为“轰炸东京”。这种方法通常都是与食客的情绪相关的。

（二）烹饪程序的后延

将原本应该在厨房里完成的烹饪程序留一部分放到桌面上，由客人或服务员去完成。这是借鉴了铁板牛排的做法，但又不是传统菜品中的方法。

1. 跳水鱼片的设计

这道菜的设计其实是截取了传统鱼片菜品的一个片段。将鱼片上浆后盛入盘中直接上桌，同时上桌的还有一盆八成油温的热油，由客人将鱼片放入热油中，即刻发出“刺刺啦啦”的声响。这种设计属于桌面烹饪的一部分，其中鱼片入油的声音是最重要元素，增加了食客的操作感。由于客人与服务员都不是专业的厨师，所以这种操作会有一定的风险，由专业的厨师在用餐现场完成更加合适。

2. 铁板鳝鱼的设计

这道菜的设计实际上是将菜品的装盘阶段放到了餐桌上，不同的是这个盘子是烧至高温的铁板。服务员将加热好的铁板放在餐桌上，然后在铁板上撒点葱花，再将炒好的鳝片倒在上面，声音也在此时发出，同时还有菜肴的香气充满整个空间。在这个设计里，铁板就是为了发出声音与香气而存在的，但并不影响这个菜的口味，没有这个环节，炒鳝片也已经是一道完整的菜了。

（三）道具与声音的符号化

菜品中的声音设计并不一定要真实存在，也可能借用一些道具来暗示声音的存在。比如用鸟笼子来表示有鸟的鸣叫声，这在现代餐馆中已经用得比较多了，用鸟笼罩住的菜品通常也与鸟有关，如鸡、鸽等食材制作的菜品（图 5-11）。地雷菜是前些年流行过的菜品，其重要道具是一个地雷状的容器，菜品盛在地雷里面，上桌时服务员点燃地雷的引信，然后地雷会轻轻打开，露出里面的菜品。这个设计就是用了地雷的声音符号。在人们的意识中，地雷爆炸是会发出很大声音的，所以当这个菜出现的时候，食客们明知这是假的，但依然会将这个地雷与声音联系起来，并且心中暗猜这个地雷打开时会发出多大的声响（图 5-12）。

图 5-11　鸟笼菜

图 5-12　地雷菜

作业

1. 古代菜品审美的特点有哪些？
2. 简述古代菜品中花形图案的应用。
3. 简述饾饤在古代菜品中的应用。
4. 现代菜品审美的类型有哪些？
5. 菜品造型的方法有哪些？
6. 简述雕刻法在菜品造型中的应用。
7. 简述餐具与菜品造型的关系。
8. 简述对称与平衡在菜品构图中的应用。
9. 简述对比关系在菜品构图中的应用。
10. 简述加热法对蔬菜颜色的控制。
11. 简述调味法对蔬菜颜色的控制。
12. 简述菜品色彩的组合类型。
13. 餐具对菜的配色有哪些影响？
14. 菜品中声音的来源有哪些？
15. 声音在菜品设计中的作用有哪些？
16. 菜品声音设计的方法有哪些？

第六章　菜品的文化设计

本章内容：详细讲解文化与菜品风格的关系，主要包括历史、民俗与文学。

教学时间：4 课时

教学目的：通过讲授使学生明白文化与菜品风格的关系，以及相关文化在菜品中的体现方法。

教学方式：课堂讲授。

教学要求：1. 从文化自信的角度来理解菜品的文化设计；要把大众作为菜品文化的服务对象。

2. 使学生理解文化对于菜品的重要性。

3. 使学生掌握文化在菜品中的基本表现方法。

作业要求：以较大量的阅读文化方面的课外读物为主，根据具体情况要求学生进行一定的田野调查。

食物在概念上不涉及文化，所有提供动物营养的物品都是食物，而在人类的饮食生活中，食物则是指包含了从食材到食品再到菜品的全部内容。食品是对食物进行加工以后的产物，这样的加工由直接改变食物形式的技术手段决定，而采用哪种加工技术则由思维活动决定，所以食品是人类文明活动的产物之一。菜品是食品中最生活化的内容，采用哪种菜品形式是由文化决定的。而菜品的文化设计就是要根据菜品的用途赋予它某种类型及层次的文化感。

第一节　菜品文化分类与体现

一、菜品涉及的文化分类

菜品所涉及的文化可分为人文类与科技类两大类。这两大类有相互影响和相互包容的地方。

（一）人文类文化

人文类包含的内容有哲学、历史、民俗、文学、艺术、政治等，这些内容是并存的，相互关联的。当然也可以按人文学科研究的情况分得更细一点，但对于说明菜品的文化属性并无太大意义。

1. 哲学、政治

哲学是所有学科的源头，它看似不直接与菜品的生产制作及消费产生联系，但是又从宏观层面影响着菜品技术及消费的各个方面。

中国的哲学讲“和”，渗透到我们的文化里，人们常说的“和气生财”“家和万事兴”等都是这个概念的通俗化。反映到菜品制作里，中国菜非常讲究菜品滋味的和谐、中和等。中国文化里把调味也称为调和，这个调和除了指菜品的味道调得好，也指调味品和调味的过程，古人说的“若作和羹、尔为盐梅”就是指调味的过程。“和谐”在菜品中指菜品的味道中和，不偏不倚，恰到好处。麻辣的味道是明朝以后随着辣椒进入中国才产生的，在古人看来，这些明显是不符合“和”的概念的。

中国古代的哲学派别主要有道家、儒家、墨家、佛教等，先秦时的道家学说后来发展为道教，佛教传入中国后发展为禅宗，儒家学说在唐代以后也逐渐被称为儒教，儒、道、佛三家并称为三教，它们的思想、美学与修行方法对中国传统餐饮的影响比较大。

三教之中，儒家也是一门政治哲学，他对中国传统政治的影响是最深远的。儒家经典《周礼》《礼记》《仪礼》中提到的饮食制度，以及后代很多儒家学者编写的饮食类的著作如《齐民要术》《居家必用事类全集》等，是我们现代菜品设计重要的文化来源。

2. 历史、民俗

民族融合与文化交流是历史中的主旋律，从传说中的炎黄战争、周穆王西游到汉匈战争、南北朝直至清朝灭亡，每一次的改朝换代都伴随着民族冲突与整合，而和平时期的贸易活动，无论是丝绸之路、茶叶之路、茶马古道还是郑和下西洋，实际上也都是文化交流与融合的活动。历史与各种文化都可以联系，将历史与民俗放在一起，是因为这两者对菜品的传承与风格的形成起着很大作用，甚至可以说是主要作用。放眼世界史也是如此，有些食材曾引起过战争，如为了争夺胡椒的贸易权，16 世纪 90 年代，荷兰不惜对葡萄牙宣战。有些食材曾推动过历史的进程，如玉米进入欧洲后就对当时欧洲的资本主义发展起到了极大的推动作用。食材与食品加工技艺融入民俗生活中，成为人们三餐四季的日常，如茶叶、咖啡、可可成为世界性的饮品，下午茶成为英联邦国家的民俗，从胡饼发展而来的烧饼成为中国人生活中最常见的点心。

3. 文学、艺术

文学艺术极大地影响了人们对于菜品的传播度与接受度。从《诗经》时代开始，我们就可以看到食物在文学艺术中的流传。

各个国家古代的诗歌都是可以传唱的，文学本身就是音乐艺术的一个部分，在这个传唱的过程中，某些菜品就可能被保存下来并传播出去。如著名的歌曲《斯卡布罗集市》，通过这首歌我们可以了解到这个集市上的货物中有香料“Parsley, sage, rosemary and thyme（芫荽，鼠尾草，迷迭香和百里香）”；再如唐朝卢仝的名篇《走笔谢孟谏议寄新茶》传唱 200 多年，对唐宋时期饮茶习俗的推广起到极大的作用。当时光流转，文学与艺术里的故事逐渐被人淡忘，但饮食风俗与具体的菜品却可能被保留了下来。

从菜品设计的角度，文学艺术里的一些故事以及一些造景移情的方法也可以拿来做新菜品的创意点，这种做法也是古已有之的，如“辋川小样”对王维画作的借鉴，“红楼菜”对小说《红楼梦》中饮食描写的仿制，还有各种唐人诗意菜品以及现代的意境菜等，可以说，文学艺术是菜品设计重要的创意来源。

（二）科技类文化

科技类文化包含的内容有科学、技术、工艺等，三部分内容有层次高低。科学是最高层次的，它的发展会在理论层面影响饮食消费中的营养理念，也会通过电器设备、机械加工、食品技术等方面的技术影响到菜品的生产方式。

1. 工艺

工艺是最基础的菜品生产技术，其中包含的科学道理是混沌的状态，在大多数情况下，菜品的工艺是厨师们在漫长的历史中一代代经验积累形成的。近代以前，科学技术发展缓慢，很多制作菜品的工艺会延续几百年甚至几千年。如烤这种工艺，原始社会用明火烤，现代的烧烤依然是用明火直接烤，基本方法没有改变。当电加热出现以后，出现了电烤箱，用电烤箱烤出来的食物不再有燃料的气味，烤制食物时也不需要人在一边盯着，解放了菜品生产中的劳动力。

虽然工艺在科技文化中是最为原始的存在，但也是最为基础的。第一，由于烹饪工作的手工特点，工艺仍然是厨师们所必须掌握的，目前还做不到用现代的科学技术完全取代传统工艺；第二，各种食物菜品的加工工艺是数百年的经验的总结，无论是在技术的可行性上还是在菜品的美味度上都有着深厚的基础。因此，菜品的制作工艺不仅不应当被现代科技所取代，而且应该成为现代食品科技的基础。

2. 技术

微波技术是对传统加热技法的一种颠覆。微波是一种能量（而不是热量）形式，但在介质中可以转化为热量。传统加热方式是根据热传导、热对流和热辐射原理使热量从外部传至物料热量，热量总是由表及里传递进行加热物料，物料中不可避免地存在温度梯度，故加热的物料不均匀，致使物料出现局部过热，微波加热技术与传统加热方式不同，它是通过被加热体内部偶极分子高频往复运动，产生“内摩擦热”而使被加热物料温度升高，无须任何热传导过程，就能使物料内外部同时加热、同时升温，加热速度快且均匀，仅需传统加热方式的能耗的几分之一或几十分之一就可达到加热目的。

随着餐饮行业对烹饪原理、烹饪技术科学化研究的不断深入，餐饮设备也不断地进行升级，研发出了数字化、程序化、一键操作的烹饪设备，如国产的万能蒸烤箱，可以实现蒸、炖、加压、烤一体的功能，同时针对特色菜品实现一键完成的设置。大大减少复杂设备的投入，烹饪加工也更加数字化、智能化，生产效率和菜品品质也得到有效提升。

3. 科学

现代食品科学的研究应该为菜品设计提供更为精确的数据参考。近些年来人们对于食品生产中新技术应用的担心应该是现代食品科学研究中需要反思的地方。

现代科学文化对菜品的影响主要在两个方面，其一是原材料方面，由于农业科学的发展，现代的食物原料比过去有了很大的提高，不仅是品种方面，更主要的是原料的品相有了很大提高；其二是制作方法，其中对餐饮行业影响最大的是分子料理，将原本属于理化实验室的方法移植到厨房里，产生了很多奇妙的结果。

二、文化符号在菜品中的表达

无论是人文类文化还是科技类文化都是需要通过各自的符号来体现的。而这些符号又需要附着在一些具体的有形或无形的事物上，如菜肴名称、菜品造型、菜单设计等。

（一）表达形式

1. 外在表现

文化符号在菜品设计的外在表现，主要体现在人们感官可以感知的领域。菜品的设计要充分调动人体的感知器官，形成听觉、触觉、视觉、嗅觉、味觉的综合体验感。如菜肴设计选择使用中国瓷器或青铜器盛装食物，瓷器上的工笔山水画和青铜器上的古文字就会给食客的视觉带来冲击，形成了视觉的享受；在菜品设计或宴席设计的时候，有传统乐器伴奏，其传统乐器便附着于菜品之上；在食用龙井虾仁的时候，其茶的清香搭配虾仁的鲜甜，便带来了嗅觉和味觉的双重享受，并激发食客对茶文化探索的热情。

2. 内涵式呈现

内涵式呈现多需要经过解说、体验才能进行很好地领会，通常具有抽象的特性。在中国菜肴中有很多的菜肴都富有内涵，比如一些名菜，均有菜肴的诞生背景，发展脉络、历史典故等。这些均是菜肴的内涵式呈现。对于中国饮食文化而言，饮食的目的和意义绝不仅仅停留在饱腹阶段。进食需要解决的基础矛盾就是饱腹、疗疾，中国医食同源的饮食观念被广泛认可，并广泛采用，如广东四季老火药膳汤、江苏徐州的伏羊节都是很好的例证，其四季老火靓汤、伏羊附着着中国文化符号——中医药。如清朝举办的满汉全席，其菜肴内容包含满族菜肴、汉族菜肴，同时映射出满汉民族的民族文化，表达满汉一家的宴席主题，其菜品附着民族文化，内涵丰富，耐人寻味。

（二）表达内容

文化符号在菜品设计中的表达内容往往具有多元性，其表达内容有菜品本身特色，附着于菜品的文化特色，以及借菜肴、文化本身的文化背景、故事启发他人，借菜言事。

1. 菜品特色

文化符号在菜品设计中可以选择其中的个别特点和元素进行菜品的设计。以菜品东坡肉为例，在此菜的菜品设计过程中，将东坡肉盛在一个砂锅中，砂锅的外表用草书书写东坡的《猪肉颂》。在此道菜肴中，中国书法则是独特的中国文化符号，其猪肉赋则增加了菜品的文化底蕴，其烧肉的技术技法延伸到菜肴当中，则凸显了菜肴特色，大大地丰富了菜肴的特色。

2. 文化特色

在菜品设计中，文化特色和菜品特色往往是相辅相成、相得益彰的，在菜品的设计中，文化特色丰富菜肴内涵，增强菜品的鉴赏性，其菜品特色支撑文化特色，共同增强菜品的可推广性和可塑性。同样以上述的东坡肉举例，其餐具上附着的草书文字则是中国独特的文字符号，其文化符号包含了中国诗词、中国书法、中国烹饪、中国餐具文化等内容，对弘扬中华优秀传统文化具有积极的意义。

3. 借菜言事

菜品的设计除了菜肴、文化本身的内涵之外，往往还具有非常巧妙的借菜言事的功效。传说宫廷菜有一道“红娘自配”出自慈禧太后的一位宫女之手，这位宫女应做事细心，慈禧太后用得顺手，虽然宫女年龄大了也不按规矩放她出宫，眼看要误了婚配。有一天用膳时，宫女端上一盘菜，很美味，慈禧没吃过，就问是什么菜，宫女报上菜名，慈禧一听就明白了宫女的意思，过段时间就放这宫女出宫嫁人了。这个故事虽不一定是真的，但这种做法却是有效的，现代一些高端宴会菜单中也常有此做法。

（三）表达方法

文化符号在菜品中的表达方式非常多样，结合中国古今菜肴设计的菜品设计表达方式进行简单归纳，其表达方式包括文字与图案呈现、动画与仿真呈现及其他表达方式呈现等。

1. 文字与图案

文字与图案是人文类文化最重要的符号，既涉及历史文化，也涉及民俗文化，还涉及艺术文化。

（1）表达语言信息。这种用法最常见的就是蛋糕上的裱花与写字，内容通常是与主题相关的庆生、祝寿等。这种情况下，文字与图案一定是消费者所处文化圈的通用文字常用图案。如果图文信息是大家不熟悉的，那中间还需要有人作翻译，以免出现理解偏差。

在中国的环境里，汉字和各种传统图案是大家所熟悉的，可以正常使用，但要使用容易辨认的字体，如草书、篆书等就不宜使用；英语的推广程度也比较高，只要不涉及非常专业的词汇和冷僻的图案，也都容易理解；法国、德国、俄罗斯等国家虽然与中国的交流也比较多，但对于这三个国家的文字人们了解甚少，要谨慎使用，使用图案就好一些，但也仅限于一些标志性的图案，如埃菲尔铁塔等，也是要谨慎使用。

（2）表达时尚信息。时尚信息也会在文字与图案中表现出来。当中国文化在全世界传播流行的时候，有着中国文字图案的餐具在世界各地的餐馆中也会得到运用。近些年中国的传统文化热也带动了传统的书法、绘画、篆刻，这些图案也在菜品设计中有所表现，如用传统绘画的手法来摆盘，用书法印章的图案来装饰。

时尚信息只是用来表达一种流行，消费者不需要完全看懂这些信息的意思，只需要感觉到那个氛围。比如，盘子的装饰用了一枚印章的图案，可能所有客人都看不懂印章上刻的是什么字，但是能够感觉到这份菜品装饰摆盘的中国风。一个蒙古餐馆开在杭州或开在苏州，菜品、餐具上装饰的蒙古纹饰客人们也未必能看懂，但是可以感受到大漠草原的氛围。

时尚也与所在城市有关。上海、广州、香港这些城市从清朝末期就成为对外开放的城市，各国客商汇聚于此，相应的在城市里那些舶来文化就成为一种时尚。人们说话时会夹杂一些英语、店招上可能写的也是英语，这时用外国的文字与图案来装饰菜品也会成为一种时尚。

（3）表达事件信息。在一些重大事件中，如商业会谈，两国外交，这时的菜品上出现的文字与图案通常与事件本身有关，与会谈或外交双方有关的图文。

2. 动画与仿真

（1）动画呈现。围绕菜品设计，动画可以作为菜品设计理念宣讲的一个现代呈现方式，可以呈现原料、菜品、营造氛围、烘托菜品进食环境，可以结合图像、动作、语言，围绕菜品设计的主题进行直观呈现。如我们在推介阳澄湖大闸蟹的时候，动画打开，呈现阳澄湖优美的自然环境，洁净的湖水，高品质的阳澄湖大闸蟹，同时介绍阳澄湖大闸蟹的食用方式和文人雅士对大闸蟹的诗文，势必会增强食客对菜品的认同。

（2）虚拟仿真。虚拟仿真技术是信息技术发展的一种新型技术，这样的技术已在多领域进行应用，具有身临其境的体验感。虚拟仿真技术不仅具有和动画同样的直观视觉感受，再搭配辅助设备可以实现多场景的切换，能感受到风火雷电雨的感受，可以营造不同的场景。这项技术在菜品设计的表达上可以进行任意嫁接，呈现就餐环境、原料物产、原料特色、文化特色、地域特色等，是菜品文化呈现的有力工具。

3. 其他表达方式呈现

菜品的文化呈现方式非常多样，除上述呈现方式之外，还可以身临其境地体验；运用其他方法和技术实现菜品的文化表达。

第二节　历史文化与菜品的厚重感

中国几千年的饮食生活有很多与历史中的重大事件及著名人物相关。虽然历史只记载大事件，但人们在生活中对大事件中的饮食细节还是非常感兴趣的，这些细节让历史显得更有温度，也让现代消费者觉得与古人在味觉上产生了交流，菜品也因此有了厚重感。

一、历史掌故在菜品中的体现

历史掌故在菜品中有三种体现形式，第一种是史实，第二种是传说，第三种是今人以故事来命名新菜品。

（一）史实与菜品

正史、野史中记述的菜品，也包括代代相传的菜。这种形式中菜品的基本元素是真实存在的，但方法可能与当初的有不同。这类菜品有的是延续至今的，也有的是今人整理、仿制出来的。

1. 来历真实的菜品

杭州菜“宋嫂鱼羹”是一道历史上确实存在的菜，在《梦粱录》与《武林旧事》中都有记载，说这道菜在宋高宗游西湖时经常被传唤的，南宋诗人苏洞《寄颖季》诗中有“未擉刘差鳖，谁羹宋嫂鱼”。同时代的朱继芳有《宋五嫂鱼羹》也是以宋高宗的事为题。宋嫂鱼羹这道菜未见于1977年出版的《杭州菜谱》，在之前的杭州菜谱中也不见收录，今天杭州的菜谱中都会有这道菜，可能是20世纪80年代仿宋菜的研究成果。

与“宋嫂鱼羹”相似的是“东坡肉”，但“东坡肉”不仅名称有来历，制作方法也有来历，其基本制法在苏东坡的《猪肉颂》里写得很清楚：“净洗铛，少著水，柴头罨烟焰不起。待他自熟莫催他，火候足时他自美。黄州好猪肉，价贱如泥土。贵者不肯吃，贫者不解煮，早晨起来打两碗，饱得自家君莫管。”“东坡肉”的传承也比较清楚，在清代到新中国的多个地区的饮食资料在都有“东坡肉”的名称，而且方法与风味并无大的不同。

2. 后人仿制的菜品

以上两例菜品是来历比较清楚的，有的则比较模糊，如春秋时期太和公“鱼炙”，它关联的是一场著名的刺杀——专诸刺王僚。关于“鱼炙”的做法并无资料记载，只能从字面推测这是一道炙烤而成的菜品，当然在烹饪技艺发展过程中，厨师们也可能用油炸的方法来达到炙烤的效果。在20世纪80年代的厨师学者们研究后，有人推测“鱼炙”是“松鼠鳜鱼”的前身，这样的说法当然于史无据，但并不影响消费者们对这道充满着刀光剑影的菜品的热爱。

古代社会遇到战争与灾荒就会发生大规模的人口迁移，其中有很多人迁到相对安全但与外界隔绝的地区，这样一来，一些菜品的做法就会在其生活区域内保存下来。今天的云南、贵州、湖南、广西等地就还保存着一些历史久远的菜品做法。

（二）传说与菜品

传说有的与宗教、方术、神话相关，有的与民俗相关，有的与历史、名人相关，在很多时候，这些不同类型的传说也会混同在一起，出现在同一个菜品上。传说的菜品很多只有一个影子，与传说中的人或事不一定有真实的关系，为了便于传播，这类菜品通常关联的是历史名人、重大事件、神仙等。

如“沛公狗肉”，在徐州当地的传说中，刘邦经常去朋友樊哙的狗肉摊蹭吃，樊哙为躲刘邦，将摊子搬到别处，刘邦闻讯赶去，遇河受阻，却被河里一只大鼋将刘邦驮过河，找到樊哙。事后，樊哙气不过，就把大鼋杀了与狗肉一同煮，不料味道更为鲜美。后来因刘邦做过沛公，此菜就被称为沛公狗肉。这个故事里大鼋驮人显然是一个神异故事，但刘邦与樊哙的身份性格却是史书上记载的，刘邦与樊哙确实是当地人，樊哙确实曾经以屠狗为业，而没有发迹时的刘邦平时为人也确有无赖气，再与徐州当地的鼋汁狗肉菜品真真假假地组合在一起就形成了“沛公狗肉”的故事。

与宋朝有关的菜品很多会联系到苏东坡，与清朝有关的菜品很多会联系到乾隆皇帝和郑板桥，与神仙有关的菜品很多会挂在张果老吕洞宾的名下，其他的一些帝王将相才子佳人也经常会成为菜品传说的主角。

（三）新命名的菜

以历史故事为由头来命名一个新设计的菜品是利用历史文化的一个常见方法。这类菜品从名称上来看往往与关联传说的菜品很相似，区别在于这类菜品在历史上并没有一点依据。

如“霸王别姬”，名称取材于楚汉争霸，西楚霸王项羽被围垓下英雄末路的悲情故事，但在历史书写与文学书写中都没有提及吃什么食物。抗战时期，梅兰芳在徐州演出，当地人在演出后的招待宴会上把传统名菜“甲鱼炖鸡”改名为“霸王别姬”，这个新名字既与梅兰芳在徐州演出的剧目同名，徐州又是西楚霸王的都城，还表达了当时中国人“生当作人杰，死亦为鬼雄。至今思项羽，不肯过江东”的抗战决心。因此，这个名字一推出就得到了大家的认可，一直沿用至今。

有些新命名的菜也是有历史背景的，但随着时代变化，当时的名称已经不适合现代的社会环境，于是就逐渐消失了。如抗战时期重庆的餐馆里售卖的“三鲜锅巴”被重新命名为“轰炸东京”，现在“三鲜锅巴”还在，但“轰炸东京”这个名字已经不见了。与此相似的还有现代的一些网红菜名，如“老鼠爱大米”，也是随着社会潮流的变化出现，随着社会潮流的变化消失。

二、餐具的历史感

餐具的历史感体现在餐具的样式与图案与材质三个方面。在设计仿古菜品时，尤其要注意餐具与时代背景的关系。

（一）餐具材质与样式

在第二章中，我们比较详细地介绍过各个时代的餐具。总的说来，先秦时期的餐具样式是后代大多数餐具的模版。这里概要地介绍一下不同材质的餐具在不同时期的样式，具体可以参看第二章的相关内容。

1. 陶器样式

原始社会的陶器样式很多，这与当时生产水平低下有关。人们在制陶器时完全靠手工，这种纯手工的器型在当时很难做出一模一样的第二件和第三件来。我们今天在博物馆看到的那些精美的原始陶器多数是用在祭祀仪式上的，有着特殊的用途，并不是完全生活化的器具。正式生活化的陶器是一些夹沙的粗陶制品，这些陶器在加热时相对来说不易破损，比较耐用，但由于使用频率较高，还是会经常损坏的。所以，我们在博物馆能看到的原始的生活化的陶器多数器型并不美观。原始陶器的样式后来成为早期青铜器的模仿对象。汉代以后，瓷器流行，陶器日益成为底层百姓的餐具，品质好一点的陶器在样式上又反过来模仿青铜器与瓷器。

2. 青铜器型

今天能看到的青铜器是从商朝开始的，主要使用朝代是商、周、秦、汉。除了一些小型青铜器，如簋、壶等模仿原始陶器外，商代的大型的青铜器在造型上有更多的原创成分，但是这些大型的青铜器并不太适合作为日常餐具。周代青铜器在器型上开始变小，有一部分小型的青铜器除了在祭祀上使用，也会用在贵族们的日常饮宴中。汉代的青铜器在器型上进一步变小，已经可以用在普通的饮宴场景里。唐以后，人们很喜欢青铜器，经常会用漆器、瓷器、紫砂、琉璃等材质来模仿青铜器的造型。

3. 瓷器样式

瓷器在不同时代会有其代表性的瓷器，唐代有著名的越窑、邢窑、寿州窑、长沙窑、岳州窑等，从颜色上来说，流行的是青瓷和白瓷，越窑是青瓷，邢窑是白瓷。宋朝有著名的五大名窑，即汝窑、定窑、官窑、哥窑、钧窑，其中定窑是白瓷，其他以青瓷为主。此外，宋朝还有著名的耀州窑、湖田窑等生产青白瓷的窑口；建州窑、吉州窑等生产黑黄瓷的窑口。明代著名的瓷器主要是景德镇的青花瓷、成化粉彩瓷器与德化窑的白瓷，这些瓷器一直沿用到民国。现代瓷器造型更加规整，在饮食行业中用得比较多的是骨瓷。另外明朝的搪瓷技术（景泰蓝）在近现代社会简化成为常见的民用器，1949 年后至改革开放之前，搪瓷餐具的使用比较频繁。

瓷器的样式最初时也是从陶器中来的，后来更是大量模仿了青铜器的样式。但瓷器的样式并非止于此。唐代长沙窑很多出口中东的瓷器，其样式好多来自中东地区的定制。

（二）餐具纹饰图案

餐具上的纹饰图案比较多，作为餐饮从业者并不需要对此有很全面的了解，但还是应该了解一些时代特征很明显的纹饰，这样在选定餐具时可以更切合菜品的时代感。

1. 先秦餐具的纹饰

先秦其实是个很长的时期，按《史记》的记载，即使只算夏、商、周三代，也有近 1600 年。在这么长的时间里，餐具的纹饰变化还是比较大的，但大家印象深刻的图案主要有饕餮纹、夔纹、虎纹、凤鸟纹、蛟龙纹以及各种动物纹等。在菜品设计工作中，这些纹样已经足够表达菜品的时代感了。

2. 汉代餐具的纹饰

汉代青铜餐具的纹饰与先秦时期一脉相传，变化不是太大。瓷器在汉初还处在原始瓷器的阶段，上面的纹饰多是很普通的水波纹。漆器是汉代贵族使用较多的，其纹饰常见有卷草纹、云气纹、人字纹、羽状纹，多寓意长寿、升仙等。

3. 唐代餐具的纹饰

唐代风气开放，有很多来自中亚、西亚的客商，他们把大唐以外的文化带了进来，因此唐代餐具上的纹饰与汉代有较大差异。唐代餐具上出现较多的动物纹饰有龟、雁、鸳鸯，这多是祈求长寿与夫妻和美的寓意。莲花纹样因为佛教而流行，很多餐具上会有五瓣或六瓣的莲花。其他还有忍冬纹、石榴纹、葡萄纹等。

4、宋、元餐具的纹饰

宋代餐具上承唐代，但美学风格迥异。宋代的高端餐具上往往没有太复杂的纹饰，是中国极简美学的开端。宋代酒食器上花果图案较多，最常见的有菊花、黄蜀葵、莲花、芙蓉、水仙、梅花、栀子、菱花等。动物图案中龟、鹤、鹿比较多，寓意长寿。图 6-1 是南宋朱晞颜墓出土的金葵花盏，花形为黄蜀葵，这种图案的酒具在整个宋代很常见，不仅金银器中有它，在瓷器餐具酒具中也很常见。

元代餐具继承了宋代的一些设计，但也有其时代特点。高足杯在隋唐就已经出现，直到宋也没成为流行样式，但金元时期开始流行，材质有金银也有瓷。元代图案常见有折枝莲、菊花、牡丹、西番莲、海石榴花等。元代餐具的图案中还常有一些故事性设计，如福禄寿三星图、教子飞升图、饮宴图、乘槎图等，这应该与当时戏曲流行有关。

5. 明清餐具的纹饰

明清餐具上常有开光图案，所谓开光，就是在器具上画出一个圈，有方形、圆形，也有象形的，如杏叶形，在这个圈内会画上一些图案，图案的内容有山水，也有动植物。明代初期，瓷器上的纹饰还是与宋元一脉相承的，缠枝莲之类的花纹较为常见，尤其是著名的青花瓷上的图案。图 6-2 是一件清代粉彩开光蝶恋花碗。明中期直到清朝末期，斗彩、粉彩瓷器出现并流行，很多专业的画家也陆续加入瓷器绘画中，因此这一时期的瓷器上的图案与绘画、书法等艺术结合得非常紧密，日趋细腻精美。

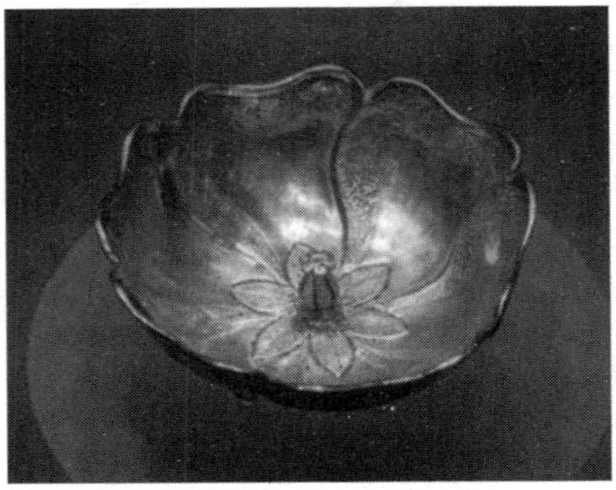

图 6-1　南宋朱晞颜墓金葵花盏

图 6-2　清代粉彩开光蝶恋花碗

三、菜品形式的历史感

（一）不同时期菜品的形式

1. 先秦

先秦时期的菜品以厚重朴实为特点，这一时期的菜品多使用最基础的烹饪技法，菜品上几乎没有装饰，切割食物需要按既定的规矩，因此有割不正不食的说法。这一时期，筷子还没有普遍使用，匕还是用餐时常用的刀具。说明这一时期的很多菜品可能体型较大，需要用刀割食。这一时期的炊具如青铜鼎、镬等比较厚，在烹调菜肴时直接在炊具下面生火，热量利用率不高，因此旺火速成的菜品极少，多为长时间烹制，菜品口感以软烂或半生熟为主。这一时期的用餐形式是一人一食案，因此在做菜时期几乎不用考虑分食的需要。

2. 汉、唐

汉代的菜品基本继承了先秦时期的风格与技法，但由于经济发展，一些先秦时期只有贵族才可以享用的菜品这时普通的富户也可享用，区别在于这些富户不一定掌握贵族家中专业的烹饪技巧。两晋南北朝时期的菜品形式开始讲究美感，但主要停留在食材的颜色与质感，对于菜品的这种美学发展我们可以在当时文人所写的赋中看到。这种美很大程度上只是文人的一种想象，但也在一定程度上影响了厨师的操作，让技术朝美感的方向发展。

唐代菜品的美感开始表现出来，一方面是唐朝本土厨师的设计，另一方面则是来自西域的文化。用模具印花制作的盖浇饭“御黄王母饭”、用模具制作的食品“金铃炙”、用雕刻手法制作的“玉露团”、手工拼摆的“蕃体间缕宝相肝”、卷压切片的“金银夹花平截”等。

菜品与酱的配合在先秦时期就有，但那时仅止于贵族，普通人家的酱能做的品种不会太多。南北朝时酱的品种开始丰富，而且有些是专门用来搭配某种具体食物的，所以在上菜时可能就会出现菜品与酱一起上桌的情况，如专门用来配鱼脍的“脍齑”。

3. 宋、元

宋、元两朝的菜品在风格上相差还是比较大的，但在餐具的使用方面又比较接近。宋、元两朝的商业都比较发达，在此背景下，快速供应的菜品增多了，而这些菜品多数采用旺火速成的烹饪法。这些快烹菜品在宋代很流行，即使在南宋清河郡王张俊宴请宋高宗的菜单中也多次出现。与之相对的是文人风格菜品的出现，这类菜品是反快餐的，需要用餐者细细品味。

文人菜品形式各异，总的特点是讲究菜品的味外之味。如南宋著名的“蟹酿橙”“拨霞供”，元朝的“清泉白石茶”等，这些菜品饮品本身并无新奇昂贵之处，但新奇的设计思路迥异于市肆餐馆。宋代还有一类有趣味的菜品，如雕花蜜煎、假菜、装饰性的饾饤等，这些菜品在宋代并不属于文人的趣味，但在今人看来也都是充满文人气质的。

文人气质的菜品在元朝只存在于很小的人群中，菜品的主流还是家常饮食，如大官羊、柳蒸羊以及很多烧烤菜等体量较大的满口菜，这部分菜品在《居家必用事类全集》中有大量记载，它们的工艺设计主要是围绕着菜肴的质感与口味，体现出一种返璞归真的风格。

4. 明、清

明、清菜品也是一脉相承的。尤其是北方地区，明代菜品与清代菜品在品种上虽有变化，但风格上基本相似。南方地区则有区别，明代南方地区的菜品讲究趣味，而到了清代则更注重实用，当然在总体风格上，南方地区的菜品还是清丽雅致为主的。

明代江南地区以及运河沿线的城市商业发达，旺火速成的爆炒类菜品大量涌现，满足了城市里商业人口的需求。明朝有些菜品到了清代已经不见，如各种齑、菹类菜品，到清代被各种酱菜取代了。但更多的菜品从品种到菜名都一直保留下来没有大的变化，如“油爆猪”“油爆鸡”“熏豆腐”“熏鸭”等。

明清两朝都有不少西方传教士来华，他们在朝廷里担任一定的官职，平时也与中国的士大夫有比较密切的往来，因此他们的饮食习惯在上流社会中也偶有出现。如《扬州画舫录》所记载的“满汉席”中就有“洋碟”二十种，所谓洋碟，就是西餐。“满汉席”包括海味、山珍、淮扬菜、满蒙菜与洋碟小食等五大类菜品，是清代前期菜品的一个集体亮相。

（二）不同饮食方式的菜品形式

我们在前面多从朝代变迁的角度来介绍菜品，这样看起来内容丰富，但并不能完整地理解菜品的文化。如果我们从各个阶层来看，可能对菜品的理解会更深刻一些。

1. 贵族与文人菜品

贵族与文人在古代大多数是重叠的人群，只是这个大的人群里又因为活动场景与生活意趣的不同而在饮食审美需求上有所差异。这个阶层的人群拥有知识，大多数时候也是按古代的礼制来规范饮食活动的，所以他们对于历代的菜品文化会有较大程度的继承。

贵族的饮食生活更制度化，也会利用他们的权势去获取制度外的饮食享受，这种情况在大多数时候被称为奢侈。如隋朝谢讽《食经》与唐朝韦巨源的《烧尾宴食单》所列的那些菜品名称就可以称得穷奢极欲。如爽酒十样卷生、修羊宝卷、剪云拆鱼羹、贵妃红、玲珑牡丹鲊、汤浴绣球、生进二十四气馄饨等。贵族菜品不仅奢侈、制作精良，所用的餐具也是极精美，我们现在在博物馆里所看到的那些精美餐酒茶具，基本都是出自贵族们的餐桌。

文人菜品更多些文化气息、隐士气息，他们可以接受比较朴素的饮食，并且从这些饮食中体验到诗意、情趣或悟道参禅。这些菜品记录在《清异录》《东坡志林》《山家清供》《云林堂饮食制度》《随园食单》《养小录》等著作以及文人的诗词文章中。如《山家清供》里的“酥琼叶”“苍耳饭”等，不仅富贵人家不吃，就是普通人家不到荒年也不会吃的食物，但作者林洪却拿来很有兴致地做成美食。苏轼在被贬谪的过程中，日常难得吃肉，却依然津津有味地弄出了“炙羊脊骨”与“皛饭”来。另外，有大量的野菜、食用菌出现在文人的食单中，甚至可以说现代中国饮食中对于各种食用菌的热情与这些文人的宣传是分不开的。文人菜品朴素，所用餐具也不尚华奢，多用瓷器、陶器，有时也会直接用一些植物的叶子。

2. 商人与平民菜品

商人与平民的菜品大多数时候没有人专门记述。最早详细记述商人饮食排场的是汉代的《盐铁论》，书中对那些商人有钱以后僭越的饮食排场有描述。当社会的商业活动比较频繁时，城市餐馆里的菜品也都可以认为是商人与平民的菜品。对这些菜品记载较多的是《荆楚岁时记》《齐民要术》《东京梦华录》《梦粱录》《武林旧事》《调鼎集》等，当然这些著作里也有很多是贵族文人的饮食。真正对社会底层的贫民饮食记录较多的是《野菜谱》《救荒本草》这样的书。

商人与平民菜品并非一味简单。《扬州画舫录》中记载了很多的盐商饮食都是极奢化的，《东京梦华录》等著作记载的城市平民的饮食其制作水平也可称精良。传说宋高宗一次在游湖时就吃了一碗从东京汴梁逃难来的宋五嫂做的鱼羹，认为就是东京的味道。

第三节　民俗文化与菜品的朴素感

一、节令食俗在菜品中的体现

中国历法中一年有二十四个节气，此外还有很多节日，这些节气与节日的习俗大都与饮食有关，这使得节令文化可以很自然地与菜品相结合。

（一）不时不食

“不时不食”出自《论语·乡党》，原意是指乡饮酒礼中的规矩，不是用餐的时间就不要去吃面前的食物。解释成不吃反季节的食物也是对的。

1. 按季节选料

古人为了保证秋天能捕到猎物过冬，规定在春天不可以渔猎。发展到后来，人们认识到食材在不同季节的品质风味有差异，此时说不时不食的意思就变成了选择优质时令食材的意思。我们今天在菜品设计中对“不时不食”概念的利用既可以从环境保护的角度来解读，也可以从顺应自然、优选食材的角度来解读。而这两个角度都可以和民俗文化很好地结合。

时令原料有利于菜品设计和菜肴生产。不同的季节、不同地域均有不同的气候和物产，每个地域都有地域特点、物产特色、不同的饮食习惯和烹饪方法，关于按季节选料在各地行业里流传一些口诀：“春季韭、佛开口”“桃花流水鳜鱼肥”“小暑长鱼赛人参”“春鳊秋鲤”“夏三黎隆冬鲈”等，对于大闸蟹则有“九月团脐十月尖”的说法。《玉枢微旨》曰：“春不食肺，夏不食肾，秋不食心，冬不食脾，四季不食肝。”这是把按季节选料与养生结合起来了。广东人冬季很少食用凉瓜这类食材，认为此物为苦寒之物，容易对身体造成损伤，但夏季就可以食用，正好用寒去克制夏的炎热；春、夏、秋三季也很少食用狗肉、羊肉，该类食材属于热性食材，容易上火，导致牙龈肿痛，口腔溃疡。

2. 按季节烹饪

时令菜肴既是按季节选料，也是按季节烹调，这符合中国传统的天人合一的饮食理念，利于健康。

如畜肉的蛋白质与脂肪质优量高，在冬季食用可以帮助人体御寒，在中国北方地区盛产牛羊肉，冬季严寒，食用牛羊肉是当地人的饮食习惯。在中国南方粤港澳大湾区，气候多雨，湿热，当地人牛羊肉的食用季节性就区别于北方，烹饪方法也明显区别于北方。淮扬地区处于南北之间，四季分明，牛羊肉的烹制方法就有明显的季节性，在冬季气候寒冷时，牛羊肉多用红烧的方法，在夏季气候湿热时，要么不吃牛羊肉，要么是一些滋味清淡的炖、煮的吃法。

广东人喜饮的老火靓汤也是有着明显的四时变化：春季喜饮木棉花猪骨汤、土茯苓薏米猪骨汤，夏季饮用冬瓜薏米老鸭汤、黄豆凉瓜猪骨汤，秋季饮用南北杏菜干猪肺汤、雪梨银耳汤，冬季喜食羊肉、狗肉药膳汤（煲）。

关于调味的季节性，《周礼·天官》讲到："春多酸，夏多苦，秋多辛，冬多咸，调以滑甘。要之无论四时，五味不可偏多。"《抱朴子》也说："酸多伤脾，苦多伤肺，辛多伤肝，咸多伤心，甘多伤肾。"古人用五行学说来观察世界，把人的五脏与五味相联系，在此基础上得出了不同季节的调味宜忌。

总的说来，春、夏季烹饪宜清淡，烹调方法多用小炒、炖、汆、煮；秋、冬季烹饪宜浓厚，烹调方法多用爆、熘、炸、烧、卤等。

（二）节令符号的应用

节令饮食世界各地都有，这里介绍一下中国的节令符号。节令符号在先秦时期已经明确出现在《礼记·月令》中，并在后来各朝各代得到比较完整的继承。下面对此作简要摘抄与解释。

1. 春季节令符号

在《礼记·月令》中，提到孟春之月，神——其帝大皞，其神句芒。数——其数八。气味——其味酸，其臭膻。自然——东风解冻，蛰虫始振，鱼上冰，獭祭鱼，鸿雁来。色——天子居青阳左个。乘鸾路，驾仓龙，载青旗，衣青衣，服仓玉。食——食麦与羊，其器疏以达。活动——立春之日，天子亲帅三公、九卿、诸侯、大夫以迎春于东郊。仲春与孟春大部分相同，但自然符号有变化——始雨水，桃始华，仓庚鸣，鹰化为鸠。活动——迎玄鸟、祠高禖，玄鸟是燕子，高禖就是句芒神。季春的变化也是自然方面——桐始华，田鼠化为鴽，虹始见，萍始生。

句芒神有多个形象，其中一个是燕子。春季燕来，所以燕子当然是春季的符号之一。味酸是调味中的季节符号，此时的菜品设计可以在调味中添加一些酸味以调动春天的清新感。解冻、惊蛰獭祭鱼鸿雁来是春季自然界的动物反映，日本有一款清酒名"獭祭"，从名称便可知其与春季的关系。颜色方面，青色是春季的色彩，在中国南方有春季吃青团的习俗，正是对这一符号的利用。食物中的麦与羊是春季的时令食物，但这些食物是用来联系下一个季节夏季的，因而这两种时令食物五行属火，在河南、江苏、安徽的一些地方，春季有吃青麦仁的习俗，称为青麦捻转儿，这是青色与食物两个符号的叠加；植物方面，桃花是春季的符号。

除了《礼记·月令》所说的这些，还有一些也是春季的符号，植物如杨柳、梨花、春梅、杏花等，后人总结为二十四花信；食物方面如北方的子推燕、面花，南方的青团；活动方面如放风筝、上巳祓禊；饮宴方面如清明宴等。

2. 夏季节令符号

在《礼记·月令》中，提到孟夏之月，神——其帝炎帝，其神祝融。数——其数七。气味——其味苦，其臭焦。自然——蝼蝈鸣，蚯蝢出，王瓜生，苦菜秀。色——天子居明堂左个，乘朱路，驾赤骝，载赤旗，衣朱衣，服赤玉。食——食菽与鸡，其器高以粗。活动——立夏之日，天子亲帅三公、九卿、大夫以迎夏于南郊。仲夏与孟夏大致相同，自然符号有变化——小暑至，螳螂生。鵙始鸣，反舌无声。活动——天子乃以雏尝黍，羞以含桃，先荐寝庙。季夏的自然——温风始至，蟋蟀居壁，鹰乃学习，腐草为萤。在季夏与秋之间还有一个“中央土”，神——其帝黄帝，其神后土。数——其数五。味——其味甘，其臭香。色——天子居大庙大室，乘大路，驾黄骝，载黄旗，衣黄衣，服黄玉。食——食稷与牛，其器圜以闳。

祝融是火神，颜色是红色，这在炎热的夏季并不会让人觉得舒服。与之对应的焦苦味道却在夏季得到广泛的运用，如茶叶、糊米茶、苦瓜、大麦茶等。夏、秋之季中央土的黄色在后来的发展中越来越受推崇，成为皇家的专用色，即使在现代社会，黄色依然被认为是尊贵的颜色。含桃是也称樱桃，是夏季的佳果。

除了《礼记·月令》所说的这些，食物方面与火对应的符号是炒面，也称为焦屑、焦面，是将新收麦子炒熟后碾粉制成，面粉加工技术在先秦时期还未出现，到汉代才普及，因此《礼记·月令》中没有出现。同样成为夏季果品符号并取代了含桃地位的是西瓜，是唐以后才逐渐传入中国的。植物方面，由于汉代以后莲花逐渐受到人们的喜爱，因此在南方地区成为夏季代表性的植物，从花到叶再至藕都是这个季节的符号。

3. 秋季节令符号

在《礼记·月令》中，提到孟秋之月，神——其帝少皞，其神蓐收。数——其数九。味——其味辛，其臭腥。自然——凉风至，白露降，寒蝉鸣。色——天子居总章左个，乘戎路，驾白骆，载白旗，衣白衣，服白玉。食——食麻与犬，其器廉以深。活动——立秋之日，天子亲帅三公、九卿、诸侯、大夫，以迎秋于西郊。仲秋与孟秋差不多，自然符号有变化——盲风至，鸿雁来，玄鸟归，群鸟养羞。活动——是月也，养衰老，授几杖，行糜粥饮食。季秋的自然符号——鸿雁来宾，雀入大水为蛤。鞠有黄华，豺乃祭兽戮禽。

秋季五行属金，对应的颜色是白，所以神蓐收对应的颜色也是白色，这来自人们对秋季的观察，白露、白霜。蓐收从字面上理解就是收割田野的草，包括各种粮食植物在内，所以神的名字就是秋收的意思。辛在味道中是有刺激性的，包括姜、韭、葱、蒜、椒、桂、苏之些味道在内，这些味道总体来说是温的，适合秋季逐渐变冷的气候。狗肉在古人看来是热性的，一般是秋冬季的食物。北雁南飞，同样离开的还有燕子，表示一年中适合农业生产的季节结束了。这个时节的标志性的植物是菊花。虽然桂花也是秋季的符号，但不如菊花开得普遍。

秋季是收获的季节，所以《礼记·月令》之外，金色的稻田也是秋的重要符号，还有黄叶、红果都是秋天。老人也处在人生的秋天，“没有诗意的收获只有难熬的老病”，所以这个季节的饮食里，养生成为一个重要话题，后来都把进补当成秋冬菜品的符号。

4. 冬季节令符号

在《礼记·月令》中，提到孟冬之月，神——其帝颛顼，其神玄冥。数——其数六。味——其味咸，其臭朽。自然——水始冰，地始冻。雉入大水为蜃。虹藏不见。色——天子居玄堂左个，乘玄路，驾铁骊，载玄旗，衣黑衣，服玄玉。食——食黍与彘，其器闳以奄。活动——立冬之日，天子亲帅三公、九卿、大夫以迎冬于北郊……大饮烝……天子乃祈来年于天宗，大割祠于公社及门闾。腊先祖五祀。仲冬的自然符号有变化——冰益壮，地始坼。鹖旦不鸣，虎始交。厨事准备——乃命大酋，秫稻必齐，曲蘖必时，湛炽必洁，水泉必香，陶器必良，火齐必得，兼用六物。季冬的自然符号——雁北乡，鹊始巢。雉雊，鸡乳。渔猎——命渔师始渔，天子亲往，乃尝鱼，先荐寝庙。藏冰——冰方盛，水泽腹坚。命取冰，冰以入。祭祀——命太史次诸侯之列，赋之牺牲，以共皇天、上帝、社稷之飨。乃命同姓之邦，共寝庙之刍豢。命宰历卿大夫至于庶民土田之数，而赋牺牲，以共山林名川之祀。凡在天下九州岛之民者，无不咸献其力，以共皇天、上帝、社稷、寝庙、山林、名川之祀。

冬季的神是玄冥，玄是黑色，冥是幽暗，所以这个季节的主打颜色是黑色。收藏食物的地主不见光，也是黑色，正好象征着冬藏。食物中最重要的是黍与猪肉。这是一年中祭祀最多的季节，而每一场祭祀都会伴随着很多的食物制作，所以对管理饮食者提出了六必的要求：“秫稻必齐，曲蘖必时，湛炽必洁，水泉必香，陶器必良，火齐必得。”这时的江河上冰层很厚，有两件事正在做，一是藏冰以备夏季使用，二是准备春天的开河之后的捕鱼仪式。天子尝鱼也说明这个季节里，鱼是猪、牛、羊以外的珍贵食材。

《礼记·月令》以外的冬季符号有很多，如腊梅花，这是北方冬季难得看到的花，在南方则另有标志性的植物，其中以橘最具代表性。其实橘不在冬季开花也不在冬季结果，但因为屈原的《橘颂》与唐代张九龄的名句：“江南有丹橘，经冬犹绿林。岂伊地气暖，自有岁寒心。”而闻名。唐以后，水仙水渐渐传到北方，所以水仙也成了冬季符号。食物方面，从前的各种野味是冬季代表性食材，并被与冬令进补联系起来。

二、通过餐具表达民俗味道

民俗是一个族群生活与生产方式的体现，所以有什么样的生活方式，就会用什么样的餐具。

很多时候，人们无法通过菜品来判断其背后的文化，却可以通过餐具得到结论，虽然这个结论不一定准确。

三、餐具的样式

1. 乡村餐具的样式

乡村生活与农业生产紧密结合，离都市时尚较远，人们对物品又比较珍惜，基本不会在旧物没坏的时候就换掉它们，所以乡村的餐具往往显得保守过时朴素。从材质上来看，陶瓷类餐具较多，还有一些耐用的朴素的金属餐具，还有一些就地取材的竹木餐具。从形式上来说，乡村餐具没有花哨的造型。现代餐具在设计时常常会把乡村的一些符号性器物设计成餐具，如农村的铁锹、竹匾、竹筒，渔村的鱼篓、蒲包等。中国的乡村餐具在设计上，尽可能不要用外国的文字，用汉字时，内容多以吉语为好。

2. 江南小镇的餐具

江南地区本就是瓷器的主要产地，所以餐具的材质应该以瓷器为主。在瓷器的审美上，江南自明清以来就有自己的审美标准，以青白瓷为上。江南小镇留给人们的印象是小桥流水，是蓝色印花布，所以餐具上如果需要用到图案也是以这些图案为佳，当然最好还是没什么图案的素瓷。用小笼当餐具在江南一带也较多见，如著名的南翔小笼包。小笼在广式早茶中用的也很多。

3. 都市餐具的样式

都市餐具要体现时尚，在一些体制性宴会场合，还应体现一个国家或一个地区的文化。2016 年在杭州举办的二十国集团领导人峰会国宴的餐具设计可谓是一个典型案例。这套餐瓷设计创作灵感源于西子湖畔的水与自然景观，材料为高级骨质瓷，整个色调上以绿色为主色调，显然是传递绿色发展的理念，图案为西湖十景，具有非常厚实的中国传统的文化底蕴，如其中的冷菜拼盘半球形的尊顶盖提揪设计源自于西湖十景之一的三潭印月。这套餐具的设计还带火了鎏金的传统工艺，从这场宴会以后，很多饮食器具的设计都在使用鎏金工艺。

大都市往往是国际性的开放城市，世界各地的客商往来于此，因此各地的餐具在都市里都能见到，一些高端餐饮场所往往以用国外瓷器为有身份的表现。都市的辐射能力很强，所以一般大都市周边地区的餐具都会受其影响，如上海的餐具对南京、杭州、苏州、南通等城市都有不同程度的影响。

4. 西南地区的餐具

西南是一片很大的区域，这个区域里民族众多，文化传统保存较好，反映在餐具上，有一种厚重神秘的色彩。重庆是一个码头文化浓厚的城市，反映在菜品上是热烈豪放，菜品的量比较大，所以餐具也是比较大的。这一带的菜品用油量较多，所以盘子多用深盘，可以盛住汤汁油水。成都在西南地区一直是个富庶安逸的城市，菜品豪放精致兼有，餐具也都是对应使用的。川剧的变脸是著名的传统文化，于是也会有设计师将那些脸谱设计到餐具上来，地方特色很明显。

大号的碗与盆在很多地区都有使用，主要用来在餐桌上盛装主菜，各地的组合略有区别，在江苏一般是八件组合，如盐城的八大碗，在广府宴席中有九大簋，过去表示最高等级的筵席，簋是先秦时期的餐具名称，后来器形改变了，但名称却保留下来，指大号的碗或盆。四川的坝坝宴也采用九大碗的形式。

5. 西北地区的餐具

中国的西北地区是戈壁沙漠与草原，历史上当地都是游牧为生，也有少部分的农业。在游牧迁徙过程中，陶瓷餐具是比较容易损坏的，所以这个地区的餐具中有大量的金属餐具。现代社会里人们的生活相对安定了，陶瓷餐具也比较多，但在器型上有很多是仿金属餐具的。图案与色彩上，有着较为浓厚的游牧民族风格，装饰华丽烦琐。

6. 国外餐具的样式

国外餐具大体风格可以分几大类，一是日本与韩国的餐具，在风格上两国餐具有相似之处，因为两国用餐的方式相似，都是席地而坐的分餐，小餐具较多。美学风格上，日本餐具受中国唐朝和宋朝文化的影响较大，而韩国受中国明朝文化的影响较大，清末至第二次世界大战期间，又受到日本的很大影响。整体上，日本的餐具无论是华丽还是朴素的都透着精致的设计感，韩国的餐具则更为朴素一些。在欧洲，法餐与俄餐以华丽精美为主流，并影响到其他欧洲国家。意大利的餐具在风格上更为乡土一些。东南亚国家的餐具，日常饮食的餐具很多受中国餐具影响，高端餐饮多用欧式餐具。不同国家的餐具上的纹样图案都有自己的特色，如日本的餐具喜欢用梅花、樱花、唐草的图案，颜色则喜欢用蓝色、红色、绿色、粉红、粉青等。欧洲餐具除了喜欢用白色外，也喜欢用蓝花、鎏金的图案，古典餐具上也常用一些故事性的图案。

四、菜品用料与烹饪方法

常言道，靠山吃山，靠水吃水，食材与烹饪方法更能体现出菜品的民俗文化。虽然现代社会物流发达，食材供应的区域性没有以前那么强，但对于食材使用的习惯性还是有着很强的区域特点。

（一）食材与菜品

江南水乡自古以来气候宜居，但夏季湿热，各种水陆食材供应丰富，在这种情况下形成了江南的菜品风格。

1. 黄鳝

虽然黄鳝在很多地方都有出产，但用黄鳝做菜是江南地区由来已久的特色，早在南北朝时期江南人吃黄鳝的风俗已经引起南北的讨论。著名的菜品有淮安的长鱼菜，淮安是黄鳝做法最丰富的地方，长鱼菜的品种有一百多种。从地域上来说，淮安并不是江南，但在南北朝以前，中国的政治文化中心在黄河流域，淮安在当时也属于南方了，饮食风格与江南相似。江南地区用黄鳝制作的著名菜品有软兜长鱼、大烧马鞍桥、炝虎尾、生炒蝴蝶片、白煨脐门、炖生敲、响油鳝糊、梁溪脆鳝、虾爆鳝等。对鳝鱼不同部位的利用也很仔细，把鳝鱼肉分为脊背与肚皮两部分，鳝鱼的骨头、血液也都拿来做菜，所制作的菜品有冷菜、炒菜、大菜、点心、汤羹、甜品等。

2. 蒲菜

蒲菜是一种水生植物，早在先秦时期就被拿来做菜。今天的蒲菜主要产地有两个，一是山东济南，二是江苏淮安，其他地方也有出产，但不如两地的蒲菜品质好有名气。在物流发达的今天，蒲菜并没有作为优质食材出现在那些著名酒店的菜单上，这也说明了这种食材的地区性局限。

蒲菜在烹饪时需要用猪油才能适合它的清鲜的风味。这一特点严重影响了它在北方地区的传播，因为北方地区很多人习惯吃牛羊肉，与蒲菜搭配不易突出这个食材的优点。南方地区的菜品风味整体是适合搭配蒲菜，但是当发达的物流可以把蒲菜送到各地时，大多数餐馆里的烹饪用的色拉油又限制了蒲菜风味上的优点。所以直到今天，蒲菜制作的著名菜品还是只有山东的奶汤蒲菜、淮安的开洋蒲菜和蒲菜狮子头。

3. 臭鳜鱼与毛豆腐

这是皖南的著名食材，都是用发酵工艺加工而成的。皖南紧邻苏南，但这样风格的食材在苏南却不易看见。一方面原因是皖南山区与苏南水乡两地居民的口味爱好不同，另一方面原因是苏南地区食物资源丰富，有大量新鲜食材，不需要如此加工食材。在现代食品加工技术及发达物流出现之前，这两种食材只能是皖南地区的地方性名产，在皖南以外发酵生产臭鳜鱼与毛豆腐的效果也都不太好，所以这是受限于特殊地理环境的食材，也当然会成为安徽菜的标志性的风味符号。

4. 毛血旺与夫妻肺片

在中国的农耕文化背景下，毛血旺与夫妻肺片是有点奇怪的菜。中国古代有禁杀耕牛的传统，牛肉只有在一些特殊情况下才可以售卖、食用。毛血旺与夫妻肺片都是用牛内脏制作的菜品。这样的菜品出现是有其特殊族群环境的因素，有研究者认为是当地少数民族不吃牛内脏，将其遗弃，于是被一对贫困夫妻拿来加工了出售，因此得名为夫妻肺片。这样的情况与杂烩菜在美国出现的原因相似，当时在美国有的华人因为生活贫困，就将美国人不食用的动物内脏捡来加工，做成杂烩。后来还因李鸿章访美，改名为李鸿章杂烩。这一类菜肴的出现与流行体现了不同民族饮食的差异化。

（二）地域与调味

1. 地理位置与调味

关于地域与调味之间的关系前人总结为“东酸西辣南甜北咸”，这个说法在餐饮业中流传很广，但这是个被篡改过的说法，最初总结地域与调味关系的是先秦时期，将五味归纳在五行范畴里。东方属木，对应的味道是酸；南方属火，对应的味道是苦；西方属金，对应的味道是辛；北方属水，对应的味道是咸；中央属土，对应的味道是甘。这套理论在秦汉时期基本上还是能与现实情况对应上的，但从南北朝开始，北方与中原地区战乱频频，大量人口南迁的同时把口味爱好也带到了南方。如现代杭州菜与北宋汴京菜之间就有着渊源关系，现代广东的客家菜也与中原菜品有渊源关系。经过历史的变迁，逐渐形成了今天的“东酸西辣南甜北咸”风味格局。

2. 经济状况与调味

经济发展会带来一个地方民俗与文化的整体变化。唐朝以后，制糖技术发展，南方本就出产甘蔗，相对来说更容易接触到甜味的调味品。经济发展后，人们可获得的食材丰富，菜品甜淡，口味更为鲜美，可以吃得更多些。相反，早年经济落后的地区，人们则需要在菜品里加更多的盐和辣椒，这样可以减少菜品的消耗。对比一下现代中国各地的菜肴风味可以发现这个特点，江苏、浙江、上海与福建广东的沿海地区菜肴的口味都是比较清淡的，调味时糖的用量也比较多一些，其中的无锡更是全国菜品口味最甜的城市；四川、云南、贵州、广东、湖南等地的菜品口味相对来说偏辣偏麻，调味时花椒、辣椒、陈皮等香辛料用得比较多，发酵工艺用得比较多，滋味浓重。同样是客商往来的枢纽城市，扬州、淮安、镇江、天津、泉州、广州等地的菜品口味普遍偏清淡，淮扬菜更是号称南北皆宜；重庆、长沙、荆州、西安等地的菜品口味就偏厚重，偏咸偏辣。

第四节　文学与菜品雅致风格

文学主要通过菜名与意境来影响菜品，赋予菜品以雅致的风格。各类文学形式都可以利用，但用得比较多的主要是诗词与小说中的素材。

一、典雅的菜名

菜品在应用中有主题与非主题两种情况。主题菜品是为了某一活动、主题宴会或主题餐馆的要求而设计的，因此菜品名称也需要符合主题风格。非主题菜品大多数是一些普通菜品，在命名时只需要名实相符，明白通俗就可以。但雅致与菜品的档次没有必然关系，并不是高档的菜品需要雅致的菜名，其他菜品就只能用通俗、平常的菜名。起什么样的菜名与菜品的应用场所及情境设定有关。

（一）普通菜品的命名

一般社会餐馆以及家庭的日常菜品大多是非主题的，只是用来解决人们普通的用餐要求，因此菜名要简明，便于选择。明清时期的很多菜品，包括《随园食单》《调鼎集》这样的饮食著作都是这样命名的，这是中国菜品命名方法的主流。大致有以下几种方式。

1. 参考菜品的原料命名

中餐菜品的原料构成一般是由主料、辅料、料头、调料构成，以菜肴原料命名的菜肴普遍取主料和辅料进行搭配来进行命名，如笋烧肉，则是以此法进行命名的，通常情况下主料在菜肴名称的后面，其菜品原料的重量通常所占比例略大，这是常规表述方法。如果以肉烧笋命名菜肴，其主辅料关系和菜肴分量也会发生变化，这对菜肴的类型和成本都会产生影响。这种方法的好处是对所用原料一目了然，尤其也方便消费者预估菜肴的消费档次。

2. 参考菜品烹饪技法命名

这样的方法可以让消费者对菜品的类型一目了然，一般凉菜就会用卤鸡、酱鸭、拌黄瓜之类的名字，热炒就会用抓炒鱼片、清炒虾仁、生炒蝴蝶片、爆炒腰花这样的名字，大菜就会用扒烧整猪头、烤乳猪这样的名字，消费者看到菜名就很容易自己点一桌组合恰当的菜品。这样的菜名同样也有利于厨师制作，一看菜名就知道其烹饪方法。

3. 参考菜肴的口味命名

知道菜品的味道会让消费者选中自己爱吃的菜品，也会让厨师一看菜名就知道调味的方法，如麻辣、糖醋、蒜香等，都是对菜肴味道的描述。这样的命名方式在西餐中也很常见，西方人会将食材所用的主要调味品也列在菜名里，如黑醋、橄榄、洋葱。当一些调味品比较稀有时，这样的菜名也是可以体现菜品档次的。

4. 故事式命名

这种方式适合一些有来历的传统菜品，当然这些菜品背后的故事很可能只是民俗化的，不一定有史实依据。如“霸王别姬”对应的是楚汉相争的故事，据传是战争年代梅兰芳到徐州演出京剧“霸王别姬”，并借李清照的诗“生当作人杰，死亦为鬼雄。至今思项羽，不肯过江东”来勉励军民，提振士气。福建名菜“佛跳墙”是几个书生在寺院外煮杂烩吃，然后吟了两句诗“坛起荤香飘四邻，佛闻弃禅跳墙来”，这个菜就由此得名，其真实性也不可考。这样的故事式命名的菜品还有很多，如杭州的宋嫂鱼羹、东坡肉，四川的麻婆豆腐、宫保鸡丁，湖南的毛氏红烧肉等。

5. 结合地名的菜品名称

这类名称也很多，大多是当地著名的菜肴和点心。这类名称都不是本地人自己叫出来的，而是外地消费者起的名字。如北京烤鸭，在北京只可能叫某个店的烤鸭，外地来京的客人吃了觉得好，又因为这个菜只有北京在做，所以才叫北京烤鸭。其他如德州扒鸡、符离集烧鸡等都是这种情况。

还有一种情况，一个加了地名的菜品是在外地托名叫响的然后被认领的，如“扬州蛋炒饭”。最初在扬州只是叫蛋炒饭，加的配料多就叫什锦炒饭。扬州蛋炒饭这个名字是民国时期广东餐馆里起的名字，以表示它来自以美食著称的扬州，其实配料做法都是广东的。后来华南劳工下南洋下西洋，把扬州蛋炒饭的名字传了出去。当名声在外后，扬州蛋炒饭又被扬州“认领”了回来。类似的还有“兰州拉面”“德州牛肉面”“韩国烤馒头”等。

（二）主题菜品的命名

此类菜品命名往往结合一些文学手法，关联地域特色、历史感、趣味感，以增加菜品的想象空间。

1. 菜名的字数

菜名的字数一般以三字、四字、五字比较常见，少数会用六字、七字的名字，八字以上的菜名在中国菜品里极为罕见。这与中国人诗歌的语言习惯有关系，《诗经》中的句式基本是三字、四字、五字句，以四字句为多，中国的成语也是以四字为主的；汉乐府中的句式基本是五字句；汉赋、唐诗、宋词中有不少六字句、七字句。三字到七字的名称是中国人习惯的语言节奏，而符合语言习惯、语言节奏的名字更容易被人们记住，所以我们为菜品所拟的名字字数应该在三字到七字，又因为中国的消费者所受的诗歌、成语的潜移默化的影响，四字、五字的名字更容易被接受。

2. 文学的联系

菜品可以自由命名，但名字中所含的意义需要与消费对象有共识，以免经营者对着客人努力解释菜名含义的尴尬。因此，名著、成语、著名诗句、著名小说、散文名篇等就成为命名的首选。这类命名方式有的需要有菜品的文学出处，比如“红楼宴”中的菜名，大多数出自小说红楼梦，个别书中没有的菜名也关联了作者，如“雪里芹芽”；有的需要名称的文学性与菜品的实际相关，如“拨霞供”这道菜，把兔肉在沸水中的颜色变化与天上的云霞联系起来，这算是一种合理的文学联系；有的是采用常见的文字游戏如嵌字、拆字、猜谜等方法来命名。

有一则唐诗菜的故事可以作为文学命名的参考。故事里，有一人用两只鸡蛋两根葱做了四个菜，并配上一首唐诗。第一个菜是在盘子里放了两根葱，然后在葱上放了两个蛋黄，名为“两个黄鹂鸣翠柳”；第二个菜是将一个鸡蛋的蛋清蒸熟，再切成小块放在盘中，名为“一行白鹭上青天”；第三个菜是将另一个鸡蛋清打成发蛋，蒸熟放在盘中，名为“窗含西岭千秋雪”；第四个菜是在碗中放入清水，再放入两个蛋壳，名为“门泊东吴万里船”。故事是一个玩笑，但命名方法却是正确的，无论如何用文学手法来命名，都需要名称与菜品在某个方面相关。

二、食材所表达的诗意符号

从《诗经》开始的中国文学史就没有停止描写各种动植物，它们寄托了诗人的思念、梦想、趣味与感慨，以及由此而形成的中国式的诗意审美。

（一）表达情操的食材

表达情操的食材很多，如梅花、松仁、菌、芝草、竹笋、蕨、薇、茶、莲藕等，下面介绍三个。

1. 竹笋

竹从西晋竹林七贤之后就是中国文人的雅爱。东晋王微之在别人的空宅临时借住，让家人在宅前后种上竹子，人们觉得奇怪，又不是久住，为什么要种竹子呢?王微之指着竹子说：“何可一日无此君邪！”后来人们便将用竹笋煮的汤称为“此君汤”。北宋苏东坡说“宁可食无肉，不可居无竹”，就是用了王微之的典故。关于竹笋的美味，苏东坡在《初到黄州》一诗中写道：“长江绕郭知鱼美，好竹连山觉笋香。”清代袁枚在《随园食单》中说切葱的刀不可以切笋，说是怕葱的气味污染了笋的气味，他的这种观点更多的是基于对竹子的精神上的喜爱。

2. 蕨薇

蕨菜与薇菜是野菜的代表，是古代士大夫隐逸情怀的符号性食物。源于周武王伐纣灭商的故事，周朝灭商后，孤竹国的两位王子伯夷、叔齐他们耻食周粟，采蕨薇而食，饿死于首阳山。夷齐二人后来被尊为诚信礼让、忠于祖国、抱节守志、清正廉明的典范。唐代储光羲拜访他的隐士朋友，朋友留用餐：“淹留膳茶粥，共我饭蕨薇。”

3. 莲藕

莲藕与个人情操相关联是因为北宋周敦颐的《爱莲说》：“予独爱莲之出淤泥而不染，濯清涟而不妖，中通外直，不蔓不枝，香远益清，亭亭净植，可远观而不可亵玩焉。”此外，在佛教里，莲花是常见的图案，所以它又与禅宗的参禅悟道联系起来。

（二）表达思念的食物

表达思念的植物有不少，如杨柳、红豆、梅花等，但这些一般不当成食材来用。成品的食物中有不少是人们用来表达思念的。

1. 月饼

中秋赏月吃月饼，是我国中秋节的必备习俗。寓意家人团圆，寄语思念。北宋以后，苏东坡的名句“但愿人长久，千里共婵娟”被人们代代传颂。现在一些月饼的包装盒上还经常印上这样的句子。

2. 莲

莲在中国文化时最初多用来表达爱情。如著名的汉乐府《江南》：“江南可采莲，莲叶何田田，鱼戏莲叶间。鱼戏莲叶东，鱼戏莲叶西。鱼戏莲叶南，鱼戏莲叶北。”诗中的莲和鱼是恋爱中的青年男女的隐喻。还有著名的《西洲曲》：“采莲南塘秋，莲花过人头。低头弄莲子，莲子清如水。置莲怀袖中，莲心彻底红。忆郎郎不至，仰首望飞鸿。”莲花在我国的文化里一直是年轻的女性形象。在同类主题的绘画中，也常见到荷叶下面鸳鸯戏水的构图。

3. 同心结

同心结不是哪一种植物或食材，而是一种结绳的方法，与之对应的是传说中的植物连理枝和传说中的动物比翼鸟。早在唐朝时，同心结的造型已经用在食物制作中，如“同心生结脯”，这是一种肉脯，在制作时切条打成同心结状。这种肉脯的含义与用途是显而易见的。

（三）表达梦想与感慨的食材

古代人所表达的梦想主要有两类，一类是长生不老，另一类是功成名就。相关的食材或食物有黄米饭、青精饭、鱼脍等。

1. 黄米饭

黄米饭也称为黄粱饭，来自唐人传奇小说中黄粱一梦的故事。书生卢生在邯郸旅店内遇一客人，客人在煮黄粱饭时，卢生瞌睡，客人便递给他一个枕头。卢生很快入梦，并在梦中经历了从微贱到富贵再到落魄的人生起落，等他梦醒时，黄粱饭还没熟。所以黄米饭既表达了人的梦想，又表达了梦想的虚无。

2. 青精饭

青精饭与长寿有关。最初让它与长寿产生关联的是五行学说，青色代表着生机勃勃的春天，代表着神仙居住的青天。后来在祭祀中人们要用青色的食物去完成仪式，于是就出现了一些染色的青色食物，青团、青精饭是其中最有名的。青团后来下降成为民俗食物，而青精饭则上长升成为修仙的食物。李白在诗中写道：“岂无青精饭，使我颜色好。”这是说青精饭可以让人永葆青春。

3. 鱼脍

鱼脍本来是普通的美食，不与各种寓意挂钩。到战国时，庄周在《逍遥游》一文中写“北冥有鱼，其名为鲲”，鲲本是小小鱼卵，但在庄周的文章里变成一种非常大的鱼。鲲后来变成一只大鸟叫鹏，可以扶摇直上九万里，被作为远大志向的象征。人们所知的海里的大鱼是鲸，于是就把鲸与鲲画了等号，那么吃鲸鱼肉也就变成有远大志向的标志。南宋著名词人刘克庄多次在诗词里这样写鲸脍：“唤厨人斫就，东溟鲸脍，圉人呈罢，西极龙媒。天下英雄，使君与操，余子谁堪共酒杯。”这是说自己有远大志向；“存三四齿皆碎，落第二牙尤衰。渠能更斫鲸脍，何不姑食肉糜。”这是说自己年华已逝，空有壮志。

（四）表达趣味的食材

1. 鲈鱼与莼菜

鲈鱼与莼菜的趣味始于西晋，当时江南人张翰在齐王处任职，在洛阳的一个秋天，见秋风起，忽然想吃家乡吴中菰菜羹、鲈鱼脍，曰：“人生贵得适意尔，何能羁宦数千里以要名爵？”遂命驾便归。这个故事里提到的是菰菜羹与鲈鱼脍，而菰米这种食材唐以后中国人就很少食用，因而就被莼菜羹所替代。莼菜羹的故事与鲈鱼脍几乎同时，西晋时期，文学家陆机在老家隐居读书多年，后到京城洛阳去拜访驸马王济。王济问他东吴有什么好吃的东西可与北方的酥酪比美，陆机不卑不亢地回答道，有“千里莼羹，未下盐豉。”这两个故事后被合称为“莼鲈之思”并成为杭州的一道名菜。

2. 皛饭与毳饭

苏东坡是北宋时的文学家、书法家，也是一位美食家，留下了很多美食和经典诗句，如描写槐叶冷面的有“青浮卵碗槐芽饼，红点冰盘藿叶鱼”；描写馓子的有“纤手搓来玉色匀，碧油煎出嫩黄深”；描写吃荔枝的有“日啖荔枝三百颗，不辞长作岭南人。”但最能表现出他的生活态度的是皛饭。在诗意的同时表达了洒脱与豁达的人生态度。有一日，钱穆父请苏轼去吃“皛饭”，苏东坡来了一看，原来是一碗白饭，一碟白萝卜和一盏白汤，三个白凑成一个“皛”字。过了几天，苏东坡回请钱穆父吃“毳饭”，钱穆父以为苏东坡会安排什么长毛的食物，等到了一看，什么都没有。钱穆父饿坏了，问吃什么，苏东坡说：“萝卜、汤、饭俱毛也！”毛与冇谐音，没有的意思。

作业

1. 涉及菜品的人文类文化有哪些？
2. 涉及菜品的科技类文化有哪些？

3. 菜品中文化符号的表达形式有哪些?
4. 菜品中文化符号的表达内容有哪些?
5. 菜品中文化符号的表达方法有哪些?
6. 简述历史掌故在菜品中的体现。
7. 简述餐具的历史感与菜品的关系。
8. 试论菜品形式的历史在设计中的应用。
9. 试论节令食俗在菜品中的体现。
10. 如何通过餐具来表达民俗味道?
11. 简述食材与地方风味菜品之间的关系。
12. 简述不同地域菜品的调味特点。
13. 普通菜品的命名方法有哪些?
14. 主题菜品的命名方法有哪些?
15. 试论食材所表达的诗意符号。

第七章　心理学在菜品中的应用

本章内容： 详细讲解与饮食有关的心理学知识及其在菜品中的表达方式。

教学时间： 2 课时

教学目的： 使学生有一定的心理学的应用意识。

教学方式： 课堂讲授。

教学要求： 1. 使学生了解心理活动对于饮食消费的影响。

2. 使学生了解饮食对于情绪的影响。

作业要求： 阅读心理学的相关书籍；分析流行菜品中的心理学应用。

第一节 感觉与情境

心理学是研究人的心理现象及其规律的科学，在发展过程中出现了很多流派，各流派研究的侧重点与研究方法不同。在本课程中，我们主要从菜品设计的角度来介绍心理学成果的应用。考虑到饮食行业中很多人对于心理学知识较为陌生，这里会对心理学相关的一些基本概念作简单的介绍。

一、情境关联

我们每个人都生活在特定的情境中，作为饮食经营行为的菜品设计活动也应该放在相关的情境中，或者说所有的菜品设计都需要考虑到情境。

（一）感知与注意

1. 感知

感觉是客观刺激作用于感觉器官所产生的对事物个别属性的反映。人有视觉、听觉、嗅觉、味觉、触觉五种感觉。我们通过感觉来认识食物的各种属性，通过视觉来判断食物的形状与色彩，进而判断食物的可食性及成熟度；通过听觉可以判断食物的成熟度，如挑选西瓜时敲击西瓜；通过嗅觉来分辨食物的气味及其新鲜度、安全性与可食性；通过味觉来分辨食物的各种味道及其安全性；通过触觉来判断食物的细腻、粗糙与老嫩。以上是外部感觉，还有内部感觉的机体觉，即通过肠胃对于食物的反映及其所带来的身体上的感受。因此，感觉是我们认识自然、选择食物的基础，是一种简单而重要的心理过程。

知觉是人脑在客观事物的直接作用下对其整体属性的反映，在菜品设计中，主要表现为人对食材的大小、性状的知觉。其中比较特别的是错觉，比如人吃过咸味的食物以后，再喝一杯无味的水也会觉得是有味道的。知觉具有选择性、整体性、理解性与恒常性四个特点。

2. 注意

注意是心理活动对一定对象的指向与集中，具体分为无意注意、有意注意与有意后注意三种。在菜品设计中，这三种注意都有可能被采用或利用。人们通过感知来认识世界，但不一定会有同样的感受。佛经上说人感知世界有六感：“眼、耳、鼻、舌、身、意”，相比五感多了一个“意”，这个意包括认识与注意，与人的经历有关，也与人长期相处的环境有关。人会对其习惯见到的事物觉得普通或无感，这就是成语“习以为常”的由来。同样的，事物或环境是否能让人习惯也与熟悉与否有关。联系到食物，熟悉的食物让人没有新鲜感，不容易引起人的好奇心进而影响人的食欲；同是熟悉的风味又会让人产生踏实、舒适的感觉。这完全相反的感觉与人所处的具体环境有关，很少接触到陌生风味的人会对家乡以外的食物充满食欲，而在外地时间久了以后，又会怀念家乡的、家庭的味道。

（二）情境与联想

1. 情境

情境指影响事物发生或对机体行为产生影响的环境条件，也指在一定时间内各种情况的相对的或结合的境况。自然环境中的阴晴雨雪高山大河与人文环境中的亭台楼阁、灯红酒绿都是情境。自然环境是完全自然存在的，无所谓美丑好坏高雅低俗；人文环境是因人类文明而产生的环境，在其产生之初是按当时文化设计建造出来的，但当这个环境与人的活动无关的时候，它也成为一个客观的存在。所谓情境，一定是可以被人所感知的，完全客观的境在人类社会中是不存在的，人类社会中所有的境都会引起人的情绪，这就是联想。

2. 联想

联想是由于某人或某种事物而想起其他相关的人或事物，或由某一概念而引起其他相关的概念。联想与人的社会阅历、活动范围以及文化背景有关，也与人的情绪状况有关。通常人们对于饮食会有一些定义，如商贾菜、文人菜、官府菜、宫廷菜、家常菜、农家菜、江湖菜等，这些名称背后都关联一些想象的延伸：商贾菜让人联想到商人的奢华，文人菜让人联想到饮食的清雅，官府菜与宫廷菜让人联想到饮食的秩序与等级，家常菜让人联想到平常与饱满的滋味，农家菜让人联想到乡村的朴素与食材的新鲜，江湖菜让人联想到粗犷的风味。当这些联想与相关的情境对应起来的时候，消费者就会觉得菜品设计是妥当的，否则会让人产生奇怪、生硬的感觉。

二、感觉与情境的复合

（一）味觉记忆

人类的味觉记忆可以长达 40 年——比起许多视觉与听觉记忆，味觉记忆更长久一些。法国作家马尔塞斯・普鲁斯特的小说《追忆似水年华》中有一个章节，专门讲述了书中人物因为闻到了往日自己吃过的鸡蛋糕的味道而恢复了过往的记忆。因此心理学与医学研究人员将这种现象称为“普鲁斯特效应”。

1. 童年味觉记忆

童年时代的味觉记忆会影响一个人对于食品的选择。人对于味觉的记忆是一种寻找食物的生物本能，如果是童年时代长期食用的食物就会以味觉的形式留在他的大脑里，在他成年有更多食物可选择的时候，他依然可能会觉得童年的食物是美味的。有很多人功成名就后喜欢吃的可能会是炒猪肝、肚肺汤一类的食物，因为这是他童年觉得最美味的菜品。如果一个人在童年时代经常吃的是稀饭、馒头、油条、咸菜等食物，等他长大后相对来说更容易接受类似的中餐；如果他童年经常吃的是牛奶、面包、黄油、牛排之类的食物，那他长大后可能更容易接受西餐的味道。人在童年是的食物选择是被动的，大多是由家长替他作出的选择，而其中更多的是家庭中妈妈所做的食物。在一个地区，妈妈们常常会交流做食物的技法，时间长了会形成大致相似的味道，因此，在饮食市场上就曾经流行过一段时间的妈妈菜，这样风味的菜品在以后的饮食市场上也会有一定的存在空间。

2. 青壮年味觉记忆

人在青壮年时的食物选择是一种主动选择，人们会因为流行、营养、价格和美味等因素去选择食物。例如，因为受流行的影响而选择时尚的食物，因为受营养学或养生学的影响而选择符合现代营养学或传统养生学观念的食物，因为受价格的影响而选择便宜的食物。这样的选择往往是受到观念的影响，当人的观念发生变化时，当初的选择也可能会被抛弃，而青壮年正是人生境遇变化最大的时候，所以单纯味觉的角度来说，对人的味觉爱好影响不大。

3. 老年味觉记忆

老年人的生活状态比较稳定，这一时期除了童年时代留下来的味觉记忆，通常会在自身经济条件许可的前提下选择一些适合老年人口味及身体状况的食物，并且形成较长时期的食物选择习惯。

4. 情感的味觉记忆

事实上的味觉记忆在大多数时候并不单纯是对于气味本身的记忆，还包括和该气味有关的事物的联想记忆和对于该气味的喜恶判断相关的情感记忆。童年的味觉记忆很多时候混合着对于家庭温暖的回忆。青壮年时的味觉记忆比较复杂，它可能与某个人、某件事或某个场所有关，可能是最快乐的一段时光，可能是他工作或生活中的某个重要时刻。这充分说明味觉并不是单独记忆的，而是和大量其他记忆混杂在一起，这其中包括了当时场景，如音乐、环境、天气等。

（二）嗅觉氛围

气味能让人在没见到实物时就产生喜欢、厌恶、兴奋、疲倦等感觉，汉语里的“氛围、气氛”最初表示的就是气味带来的感觉。

1. 气味类别与氛围

由于气味在人的生活环境中有着非常特定的场所感，所以某些气味很容易形成一种氛围。如新鲜植物的气味让人觉得清新、舒适，其中水果气味会形成一种香甜温暖的氛围、薄荷的气味会形成一种清凉的氛围。在菜品设计，我们也是用一些氛围感比较强的气味来定义菜品的风味，如黑胡椒与洋葱的结合很容易让人联想到西式的煎牛排；韭菜与猪肉、鸡蛋搭配的气味很容易让人联想到北方的韭菜饺子；大葱与甜面酱的搭配容易让人想到北方菜的味道，如京酱肉丝、炸酱面等；罗勒在中国古代早有食用，但在明清以来的中餐中应用很少，而在西餐中应用较多，所以用来调味会让人觉得这是吸收了西餐的做法；大酱在中国常用来调味，但煮汤是没有用大酱来调味的，而在日本料理与韩国料理中常有用大酱来煮汤的，如著名的大酱汤，所以大酱汤的气味很容易让人觉得是日本料理与韩国料理。

2. 嗅恶犹美

气味的好坏并无非常严格的边界，人的嗅觉对于气味的反应。首先，客观上来说取决于气味的浓度，很多气味的香与臭就是浓度不同造成的；其次是习惯，而习惯有可能通过适应来改变，如臭豆腐、榴莲、鱼腥草等臭味的食材在喜爱者看来都是美味，而别人可能避之唯恐不及。香菜、花椒在很多中国人看来都是美味，但是在日本和韩国，就有很多人觉得是臭的。还有一些气味，因为经常用在食物以外的场合，如空气清新剂的香味，就不适合用在菜品里了。

（三）视觉效果

视觉是人识别客体最快的感觉。人会看见色彩与形状及其动态，这三点已经构成我们所处环境的大部分，古语所谓的“形形色色”指的就是视觉对于客观世界的观察。

1. 色彩的识别

色彩是最简明的视觉识别标志。人比大多数动物对于色彩的敏感性要高，这让我们可以通过颜色来对客观世界进行判断，进而利用这个长处，对食物作各种颜色的识别。当色块比较少的时候，构图也较为清晰，但太大的色块也会显得单调。一般来说，菜品的色彩组合以三色为佳，可以略有增减。菜品的风味也可以用色彩来标识，如辣味的菜色彩偏红、香脆油炸的菜色彩偏黄等，最初这是烹饪自然的效果，但当人们有意识设计这样的色彩时，就会在食材中添加相应的色彩作为风味的识别标志，如以辣为主的风味通常用红色来标志，以农家菜为特色的通常用绿色来标志。

2. 形状的识别

色彩的识别对于色盲的人群来说作用不大，而形状作为识别标志更为适用。客观世界的形状千千万万，其中有很多是极其相似的，因此设计相对抽象的形状更有利于具体形状的识别。一般来说，规则的几何形状都有着较高的辨识度，而立体形状又要比平面形状的辨识度高，如立在盘中的圆环、正方体等远比平面的圆形与正方形容易引起注意；规则的动植物形状也有着较高的辨识度，自然界的鱼形状很多，但作为识别符号的鱼几乎都是“8”字的变形，自然界的花形状也很多，但作为识别符号的花多数是五瓣的。还有一些动植物的标志器官会作为形状识别标志被夸张，如大象的鼻子、松鼠的尾巴、猫狗的爪子、蝴蝶的翅膀、螃蟹的钳子等，这些我们都会在菜品设计的时候加以利用。

（四）听觉与空间

听觉比视觉更能让人准确地体验空间感。一般情况下，菜品中的空间感是通过视觉效果来营造的，很少会涉及听觉的效果。但是，用餐都是有场景的，每一份菜品都会在某一个特定场景中呈现。在狭小的空间里，声音是局促的，在高大的空间里，声音是空旷的，在水边的空间里声音是有韵律的。有一些餐厅在设计时用了很多的室内造景，虽然设计者通过移步换景解决了视觉上的逼仄的感觉，但当客人在狭小的餐厅、包厢里用餐时，空间的压抑感还是不可避免。这时，无论餐厅设计成了江湖的样子还是乡村的样子，实际上都还是一个局促的小空间，这种感觉当然也会传递到菜品上，无论菜品怎么做，设计者想要的感觉也都难以呈现。

第二节　造型与色彩的心理作用

一、形状与食物的心理感觉

菜品设计中的形状对于食客来说有两种感觉比较重要，其一是稳定感，其二是口感。这两种感觉在菜品有相互影响，也各自相对独立地存在。

（一）稳定感

1. 稳定与平衡

不同的形状给人的心理感受不一样。方形与矩形给人沉着、稳定、可靠的感觉；圆形与椭圆形给人柔和的感觉，同时会有一种动感。两者结合在一起就是圆角的矩形，既让人有稳定的感觉，也让人觉得柔和。拱形也可以看作是圆形与矩形的结合，它看起来比圆角矩形多坚固的力量感，也多了艺术气息，显得优雅又有创意。三角形在形状中是最具有稳定感的。螺旋形也是菜品中比较容易见到的，形状本身会让联想到生长与循环，在现代一些新菜品中用的比较多。上面的这些形状在厨房的工作中很容易被加工出来，所以也是用得比较多的，是菜品造型中的形状的主体。我们通过这些方形矩形与三角形来构造一种稳定感，又通过圆形、球形、拱形来形成一种艺术感与动态的平衡感。如果盘中的食物都被加工成球形，则会让人觉得它们很容易滚动，事实上也是如此。

除此之外，密集的平行线让人目眩，但较疏的平行线则会让人觉得稳重，可以模拟风平浪静的效果；垂直线条有一种力量感，在一些美学风格比较硬朗的菜品中可以使用；对角线与斜线比较适合用来打破平淡的构图，这在现代菜品摆盘时经常用到。

2. 造型的舒适感

在稳定平衡之外，需要考虑的是造型带给客人的舒适感。由于每个人的认知差异，对于舒适感的感受也会有不同。传统的造型设计讲究协调，协调带来舒适。传统的造型协调反应在菜品设计中主要是同型相配，同类的形状搭配在一起是看起来比较协调的。实际上在中外菜品中还有更多的是不同类的形状搭配的菜品，但依然看起来比较协调。这是因为在那些相对规则的几何形之外，人们更常用的是千变万化的自然形。大自然创造的自然形中包含着一切规则形状，它们有机地组合在一起，使硬质的线条变得柔和，使柔软的形状充满弹性，自然形本身是一种平衡，又可以协调各种人力加工而成的几何形状。抽象图形具有审美上的独特性，它是对自然形的简化，带有一些文化上的、心理上的比喻含义，但这种含义不一定能让所有人明白。现代一些流行的菜品造型设计，比如我们在第五章里介绍过的现代主义的美学风格，有些人觉得很好，也会有不少人觉得不舒适。

（二）形状的口感

菜品主要还是用来品尝的，所以各种形状都不可避免地与口感有关。这里的口感包括食物在口腔中的质感与味感，当然这样的口感并不是真实的口感，而是一种联觉，类似于文学中所说的通感。

1. 形状的质感

形状的质感就是形状所带给人的软硬、老嫩等口腔感觉，这样的感觉大多数来自人的经验，少部分可能来自文学、艺术的修养。方形、矩形、三角形等棱角分明的形状会给人脆、硬、老的感觉，圆形、椭圆形等会给人柔软、圆润的感觉，螺旋形会给人柔韧有弹性的感觉。自然形状的食材在水分充足的时候会让人有爽脆的感觉。对应到菜品里这样的例子比比皆是。肉圆、鱼圆在江苏、浙江一带都做得略扁，它们的口感通常是软嫩的。潮汕的牛肉丸通常都成比较饱满的圆形，其口感都是充满弹性的。广东菜在蒸鱼时火力猛时间短，鱼肉挺拔有弹性，而淮扬菜在蒸梅菜扣肉时，都会将其蒸得趴下来，完全没有强性的样子。因为有弹性的鱼肉吃起来口感好，而有弹性的梅菜扣肉是吃不动的。传统中餐里用到土豆、萝卜之类的食材一般不切成方块，因为这样的形状让人觉得硬、不入味，切成带弧线球面的滚料块会让这形状看起来柔软一些。

2. 形状的味感

形状的味感也是来自人们的饮食经验，以及文学艺术方面的修养。针对味觉与形状的关系，有研究认为，圆形能让人更强烈地感知到甜味，而有角的形状如正方形与三角形就没有这个效果。在一个研究中，参与者们被邀请来品尝一些芝士蛋糕，这些蛋糕分别被放进了圆形和方形两种不同形状的盘子。结果发现，吃了圆盘子里的蛋糕的参与者对蛋糕甜度的感受比方盘子高20%，研究者甚至发现咸味的食物放在圆盘子里也会神奇地变得“更甜”。还有一个类似的实验，将同样的甜菜根切成不同的形状并放在不同形状的盘子里，参与者们在品尝后为这些甜菜根打分，人们觉得圆盘子里开胃菜比方盘子里的甜17%。用圆盘子盛装的切成圆片的甜菜根得到了“最甜”的评价，而方盘子里的三角形甜菜根的得分是最低的。

我们可以发现，在生活中大多数甜点的外形都是甜的，圆圆的水果也是甜的。如果改变形状会如何呢？日本几十年前曾培育过一种方形西瓜，但我们很难在市场上看到它。设计成方形的点心总是会有一点苦味，如巧克力饼干；焦糖饼干很多也设计成方形，焦糖的苦味也是标志性的。

二、色彩与食物的心理感觉

相对于形状来说，色彩对于人的心理作用更为明显。在日常生活中，我们已经习惯于用色彩来对物体、事情、规则、情绪等做标记，在饮食活动中，色彩既有与其他领域的共通之处，也有较为独特的地方，主要表现在体积感、口感和情绪三方面。

（一）色彩的轻重与体积

1. 色彩的轻重

色彩在有对比时轻重感较为明显。在浅色背景中，深色比浅色重，在深色背景中，浅色比深色重，这是因为背景色的衬托作用。这样的对比在色差大的时候比较明显，在色差小的时候就不太明显。在菜品设计中，餐具与菜品要有明显的色差，菜品所用的食材也要有明显的色差，而且不同色块在体量上的差别也要大一些，这样才能产生轻重的对比。

不作对比的时候，色彩的轻重感又有不同。一般来说，颜色鲜艳的物体会显得比较重，而灰暗的则要轻一些，这是因为鲜艳的颜色容易引人注意，灰暗的颜色是往后退的，不太引人注意。但也不是完全这样，黑色看起来比白色要重，深红、深绿、深蓝等比对应的浅色要重。这里的轻重感其实还是有对比，要么是与人头脑中的色彩作对比，要么是与边上的色彩作对比。

2. 色彩的体积

色彩的体积感比较容易分清楚。浅色与亮色看起来比较大，深色与灰暗的颜色看起来比较小。同样大小的白色块与黑色块，白色块显得大一些。同样大小的橙黄色块与红色块，橙黄色块要显得大一些。这是因为白色与橙色都比较亮。相应的，红色比绿色、蓝色的体积感要大一些。同类颜色中，明度高的颜色体积感觉大一些。鉴于此，菜品在设计中尽可能用一些明度高的颜色，用一些浅色亮色，这些菜品会看起来比较饱满。深色暗色要尽可能少用，这类颜色用得多，容易使菜品看起来比较萎缩，显得不新鲜。

（二）色彩的口感

色彩的口感与形状的口感一样，也包括口腔的质感与味感两个部分。这样的感受也是来自生活中的经验，如不同颜色的食物所表现出来的口感效果，也有的是食物以外的物质给人的心理经验。

1. 色彩的质感

黑色给人的质感是比较坚硬，这来自对石头、铸铁的感受。这种颜色在菜品中不宜多，多会显得压抑。黑色的餐具会让人觉得更有艺术品位。

灰色象征诚恳、沉稳、考究。其中的铁灰、炭灰、暗灰，在无形中散发出智能、成功、强烈权威等强烈讯息，明度较高一些的灰色也表现出一种艺术气质，常被人们称为高级灰；中灰与淡灰色则带有哲学家的沉静。灰色也会有没精神、不干净的感觉。

白色给人清冷、柔软、干净的感觉，也可用作菜品中的宗教符号。白色的这些特点可用于设计一些神话主题的菜品。

红色、绿色有爽脆的口感，因为这是很多新鲜植物的口感。黄绿、墨绿则会有老韧的口感，因为这是很多长老了的植物会有的口感。

粉色不仅是粉红、也包括粉青、粉蓝等。粉色系给人清新柔和的感觉。日本的和果子多用粉色系。

黄色是美食的颜色，有香、脆的感觉。因为油炸的食物大多是黄色的。

2. 色彩的味感

色彩不止有一种味感。

成熟的果实味道是甜的，颜色是黄色、橙色或红色，所以这些颜色给人以甜味感。红色是辣椒的颜色，自从辣椒传入中国，红色也就有了辣味感。黄色是柠檬的颜色，所以黄色也会有酸味感。

青色是植物果实没有成熟时的颜色，而这一时期的果实大多是青涩的，所以青色也有青涩的味感。新鲜的蔬菜大多是青色或嫩绿色，因此青绿色会有清新的味感。

食物烧焦会产生苦味，所以焦黑的颜色会有苦味感。

白色会有甜腻的口感，因为这是很多动物脂肪的颜色，而以些为材料制作的菜品人们都喜欢用糖、蜜来调味。

灰色会有不干净的味感，曾有心理学家做过实验，将一组美食的颜色调成灰色，让实验者先在蒙住眼的时候品尝，再拿掉眼罩品尝，结果拿掉眼罩后几乎所有人都觉得这些灰灰的食物难以下咽。

蓝色与紫色在食物中非常少见，因而这种颜色会让食物显得不正常，事实上自然状态的肉类食物在腐败时经常出现蓝色。

（三）色彩的情绪

红色在情绪上表示热情、喜庆、威权，这来源于远古时期祭祀中的屠宰活动，祭祀之后往往伴随着宴饮活动，主持祭祀表示一种权威，而宴饮活动必然是喜庆欢乐的；红色也表示危险，因为人受伤流血是红的。中国很多地方都有将食物染成红色的做法，也是祭祀活动的一种残余。橙色黄色与红色属一类的色彩，会让人觉得热烈、兴奋、开心，有食欲。黄色显得高贵，是明清帝王的专用颜色，黄金的颜色用在菜品中会让人觉得亮丽、昂贵、高级。

黑色象征权威、高雅、低调、创意，也意味着执着、冷漠、防御。因此在菜品中用比较多的黑色会让人觉得不舒适。白色象征纯洁、神圣、善良、信任与开放；白色面积太大，会给人疏离、梦幻的感觉。中国人用黑白两色表达悲伤，所以在菜品中不宜过多地使用这两种食物。作为餐具的颜色，黑色与白色都可以让菜品显得干净清爽。

青绿色是生命的颜色，会让人觉得安全平和。菜品设计中，几乎所有的菜品都可以用绿色来搭配。

紫色是高贵的颜色，让人有一种神秘感，但是与白色搭配时会显得有点俗气。蓝色让人安静，有宽广、清冷的感觉。作为环境色，紫色不宜太重，蓝色则宜与白色相配。作为食材的颜色，紫色不常见，主要有紫薯、紫山药、紫包菜、紫菜苔等，少量用显得色彩干净优雅，如果多个菜品都是紫色则会有压抑感。

第三节　音乐与菜品的感知

一、音乐的味感

（一）中国古代关于音乐与菜品的认识

1. 五行中的对应关系

在中国文化里有以乐侑食的传统，除去其中等级制以及艺术方面的设计以外，主要还是源于五行理论对于世界的认识。基于五行理论，世界由金木水火土五行构成，与之对应的就有五音宫商角徵羽和五味酸甜苦辛咸。其对应关系如图 7-1

所示。这个图还可以扩展，色彩、方位、身体等都可以找到对应的关系。它们之间的关系除了哲学层面，还涉及心理层面。

音乐与味感的对应关系很早就在我们的生活中有应用。《礼记·月令》说“角”音对应的口味是酸，对应的气味是膻，具体对应的食物是“麦与羊”；“徵”音对应的口味是苦，对应的气味是焦，具体对应的食物是“菽与鸡”；“商”音对应的口味是辛，对应的气味是腥，具体对应的食物是“麻与犬”；“羽”对应的口味是咸，对应的气味是朽，对应的具体食物是“黍与彘”。在这些对应关系中，音乐与味的对应是基于五行理论的，而相关的食物则与其季节性有关，与味觉并无严格对应（图 7-1）。

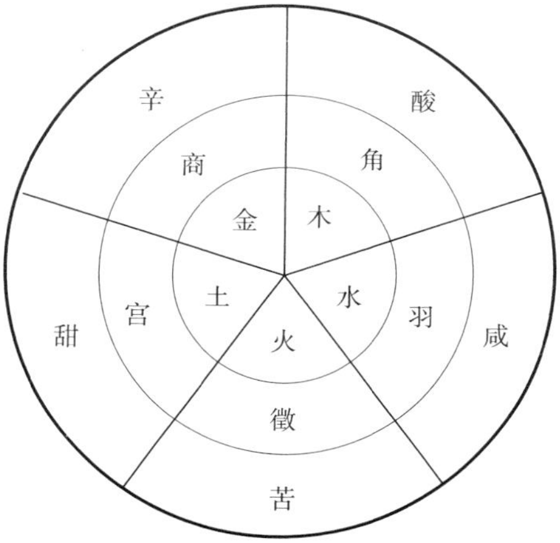

图 7-1　五行、五音与五味的对照图

2. 音乐与味感的整体联系

在整体的风格上，音乐与味感还是有联系的。中国民间音乐南柔北刚，而饮食口味则南甜北咸。仔细考察可以发现，口味偏重的地区，音乐多高亢激越，口味清淡柔和的地区，音乐多恬静淡雅。所以不只是南北的区分，西部地区，如四川的菜品口味重，音乐就显得热烈；新疆菜品口味也重且多用香料，其音乐就显得奔放热情。观察同一地区更能发现音乐与菜品的关系，如明朝人张岱写杭州人七月半游湖赏景的饮宴，人多的时候“楼船箫鼓，峨冠盛筵，灯火优傒，声光相乱”，人少的时候“小船轻幌，净几暖炉，茶铛旋煮，素瓷静递”，很显然这是两个不同的饮宴场景，与声光相乱搭配的是盛筵，与素瓷静递搭配的是净几暖炉，菜品风格迥异。

从这种整体联系来看，如果设计的菜品是江南风格的，可以搭配江南丝竹，如古琴曲、古筝曲、箫笛以及越剧、昆曲等；京津风味的菜品设计则可以搭配京韵大鼓、河北梆子、京剧等；中原及西北风格的菜品设计则可以配上豫剧、秦腔，乐器则唢呐、琵琶、二胡等。总之所用乐器与曲目要有区域物点。

（二）现代心理学关于音乐味感的研究

据徐州医学院宋文婷的研究，听 10 分钟舒缓类音乐可以使人对苦味的敏感性提高，而音乐对其他味感的阈值没有改变。之所以如此，可能因为苦味是多数人不喜接受的味觉，所以对音乐刺激反应更为敏感。国外有相关研究发现，低音的铜管会增强人们对酸的味觉，而轻亮的声音，如钢琴，则会加强对甜的味觉。已经有食品公司试图改造他们的包装袋，通过发出清脆又响亮的声音让消费者觉得这袋食物要比别的更好吃。这些感觉并不是真实的，而是声音带给人的错觉。

目前，心理学对于音乐与味感的关系研究得还不是很多，多数时候经营者会根据自己的经验来判断音乐的味感，而这种经验的感觉又夹杂着很多社会学、文化学的内容。例如，中餐馆里所放的背景音乐较少用钢琴曲，感觉上钢琴曲明亮的音色不适合中式菜品，但小提琴就可以，因为小提琴的音色与二胡、古琴有相似之处。这样的感觉如果换个环境很可能又有新的变化，因为用餐的人不同、文化氛围不同，或者仅仅是价格不同都会改变人的感受。

二、音乐与饮食的节奏

音乐与饮食的节奏关系在不同时代不同民族的生活中都有体现，由于生活方式的不同，这样的节奏会有较为明显的民族文化特点。

（一）古代的饮食与音乐节奏

中国古代生活中，音乐对于上层社会来说是一种必须，贵族的饮食活动大多与音乐相配，这在古代文献及出土的画像砖、壁画上经常见到。在士大夫阶层的休闲宴饮及唐宋以来的勾栏瓦肆的经营中也都有音乐。对于社会中下层的饮食活动，虽然不一定有精妙的音乐，但是山歌村笛之类的也会有。

相较于现代，古代的饮食活动节奏都是比较慢的。贵族的饮食活动可能是通宵达旦的，与饮食相配的音乐也都是舒缓的。民间的宴饮过程虽不像贵族那么烦琐冗长，但也会有两小时左右，期间音乐可能节奏要快一些。不同民族或地区的音乐节奏又会有不同，如农耕民族地区的音乐可能节奏会慢一些，游牧民族地区的伴食音乐节奏可能会快一些；小城镇的伴食音乐节奏可能会慢一些，娱乐场所的伴食音乐节奏也会慢一些，欧洲的乡村宴会中的音乐节奏会稍快一些。关于这些，我们在一些资料中也是可以得到印证的，如唐朝安禄山在宴会上跳的胡旋舞所配的一定是快节奏的音乐，唐玄宗制作的霓裳羽衣舞的音乐节奏是舒缓的。

总的来说，古代饮食中的音乐节奏较慢，即使是一些快节奏的音乐，也不影响人们慢慢地品尝菜品，因为那不过是宴会活动的一个环节 。

（二）慢餐与舒缓音乐

慢餐运动是意大利人卡洛·佩特里尼 1986 年发起的，其初衷是要抵制快餐及超市文化的冲击。因为是针对由美国起源并泛滥全球的“快餐”，这被称为“慢餐运动”。由于城市的快节奏生活正以生产力的名义扭曲我们的生活和环境，所以，我们需要从“慢慢吃”开始，反抗快节奏的生活。“慢餐”文化提倡：meal（精致的美食）、menu（精美的菜单）、music（优美的音乐）、manner（优雅的礼仪）、mood（温馨的气氛）、meeting（愉悦的会面）。“慢餐”运动的标志是一只蜗牛，象征着制作速度虽慢却味道上乘的食品，也象征着质量上乘的生活。在整个慢餐文化里，音乐是营造空间氛围的最重要的存在，无论如何精致的食物都不可能让人在回旋着重金属音乐的空间里慢慢享用。将慢餐与慢节奏音乐相联系是不太准确的理解，只要是情绪舒缓的音乐都可以用作慢餐的背景音乐，而这些音乐的节奏不一定很慢，慢的是音乐所表达的情境。比如，中国古典乐曲《流水》，其中的主要部分描绘的就是山溪快速流淌的情境，节奏比较快，但整首曲子描绘的一位隐士悠闲地观察自然的状态。有些音乐虽然节奏舒缓，但却不适合用作进餐的背景音乐，如表达悲伤、悼念的乐曲。

（三）快餐与快节奏音乐

快餐是现代社会的产物，人们的用餐行为通常在半小时左右完成。如果快餐只是居家的饮食，无所谓时间限制，也无须考虑背景音乐。传统餐馆偶然发生的快餐行为与居家的情况本质上是一样的。但当社会普遍需要时，快餐厅出现了，背景音乐成为必须研究的内容。

作为快餐厅的经营者，最初考虑的只是如何做快餐，但很快注意力就会转移到如何增加餐厅收入上面来。快餐厅的菜品价格不高，利润较薄，而每个客人的消费金额是大体固定的，所以营业收入的增加与客人的绝对数量有关。在不增加餐位数量的情况下，缩短客人的用餐时间是增加客人绝对数量的重要方法。因此，快餐厅的所有设计都是围绕着这个诉求展开的。背景音乐是其中的一个重要设计。

研究者发现，当环境音乐分贝较高节奏较快时，客人的用餐速度也会加快。虽然研究发现舒缓的音乐会让客人的消费金额上升，但是这部分客人并不是快餐厅的目标客户。

第四节　食欲与情绪

一、暴饮暴食与厌食

饥饿让人有食欲，这是单纯的生理上的需要，但是我们并不总是在饥饿的时候才想吃东西，很多时候，饮食能抚慰我们的情绪。另一种情况是即使饥饿也不想进食，进食引起焦虑或身体的不适。前者是我们俗称的暴饮暴食，后者是厌食。

（一）暴饮暴食

1. 多巴胺的奖赏

暴饮暴食不仅仅是一种生活习惯，也是一个心理问题。饮食可以使大脑分泌让人产生愉悦感的多巴胺，多巴胺也是大脑的“奖赏中心”，又称多巴胺系统。人们在高兴的时候吃各种食物来庆祝，在悲伤的时候用食物来让自己情绪得到舒缓，这种物质还有助于提高记忆力，因此很多脑力劳动者也喜欢吃各种零食。当人们习惯了用饮食来刺激大脑分泌多巴胺时，暴饮暴食的情况就出现了。

2. 失控的食欲

当暴饮暴食的习惯与身体的吸收能力相结合时，肥胖就很容易产生。几乎所有试图减肥的人都曾用过节食或各种减肥药物与代餐的方法，但这些方法都不能长久地抑制食欲，所以经过一段时间的体重反弹，减肥大多以失败告终。美国学者朵琳·芙秋认为，食欲失控是因为渴望得到让人能够达到理想状态的食物，这种理想状态包括精力充沛、更放松或更开心。这样的理想状态是现代社会人们普遍的需求，尤其是生活在大中城市里的人在生活的各种压力下，对这样的状态需求度更高。

3. 暴饮暴食背后的情绪

从长期的生活习惯来说，压力是导致暴饮暴食的主要原因，但压力是个笼统的词，主要来自害怕、愤怒、紧张和羞愧四种情绪。例如，一些人在进入一个社交圈时，会不知不觉地吃很多食物，因为如果不吃东西，他将面临与别人沟通交流，这很容易引起人的紧张。再如，当一个人面临高强度工作或学习任务时，或是面临重要决策时也会控制不住多吃。因此，我们可以看到的情况是，中低端饮食场所的菜品的分量比较大，而高端饮食场所的菜品的分量比较少。

（二）厌食

1. 厌食的类型

厌食是一种病症，主要有小儿厌食症、青春期厌食症以及神经性厌食症三种类型。厌食症一般是由于怕胖、心情低落而过分节食、拒食，造成体重下降、营养不良甚至拒绝维持最低体重的一种心理障碍性疾病。厌食症的起因有两大因素，一是社会因素，患者过度追求身体苗条，把胖等同于不健康、不美，长时间节食导致厌食；二是家庭因素，主要见于小儿厌食，通常与家庭环境有关，如父母太严厉、学习压力过大等。

2. 厌食的表现

并不是所有的厌食者都是没有食欲的，有些人食欲好，但吃了几口就觉得胃部饱胀不适而中止进食，或者见到食物就不想吃。有人厌食是因为饮食风味长期单调造成的，俗称没有胃口，这种情况可以通过更换食谱来缓解。真正厌食症患者通常过多地注意饮食、担心发胖，主动拒食或过分节食，造成消瘦、营养不良，他们会有饥饿感，却强迫自己不进食。厌食症患者在身体上表现为体重明显下降，出现水肿；体内缺乏脂肪，容易发冷、畏寒以及其他多种症状。

二、饮食的抚慰

（一）食物与情绪的关系

从菜品设计的角度来说，我们希望所有的食物都能带给人健康、愉悦而不是伤害。所以我们需要了解食物与情绪的相互作用。

1. 食物是人潜意识里的欲求

生物要生存在这个世界上，食物是必须满足的物质基础，因此，人对于食物的欲求是与生俱来的。作为生存的基础，食物必须是能提供营养的，其能够提供的营养价值越高，品质也就越高，所以这个层次上的食物需要能够让人吃饱和吃好。吃饱很多时候与食物的量有关，当然有些食更容易让人饱，有些不容易让人饱，如牛肉容易让人饱，芋头和板栗也容易让人饱，在吃饱的层面上，两者的价值相当。吃好是在同等重量时，食物能够提供更为优质的蛋白质、脂肪、碳水化合物、维生素、矿物质等维持人体机能的重要营养素，这时各种肉类显然要优于淀粉类的食物。满足了基础需要，就可以让人的情绪得到最基础的抚慰，因此在不考虑人的社会性的前提下，吃饱、吃好就可以让人情绪安稳平和了。

2. 食物是人社会价值的实现

当人脱离了原始状态，食物也就同时具有了社会属性。吃什么食物，标志着一个人的身份。地位最高的人，可以调动全社会的食物资源，地位最低的人，获取维持生存的食物都很困难。因此，在人类社会发展的过程中，能享用什么样的社会资源是与其社会地位紧密相关的。《冯谖客孟尝君》的故事里，冯谖提出来要改善待遇的第一个问题就是“食无鱼”。作为社会价值的符号，食物的优劣就不再是最基本吃饱、吃好，而是与稀有、养生、艺术、体制等联系在一起，这些关键词组合在一起就是社会地位，就是一个社会对这个人的认可。所以当一个社会属性的人在饮食时，仅是靠普通营养的食物并不能使他的情绪得到满足，他们还需要有燕窝、海参等食物，需要有米其林、黑珍珠等美食榜单上的、更为精致昂贵的食物才能够满足，如果是普通营养的食物，也要有品质更好些的。这不是现代社会才有的，早在先秦时期，伊尹以至味劝说商汤时已经是这样的了。

（二）情绪化进食

一些心理学家的研究认为，只要通过一个人对某个具体食物的渴望，就可以评估其情绪问题。加拿大学者伯纳德·莱曼曾请了 200 名志愿者做过一个情绪与食物关系的实验（表 7-1），实验发现，焦虑会让人渴望零食；爱和幸福会让人渴望甜食。伯纳德·莱曼总结实验时说："不同的食物偏好明显伴随着不同的情绪。"

表 7-1　200 名志愿者在受引导经历的情绪下想吃的食物比例　　单位：%

食物 情绪	焦虑	快乐	爱	自信	严肃
沙拉	2	5	12	11	6
汤	6	1	0	2	6
鸡蛋	3	1	2	3	1
鱼	0	4	4	15	3
畜肉类	11	29	28	26	23
禽肉类	0	3	1	6	5
砂锅类	2	6	2	8	3
速食	6	12	6	4	2
蔬菜	3	23	16	11	18
奶酪	1	6	4	6	0
水果	6	11	10	7	7
三明治	8	4	2	3	3
甜食	3	15	10	1	3
牛奶	5	2	1	0	2
果汁	2	1	0	1	0
健康零食	20	13	9	7	8

（续表）

食物 情绪	焦虑	快乐	爱	自信	严肃
垃圾零食	22	9	7	1	3
软饮料	11	6	3	6	8
酒	0	6	14	3	0
不想吃任何食物	19	3	18	7	17
任何食物都行	4	8	12	14	5
不确定	2	3	6	3	9

上面的表格只涉及了5种主要情绪，受试者只有200人，食物结构也是西式的，如果受试的人数有10倍以上或更多，如果对东方人进行调查或许有些许不同；而且他在做调查时对这些食物也没有明确的界定，如水果的酸甜度和口感、汤的荤素稠淡等。虽然伯纳德·莱曼的这研究还是有一定的局限的，但是在这份调查表中我们还是可以看到一些与日常经验互相印证的地方，如压力大的人往往喜欢吃各种零食，人们在兴奋时往往喜欢饮酒，在正式饮食宴会场合畜肉类的用量明显较高等。

三、菜品中的情绪设计

我们发现了情绪对于食物选择的影响，但不意味着应该顺着情绪的引导去选择食物，因为那种自然状态的食物很可能导致暴饮暴食或厌食，所以作为菜品设计来说，我们要做的是尝试用食物来改变人的情绪。

（一）令人愉快的食物

1. 水果类

水果类一般都会让人觉得愉快，尤其是甜味较浓的水果，如芒果。还有一些加工后的较甜的果酱制品，如苹果酱、草莓酱等。

2. 甜食

甜食当然应该包括上面的水果，这里单独列出来说，是指加了蔗糖、蜂蜜等制成的菜肴与点心，具体的有奶油、糖果、巧克力制品、曲奇等。杏仁果糖与花生酱也都能让人心情愉悦，因此我们就可以有理解西餐食物中为什么有很多种甜品。

3. 淀粉类

淀粉类主要指各种主食，但对于中国而言，主要是指米饭、粥、面条之类的食物。很多人即使在吃了很多肉食和喝了很多酒的情况下依然需要吃一点主食，否则总会感觉吃不饱。

（二）令人振奋的食物

1. 水果类

牛油果是少有的让人振奋的果品，让人有面对压力的勇气。研究认为牛油果有抗衰老的作用，可以舒肝气，这些也是人精神振奋的表现。香蕉在成熟度正好的时候，它的气味与滋味也有提振人的自信心的作用。

2. 肉类

肉类作为优质蛋白，一直就是用来振奋精神的食物。在古代战争中，士兵在进入战场前会尽可能吃肉。各种肉类相比，牛肉、羊肉、猪肉的振奋精神的作用更为明显，而鱼肉与大多数禽类就比较普通。

3. 辛香类蔬菜

葱、姜、蒜、韭菜在中国古代一直被认为是可以壮阳的食物，经常吃可以让人的精神振奋，因此在中国的佛教与道教的食物中被称为“荤”，与被称为“腥”的肉类食物是一起是禁止食用的。

4. 茶、酒、咖啡

茶、酒、咖啡三类是饮品类，适量饮用时都可以让人提神。其中的茶与咖啡在味道上具有明显的苦味。苦味的蔬菜如苦瓜也有提神的作用。古今中外有好多酒也是有苦味的，如现代的啤酒，意大利和法国的苦艾酒、德国的比特储斯巧克力味苦味酒等。苦味的酒多数用来做调味酒调制鸡尾酒，如马天尼酒。此外，适量饮用中国的白酒也有提神的作用。

5. 麻辣类

之所以把麻辣类食物单独列出来而不与辛香类放在一起，是因为这类食物与其他食物提神的机理不一样。麻辣类是通过刺激皮肤来起到提神的作用，从感觉上来说，辣并不是一种味觉，而是一种痛觉，痛然后提神。现代社会人们普遍觉得压力大，因此辣味会比较流行，成为一种世界性的流行味。

（三）令人平和的食物

1. 水果类

大多数水果类食物的气味与口感通常是令人情绪平和舒适的。鲜苹果、苹果派、苹果酱等都让人的情绪更容易放松、充满安全感。其他柑橘类的水果、各种莓果也有类似的效果。香蕉的香甜气味闻着就令人觉得放松。

2. 蔬菜

大多数蔬菜的气味会让人觉得平和舒适。尤其是其中的绿色叶菜类，即使一些叶菜已经经过干制、腌制，依然会有这样的作用。

3. 葡萄酒

葡萄酒一类酒果香浓郁，适量饮用可以让人状态平和，因此有很多人会在睡前饮用一杯葡萄酒。

4. 清淡食物

清淡食物也是与前面的三类有交集的。单独列出主要是从口味来说，少油少盐，少重口味的调料以及香料。这样的食物会让人神清气爽，现代的新派素菜大多可以归到这一类中。西餐中的意大利面、奶制品等也有这样的作用。

作业

1. 什么是感知与注意？
2. 什么是情境与联想？
3. 试论味觉记忆与人对食物的选择。
4. 简述人对于食物气味的感觉。
5. 简述色彩与形状在食物选择中的作用。
6. 试论形状与食物的心理感受。
7. 试论色彩与食物的心理感受。
8. 试论音乐与味道在五行中的对应关系。
9. 音乐节奏对用餐行为的影响是什么？
10. 如何区分暴饮暴食与正常食欲之间的关系？
11. 如何理解食物对于情绪的抚慰作用？
12. 如何利用食物来调节人的情绪？

第八章　现代菜品设计的潮流

本章内容：详细讲解现代菜品的融合潮流及方法。

教学时间：4 课时

教学目的：使学生理解新中国的经济文化发展对于菜品设计的影响，理解中国饮食文化兼容并蓄的特点，理解全球化给菜品带来的影响。

教学方式：课堂讲授。

教学要求：1. 使学生了解现代社会中菜品的功能。

2. 使学生理解文化重构对于现代菜品的影响。

作业要求：了解国内现代菜品的发展情况，搜集整理典型案例。

传统社会人口流动性较小，资讯交流比较慢，菜品设计大多是以本地区的消费者为目标人群的，除了少数几个大城市外，人们对菜品文化的消费需求也很少。现代菜品设计是在全球化与信息化的背景下进行的，国际大都市的时尚菜品会在很短的时间内出现在二、三线城市的餐桌上。因此，现代菜品设计需要有四个方面的突破，将在下面的四节中分别讲述。

第一节　突破区域局限的菜品设计

一、区域菜品同质化的局限

在一个相对封闭的区域，人们的生活节奏与饮食习惯差不多，绝大多数人的消费能力与文化程度也差不多，这使得区域内的菜品有同客源、同口味、同品种、同价位四个方面的特点。这四个方面的特点也正是区域菜品同质化的局限。

（一）同客源

从饮食的角度来看，传统社会的区域是按不同交通状况来划分的。离交通线较远的生活区域主要是一些自然村落，与外界人士及信息的交流相对较少，属于静态区域；位于交通线上的生活区域主要是一些中小城镇，位于交通枢纽上的生活区域主要是一些大中型城市，与外界人士及信息的交流比较多，属于动态区域。在传统社会里，人们的观念往往是安土重迁，越小的城市中本地人越多，大中城市外来人口较多，但除了少数特大城市外，一般情况下，外来人口的饮食习惯也是被本地人同化的。这种情况下，客源基本都是本地人和工薪阶层，富裕阶层人口较少。可以说，全域的餐饮企业基本是共用这些客源的，最后能够生存下来的餐饮企业基本凭借两点，一是口碑，二是人缘。

（二）同口味

同一区域中，人们的饮食结构相同，口味也差不多。地区口味与水土资源、气候条件有关，也和本地区的经济状况及外来人口数量有关。

水土资源和气候条件是自然条件对于味觉的影响，这种影响很难发生改变，即使是发生过大的人口迁移，在经过一段时间后，依然会形成这样的口味喜好。如北方地区一直以来口味偏咸，虽然历史上北方战乱最多，民族人口迁移也最频繁，总的口味特点却差不多。

本地区经济状况及外来人口数量是社会发展对于味觉的影响，这种影响也会随着社会的发展而发生改变。从各个地区的菜品口味来看，经济发达地区以及外来人口较多的城市，口味一般会偏甜一些、偏清淡一些，而经济欠发达、外来人口较少的地区，口味一般偏咸、偏酸辣或麻辣一些。大多数情况下经济增长与外来人口数量又是成正比的。

（三）同品种

生活节奏相似，饮食结构相同，不可避免地会出现菜品的雷同。所有相对稳定的区域，菜品的品种一样、制法一样、口味也一样。这种雷同造成了菜品的区域性，如淮安的软兜长鱼、扬州的大煮干丝、北京的烤鸭、符离集的烧鸡、海南的文昌鸡等，不胜枚举。

1. 区域同类菜品制作技艺的竞争

同一区域的相同菜品在竞争时，首先就是技艺的竞争，人们通过提高菜品制作技艺来提高菜品质量。在一个客源相对固定的区域，市场消费能力的提升空间较小，这也意味着对于优质菜品的需要量也比较小。在这种情况下，传统的师徒传承就出现两种可能，一是师傅保守不愿教徒弟，二是教会徒弟饿死师傅。技艺的竞争是有门槛的，由于老师傅的保守使得最佳技艺难得在行业中普通流传，即使在一个店内，也只有个别厨师可以掌握。

2. 名店名菜的错位竞争

在传统的饮食店中更多的是品种的错位竞争，这种错位竞争中还受到传统行业中从业者的职业荣誉感的影响。这种错位竞争的表现形式就是“名店名菜”。

“名店名菜”的实质就是各个店主打自己所擅长的菜，这种情况在传统餐饮业中很常见。如“全聚德烤鸭”，北京烤鸭很有名，但真正经营烤鸭的店却并不是特别多；扬州的面点名气很大，生意很好，但在经营中各家的侧重点不一样，“富春”以包、饺、烧卖、油糕为主经营早点市场，而“共和春”则以饺面、麻团为主打面点。品种有侧重，则在技术上更容易精进提高，也更容易留住各自的客户。“名店名菜”的现象还与传统饭店的规模较小有关。由于规模小，饭店就无法照顾到所有消费者的需要，既没有这样的技术力量，也没有这么大的经营空间。

近年来，餐饮业迅速发展。为了争抢客源，几乎所有饭店都售卖甚至主推热门的菜品。这种经营行为与现代烹饪职业教育有关。由于烹饪职业教育的发展，技术保守的师徒传统逐渐被淘汰，现代厨师被批量“生产”出来。在这种教育体制中，技术是公开的，只要学生愿意学、用心练，各种在传统行业中神秘的技术都可以学会。职业技能考试更将这些技术标准化，同等水平的厨师会做的菜品数量与质量是基本相同的，各个饭店餐馆卖着几乎完全相同的菜品，于是真正的同质化竞争在餐饮业中出现了。

（四）同价位

当该区域的菜品技术达到一定高度时，技术竞争退居其次，价格竞争成为菜品竞争的主要内容。菜品价格竞争的底线是成本，当大家的价格越来越逼近成本时，只有降低菜品的成本才有竞争力，而降低菜品的成本意味着降低菜品的选料标准与配菜的分量标准。价格竞争会影响到饭店的利润，也会因扰乱市场而受到行会的干涉，是不可持续的。

同质化消解了菜品与饭店的个性特点。当某一菜品受欢迎时，该区域中的饭店几乎都主推这一菜品，而当这一菜品没有人气时，区域内饭店的菜单上很快就看不到这个菜品的名字。由于淘汰得快，很多菜品的制作方法还没来得及完善，当初烹制这道菜品形成的经验、技术对于其他菜品来说也不一定有用。现代中国各地推介的著名菜品绝大多数还是明清以后形成的，可以说，同质化竞争是影响现代名菜出现的重要原因。

二、本地化与跨区域菜品的竞争力

这里所说的跨区域主要指的是风味上相近、地理上相邻的区域，如相邻城市、城市与乡村等。因为相邻相近，人们对于这些菜品就更容易接受。

（一）风味相近区域菜品的传播规律

风味相近的区域并不一定地理相邻，如淮扬菜与杭帮菜、粤菜，地理上相隔比较远，但整体的菜品风味有一定的相似度。跨区域菜品在餐饮市场上既有不被本地消费者接受的可能，也有强势占领本地市场的可能。

前一个可能性与该区域的地理优势变迁有关。当本地餐饮市场的消费理念比较保守时，外地菜品的竞争力就会比较弱。尤其是一些历史名城，民众的消费心理与消费文化还停留在辉煌的过去，对外地风味的进入会有比较强的抵制。比较典型的是传统交通线路上的城市，如运河沿线、长江黄河沿线、茶马古道以及其他重要交通线路上的城市，这些城市的菜品大多在历史上有或大或小的名气，但现在的菜品风格则大多比较保守。

后一个可能性与该区域对于外界的信息接受度有关。现代信息交流方式可以很容易地突破原有的地理屏障，本地的消费者可以便利地通过各种渠道接触到外地流行菜品的信息。对于本地的餐饮经营者来说，外地流行菜品有着利润空间大、同行竞争少的优点；对于本地的消费者来说，外地菜品有着口味新颖、形式时尚的优点。当经营者与消费者的认知比较贴近时，跨区域菜品的竞争力也就会爆发出来。

这种情况一般都是经济文化强势区域的菜品传到相对弱势的区域，在没有迁移人口支持的情况下，弱势区域菜品则很难在经济文化强势区域流传。如中国古代菜品的制作技艺有很多流传到日本、朝鲜半岛，直至今天，他们还保留着不少古代中国菜的做法，但没有日本与朝鲜菜品传到古中国的情况。中国历代有很多从西域及北方游牧民族传入的菜品（参见第二章），他们的经济和文化发展水平不如中原，但是通过商业活动、战争与人口迁移，他们大量移居在北方的一些大城市，其中的有些人还成为朝廷的官员，是他们支持了胡饼、貊炙之类的饮食的传播。

（二）食材的在地性与外来菜品的本地化

外来菜品虽然有着时尚或风味优势，但是在口味上还是与本地消费者的饮食习惯有着较大的差距，因此，这种跨区域的菜品要长期流行下去，必然要经过一个本地化的过程，即使是麦当劳、肯德基这样的国际化品牌，其菜品也面临着本地化的问题。

1. 本地化的趋势

本地化在传统的餐饮业中是长期的过程。例如，清代苏州的“陆稿荐”非常有名，它的主要品种也传到其他城市并且还冠以“陆稿荐”的名字，从苏州向北沿运河的很多城市都有“陆稿荐”，但毫无疑问，江苏省中部宝应县的“陆稿荐”与苏州的风味相差是很大的。外来菜品本地位的品种有很多，如镇江的肴肉在江、浙、沪地区都有制作，扬州的蛋炒饭在全国乃至全世界范围都有售卖，长沙的剁椒鱼头成为新派杭州菜的一分子进而随着杭州菜传到小半个中国，开水白菜在四川北京和淮扬地区都是名菜，西餐的牛排衍变成中式的炸猪排后，更是变成广受欢迎的猪排饭。

2. 个性化的外来菜品

经过一段时期的本地化，有的菜品会在该区域中成为经典菜品，有的则不会。如淮扬菜中淮安的炒软兜、大烧马鞍桥等长鱼菜在清代就出现在扬州餐馆中，并且有一定的知名度，直到今天，长鱼菜依然是淮安的特色，但在扬州餐馆中的受欢迎程度却不高，扬州的大煮干丝也是这样的情况。淮安和扬州是淮扬菜体系中最重要的两个城市，距离也不远，即便如此，菜品的本地化都这么艰难，其他城市的情况便可想而知。

3. 食材在地性的障碍

部分外来菜品难以本地化的主要原因与食材的在地性有关。西餐的煎牛排目前很难在中国各个城市本土化，因为在大部分地区的食材市场上不常有适合煎的牛肉售卖。大煮干丝大多只出现在扬州的餐馆中，因为做菜用的豆腐干在扬州的市场上很常见，出了扬州就难觅踪影，所以到了淮安就只有烩百叶丝。当然，这样的障碍在现代物流日益发达的今天将会逐渐被突破。

4. 饮食文化的传统

传统是非常固执的，在某个地区被当成美食的，换个地区就无人问津。北京人爱喝的豆汁在别处却没人喝得下去，黔东南的百草汤在其他地方有时是骇人听闻的食物，浙江的臭苋菜、臭豆腐外地人大多数也很难接受。这样的美食都与当地人特殊的口味爱好有关。

还有些地方性的菜品是因为技术因素难以成为其他地区的美食。如淮安的长鱼菜，是因为历史上当地河道官员的追捧而技艺日臻成熟的，在现代社会背景中其已经不再是高档菜品，外地餐饮市场对其制作技艺也没有太大的兴趣，自然也就难以流传。再如北方地区的花馍或面花，其发酵工艺适合北方人的口感，造型色彩也更符合北方人的审美，所以也不容易成为南方餐饮市场的流行品种。

三、跨区域菜品设计案例

大多数跨区域菜品设计都会有一款基础菜品，然后各地根据消费者的喜好进行适合本地市场的改良。

（一）淮扬风味的跨区域设计

1. 狮子头

现在一般都认为狮子头是扬州名菜，但在扬州民间，人们叫得最多的名字是“斩肉”，也写作“劗肉”，最大的一款肉圆叫“葵花大斩肉”，在民国美食家梁实秋的文章中称为“狮子头”，可见这名称有一定的文学意味。在扬州地区最常见的狮子头是清炖的，也有用红烧的方法制作的，主料就是猪肉、荸荠，配菜则以菜心、黄芽菜为主。在此基础上，四季则有秋季的蟹粉狮子头、冬季的风鸡狮子头、春季的春笋狮子头、夏季的清炖狮子头。

淮安原来就有做肉圆的传统，并且有著名的“钦工肉圆”，口感品质类似于广东的牛肉丸和鱼丸，弹性较足。清炖狮子头传到淮安，在夏天时与狮子头搭配的蔬菜多用蒲菜，这是淮安地区的特产，除淮安外，唯有山东济南大明湖的蒲菜可食，其他地区的蒲纤维在粗，不可以用作食材。蒲菜的品质也肉类搭配最宜，早在西汉时就有“雏牛之腴，菜以笋蒲”的搭配，所以这道菜就成为具有淮安特色的新菜品。

南通、兴化一带醉蟹是地方特色，与清炖狮子头组合别有风味，完全区别于传统的蟹粉狮子头，醉蟹的味道渗到狮子头里，酒香浓郁，鲜甜醇厚，汤色黄红，但又不似红烧狮子头的酱油色。南通厨师还有在狮子头里添加麻虾酱的做法，这样的风味不与扬州的清淡平和同，但仍在淮扬风味范围内，具有南通兴化的风味特点。

2. 煮干丝与烫干丝

大煮干丝与烫干丝是扬州菜中的特色，其成为特色的原因有两点：一是食材，扬州的豆腐干厚度、硬度与致密度都要高于其他地方的豆腐干，所以能方便地切成细丝；二是刀工，扬州厨师的刀工在厨行中是屈指可数的。所以做成这两道菜，食材与刀工技术缺一不可。但如果不具备这两点，还想做这样的菜，需要进行怎样的技术改动呢？

泰州厨师在做烫干丝时，干丝切得比扬州的要粗，为了使干丝的口感免于粗糙，他们会将干丝用碱水略泡一下，这样就没了粗糙感而增加了滑润的质感，因此成为泰州烫干丝的独特风格。

淮安的豆腐干比较小且薄，要切成扬州那种干丝显然效率不高。清代淮安河下镇的文楼也曾经售卖过煮干丝的，但后来被百叶丝所替代。从口感上来说，百叶丝比干丝要硬一些，但可以通过延长煮的时间来解决这个问题，而且淮安人的口感比扬州人更喜欢有弹性、有韧性的食物，所以在当地烩百叶丝也就理所当然地代替了煮干丝。

（二）京鲁风味的跨区域设计

京鲁风味不能完全算是两个不同的风味体系，自古以来，北京菜就受山东菜很大影响，元朝以后，又有大量的山东人在北京生活，山东菜因此在北京有着极大的影响力。但北京作为全国的政治文化中心，人口来自四面八方，所以它的菜肴风味不可避免是比较庞杂的，所以也不能把北京菜与山东菜画上等号，只能说两地菜品风味相似度较高。

1. 葱烧海参

海参作为高级食材，在我国很多地区都有使用，京鲁一带的葱烧海参是其中的著名菜品。山东是葱烧海参的发源地，所用的葱是山东大葱，风味浓郁。水发海参本身没有味道，在烹调时遵循“无味使之入”的原则，将海参用纱布包起来放在锅中与鸡块、猪肘子一起煮 90 分钟左右入味，然后再调味收汤成菜。

葱烧海参传到北京，也是北京食客们钟爱的美食。但是北京的人口构成比山东复杂，反映在葱烧海参上，其制作方法也就出现了一些变化。首先是很少用鸡块、猪肘子来入味了，基本上是直接用高汤；其次是调味料中，除了酱油外，很多厨师也喜欢加蚝油来提鲜。这样的改变没有影响葱烧海参的风味，但使其制作过程变得简单。相比于传统的山东葱烧海参，少了点醇厚，但是多了一些清爽。

2. 烤鸭

北京并不盛产鸭子，据史料记载，元朝和明朝时期，江苏的高邮湖就向京城进贡鸭子了，据专家考证这是北京烤鸭的原料来源。烤鸭在南方的制作方法是叉烤，如著名的南京叉烤鸭。到了北京以后，烤鸭的制作方法有焖炉烤鸭与挂炉烤鸭两种。

焖炉烤鸭与元代的柳蒸羊做法相似（参见第二章第三节相关内容），但不像柳蒸羊那样将羊埋在地坑里焖烤，而是在地面直接用砖砌烤鸭所用的焖炉。焖烤——焖炉烤鸭不是明火，是将秫秸放入炉内，点燃后将烤炉内壁烧热到一定程度，呈灰白色，将火熄灭，然后将鸭胚放在炉中铁罩上，关上炉门，全凭炉内炭火和烧热的炉壁焖烤而成。烤制过程中不可开炉门，也不可移动鸭子，一次放入，一次取出，烤鸭皮酥脆，色枣红，肉细嫩，口味鲜美。

挂炉烤鸭，有专家考证认为是山东人的改良，出现于清朝末年。《老残游记》中记有济南烤鸭上席的情节。烤鸭使用的燃料是秫秸或无异味的干树枝，与焖炉烤鸭差不多，但后来的北京挂炉烤鸭很多宣称用的燃料是枣木，这一点可以看作是两地烤鸭方法的相互借鉴。烤鸭切成片，配以黄瓜条、章丘大葱、甜面酱等，用荷叶饼卷起食用。这种吃法也成了北京挂炉烤鸭的标配。

（三）广东风味的跨区域设计

广东地区历史上融入的民族很多，再加上商业发达，各地客商汇集，因此对多个地区的饮食风味都可以兼收并蓄，反过来广东风味的菜品也很容易被改良成其他地区的菜品。

1. 蚝油牛柳

蚝油牛柳是广东的名菜，烹饪方法属于滑炒，将牛肉切片用小苏打腌制一段时间，再用清水漂去小苏打的碱味，上浆时要掺入清水，炒时用蚝油调味。这种方法与北方地区的滑炒里脊之类的菜品不同。因为牛肉的肉质偏老，所以要用小苏打或食碱（现在也常用嫩肉粉代替）来腌制，蚝油则是广东地区比较普遍使用的调味料，比北方的酱油鲜味更浓。蚝油牛柳的做法也会被厨师们用来炒鸡脯、猪里脊。

新派杭州菜中的杭椒牛柳在烹调上高度借鉴了蚝油牛柳的做法。制嫩方法与烹调方法都没改变，依然用蚝油来调味，但在刀工处理与配料上做了较大改变。牛肉不再切片，而是切成 1 厘米粗细的条，配料则用杭州附近所产的羊角椒，其粗细也在 1 厘米左右，跟牛肉条差不多，所以不需要改刀。从制作过程来说，杭椒牛柳要比蚝油牛柳更为简便，非常符合现代社会餐饮快速出餐的需求。

2. 蛋炒饭

蛋炒饭是中国民间普遍存在的一种吃法，用剩饭加鸡蛋炒成。部分学者把蛋炒饭的源头追溯到隋朝越国公杨素的碎金饭，这是毫无依据的。陈梦因在《粤菜溯源录》中认为“扬州炒饭”是清代福建人伊秉绶家厨的创作，伊秉绶曾在扬州做官，这一做法后传至岭南，因而得名。“扬州炒饭”的名字最先在广东出现，其配料做法也是广东风格的，用了比较多的海产原料，还有广东风味的叉烧。这一民间普遍存在的吃法之所以在广东被冠以扬州的名字，还是因为清代扬州在经济、文化上的领先地位，加上扬州的名字就显得高级。但是扬州蛋炒饭在传播过程中，也因不同地方的风味特点而有所变化，扬州本地认领了“扬州蛋炒饭”的名字，但并没按广东的配料来做，而是用了扬州的食材。以下是对两地的配料进行的比较。

广州版“扬州炒饭”：灿米饭 250 克、鸡蛋 2 个、叉烧粒 30 克、豌豆 20 克、虾仁 30 克、油 30 克、盐 3 克、葱花 5 克。

扬州版“扬州炒饭”：上白籼米饭 1000 克，鸡蛋 10 个，水发海参 50 克、熟鸡脯肉 50 克、熟火腿肉 50 克、猪肉 40 克、水发干贝 25 克、上浆虾仁 5 克、熟鸭肫 1 个、水发冬菇 25 克、熟笋 25 克、青豆 25 克、葱末 15 克、绍酒 15 克、盐 30 克、鸡清汤 25 克、熟猪油 225 克。（引自 1990 年版《中国名菜谱·江苏风味》）

3. 佛跳墙

佛跳墙是福建菜品，但其名气却是由广州、香港的饮食市场与影视圈一起推广出来的，并成为顶级菜品的代表。佛跳墙在福建是有多种配方多种价位的，而成为顶级菜品的佛跳墙则只剩下最高档的那一款。在福建，关于佛跳墙的来历有三种说法：第一种说法是光绪年间，福州一名官吏招待当时的福建总督周莲，其绍兴籍的妻子把鸡鸭肉与海鲜一起烹制，并称所做的菜品叫“福寿全”，这种做法被周府的厨师郑春发改进后就成了“佛跳墙”；第二种说法是福建有个不会做饭的千金小姐，在嫁人后将她妈妈给她准备的菜肴倒在一个锅里蒸，却做成了流传后世的“佛跳墙”；第三件说法是叫花子将乞讨来的食物一锅煮了，却发现美味无比。第一个说法可信度高些，但这三种说法都指向一个事实，佛跳墙的最初版本所用的都是普通食材，并非顶级食材的大杂烩。

福建版“佛跳墙”配料：水发鱼翅 1 斤，水发鱼唇 5 两，水发刺参 5 两，鳊肚 2 两 5 钱，净肥母鸡一只（2 斤 5 两），金钱鲍 6 头，水发猪蹄筋 5 两，猪蹄尖 2 斤，猪肚一个，净肥鸭一只（2 斤 5 两），羊肘 2 斤，净鸭肫 12 只，净火腿腱肉 3 两，鸽蛋 12 只，净冬笋 1 斤，水发花冬菇 4 两，白萝卜 3 斤，炊发干贝 2 两 5 钱，上等酱油 2 两 5 钱，冰糖 1 两 5 钱，绍酒 5 斤，味精 3 钱，葱白段 2 两 5 钱，猪肥膘 1 两 9 钱，桂皮 2 钱，生姜片 1 两 5 钱，八角 1 粒，清肉汤 2 斤，熟猪油 2 斤（耗 5 两）[1]。（引自 1984 年出版的《中国八大菜系菜谱选》）

香港版“清炖佛跳墙”配料：软骨排 300 克，猪脚块 300 克，干贝 10 粒，姜片 3 片，杏鲍菇片 150 克，娃娃菜 5 朵，鸽蛋 15 只，蛤蜊 15 只，金华火腿 3 片，米酒 30 克，盐 8 克，糖 10 克，白胡椒粉 3 克。

（四）川渝风味的跨区域设计

川渝地区是古代巴蜀的主要区域，经济繁荣，是西南地区饮食文化的交汇之地，其菜品也对全国很多地区产生很大影响。

---

[1] 质量的标准单位是克，千克等，引文中保留斤、两、钱等说法，1 斤 =500 克，1 两 =50 克，1 钱 =3.125 克，后文同。——编者注。

1. 宫保鸡丁

宫保鸡丁是四川名菜，用花生米与鸡丁、干辣椒一起炒成，因清代丁宝桢任四川总督时喜欢吃这道菜而出名，丁宝桢死后被追赠太子太保（简称宫保），而这道菜也就被称为宫保鸡丁。在网络上关于宫保鸡丁的由来都说是丁保桢发明的私房菜，更有以讹传讹写成宫爆鸡丁的。实际上这道菜出于贵州，在当地就叫花生米炒鸡丁。丁宝桢是贵州人，这道菜只不过是他少时吃惯的味道。宫保鸡丁随着川菜一起传遍全国，并与当地食材、口味结合衍生出一种风味系列，如宫保肉丁、宫保腰花、宫保牛蛙、宫保鳝花、宫保虾球、宫保鲜贝、宫保银鳕鱼等。

四川的“宫保鸡丁”：嫩公鸡脯肉 5 两，盐炒花生米 1 两，干红辣椒 1 钱 5 分，红酱油 4 钱，醋 3 分，白糖 3 分，花椒 15 粒，葱粒 3 钱，姜片 1 钱，蒜片 1 钱，精盐 2 分，味精 1 分，绍酒 2 钱，湿淀粉 5 钱，肉汤 6 钱，熟猪油 2 两 5 钱。（引自 1984 年出版的《中国八大菜系菜谱选》）

“宫保虾球”：虾肉 175 克，植物油 80 克，红油 2.5 克，盐 2 克，酱油 7 毫升，醋 5 毫升，味精 0.5 克，淀粉 10 克，胡椒粉，0.5 克，干红辣椒 5 克，糖 8 克，料酒 10 毫升，蛋清 5 克，葱节 10 克，姜片 8 克，蒜片 6 克，汤 50 克。

2. 扣鸡

扣鸡在川菜中名气不大，但传播却很广。在浙江有一道传统菜叫白鲞扣鸡，是用鲞鱼与鸡一同做的。清末名臣瞿鸿禨在家族中元节祭祀席中也有扣鸡，而瞿鸿禨是湖南长沙人，又久在京城为官。今天湖南菜的菜谱中看不到收有扣鸡，而另外二地扣鸡的做法基本相同，都是将鸡肉洗净焯水后剁成块，排列于中碗内，淋上调味料蒸熟而成，但调味有差异。在明末清初的战乱中，四川人口锐减，天下初定，康熙三十三年发布诏令，从湖南、湖北、广东等地向四川大举移民，俗称“湖广”填四川。所以，四川扣鸡很可能是在这一时期从湖南传入四川的，而湖南则有可能是从浙江学来了扣鸡，但由于一些不得而知的原因，扣鸡并没有在湖南菜中留下来。三地扣鸡所用原料如下。

浙江白鲞扣鸡：鸡肉（六成熟）4 两，净淡白鲞（黄鱼干）2 两，葱段 1 分，葱白段 1 分，花椒 5 粒，鸡汤 4 两，绍酒 5 钱，精盐 5 分，味精 2 分，熟鸡油 2 钱。

四川扣鸡：带骨鸡肉 1 斤，胡萝卜 5 两，葱段 3 钱，姜 3 钱，葱花 1 钱，花椒 5 粒，精盐 1 钱，绍酒 2 钱，鸡汤 3 两。

第二节　突破风味局限的菜品设计

一、大都市餐饮与风味局限的突破

古代的大都市菜品大多与在这里经商或做官的人有关系，他们带来了各自家乡的美食，这些美食通过宴会、酒肆等在社会的各个阶层中传播，其中受到广泛欢迎的菜品就有可能会留下来。近现代的大都市交通远比古代要便利，流动人口的成分也比古代要复杂，不同来源的流动人口往往都关联着各种风味的饮食。不论古代还是现代，处于发展期、上升期的都市，其饮食市场一定是由这些来自全国乃至世界各地的菜品共同构成的。这一时期，原住民的菜品在大都市里通常是处于社会底层及城市边缘的。我们以古代的扬州、近代的上海以及现代的深圳三个城市的菜品状况为例来说明。

（一）古代扬州菜品风味演变

远古时代的扬州属淮夷文化圈，饮食饭稻羹鱼，至西汉时作为吴国与陵国的都城逐渐成为东南大都会，再到唐代安史之乱以后，大量中原移民与域外和西北少数民族的商人给扬州菜品带来各地不同风味。据史书记载，这一时期来扬州的人有波斯人、大食人、新罗人、婆罗门人、日本人等，虽无明确史料记载，但也可以想象当时饮食市场上菜品风味的繁杂程度。但这时期的菜品在经过宋与金及元的百年对峙、战争之后基本上已经不存在了。

元朝时期，扬州又成为江吴都会，饮食市场再度繁荣。根据元曲的描写，当时扬州市场上的菜品有大官羊、柳蒸羊这样的北方名菜。尤其是柳蒸羊，是将带毛的羊放入地炉中焖烤。这种做法应该是蒙古人的发明，后来北京的焖炉烤鸭的制作方法与它相似。但元代的扬州菜品在元末明初的残酷战争中又消失了。

明朝时期的扬州菜品在明万历《扬州府志》中有记载“白瀹肉、燫炕鸡鸭、温淘、冷淘、春茧麟麟饼、雪花薄脆、果馅餢飳、粽子、粢粉丸、馄饨、炙糕、一捻酥、麻叶子、剪花糖”等。白瀹肉就是今天的白煮肉；燫炕鸡鸭从名称看类似鸡鸭烤后再用卤水煮，从语言上来说，传统的淮安方言中还常用到“燫”字，从菜品来说，常熟的“鏊锅油鸡”有点类似；温淘、冷淘就是温水面与冷面，做的时候有各种浇头；剪花糖类似于后来的街头艺人的糖画；粢粉丸应该是糯米丸子。而餢飳、春茧麟麟饼这种食物的名称与做法已经很难查清楚了。万历《扬州府志》中的食物从名称到做法在今天的扬州大多已经不见踪影，除了市场因素外，更主要的还是因为明末清初的战争以及移民的影响。

今天的扬州菜品大多数是从清代传下来的，而在清代的时候，这些菜品是由全国各地来扬州的人带过来的。处于同纬度上的其他城市在面食的品种与制作水平上都不能与扬州相比，但扬州的农作物并不以小麦为主，并不具备制作面食的特产基础。究其根源，面食的制作技术与明朝时来扬州的山西和陕西的商人有关，面食成为扬州人饮食结构的主要内容。据清代民国时期的笔记，扬州的千层油糕是从河南传来的、翡翠烧卖是福建商人传来的、饺面与灌汤包子是淮安的厨师传来的、徽州饼是从安徽徽州传来的。清代扬州菜品中的葵花大刲肉与北方地区的四喜丸子非常相似、拆烩鲢鱼头与水晶肴肉是从镇江传来。在清朝，扬州、淮安都出现了全羊席，淮安的全羊席留下了菜谱，扬州的全羊席则留下了厨师的名字——“张四回子”。张四回子是《扬州画舫录》所记下的一个清代厨师，他擅长全羊席，这实际上说明了羊肉菜肴与回民之间的关系。淮安全羊席的制作者据说也是回民。另外，这时扬州餐馆中的“高丽肉”“哈拉巴”“爆肚”“琉璃肺”“京羊脊筋”“关东煮鸡”“关东鸭”等都是来自北方的菜肴。各地菜品在扬州汇聚正是由于这个城市长期作为东南乃至全国重要都市的地位。

清代道光年间的盐引改革，使本地很多的盐商富户一夜间破产，扬州的厨师也只能外出谋生，原来在扬州的一些外地军户商人也流散四地。这一波的人口流动，使扬州饮食市场上的食物逐渐本土化，形成了今天的扬州菜的基本风格；对于外地来说，扬州的菜品及相关的饮食习俗成了新鲜的饮食元素，如长沙等地的扬州煨面、广州的早茶、上海的淮扬菜等主要都是在扬州当地衰落时传播过去的。

（二）近代上海菜品风味演变

今天的上海大部分地区是由长江冲积而成的，在东汉时这里称华亭，唐朝时设置华亭县，元朝升为松江府，成为现代上海的根系所在。这里的特产多与江海有关，因为有海运渔盐之利，经济文化都比较发达，这也成为上海菜品的基本文化底色。

上海地区的菜品在明朝时已经崭露头角，但那时的上海只是一个小城，菜品风味以本地为主。明代《宋氏养生部》的作者宋诩是华亭人，书中所写以北方和江南菜品为主，但他也提到了松江之味，可见这里已经有了一些美食的基础；到明末清初时，上海的中等人家宴请所用的菜品已经有近三十品。清朝中后期，运河衰落与海运兴起，上海的地位日渐重要，特别是鸦片战争后，上海成为中国东部地区最重要的通商口岸，不仅是全国的客商，世界各地的客商也都汇集于此，他们带来了各自地方的菜品。

据《清稗类钞》记载，早年上海的酒楼风味以天津、金陵、宁波三地为主，后来又有苏州菜、徽州菜、福建菜和四川菜等。此外，西餐、日餐也是这一时期上海菜品构成中的重要元素。这些地区菜品在上海的出现与流行肯定与那些地区的客商汇集上海有关系。宁波菜奠定了上海风味的主基调，擅长蒸炖，色调较浓；淮扬菜对于上海的影响很大，民国时期上海著名的莫有财厨房、老半斋等经营的都是扬州菜品，清新淡雅；锦江饭店经营的是四川菜品，创始人董竹君传统川菜的基础上，改重辣为轻辣，既保持了传统特色，又适合杂处上海的南北东西的客人的口味。

今天的上海菜品有了自己的风味特点，有一部分上海厨师与消费者开始宣传推动上海本帮菜，但并未完全定型。因为上海作为现代国际大都市还处在发展过程中，客商们来自世界各地，他们必然会将世界各地的菜品带入上海，与上海已经有的菜品风味相互融合，使上海菜品的风味构成更加丰富。

（三）现代深圳菜品风味构成

深圳是比上海还要年轻的国际大都市。1979 年成立深圳市之前，这里还是一个小渔村。1980 年，这里成为中国第一个经济特区，成为中国改革开放的窗口和新兴的移民城市，而移民注定了这里菜品风味的丰富多样。

广东菜是深圳菜品的底色，这与深圳的地理位置有关。早期在深圳的商圈里很多生意的对象是广东香港的商人，所以很自然地在高端菜品中是以粤菜为主的，如龙虾、鲍鱼、鱼翅、燕窝等菜品在内地的饮食市场上很少见，而在我国香港就很常见。所以那时港式菜品就成为广东菜的代表，进而带动了广东各地菜品的流行，如蚝油牛柳、大良炒鲜奶、炒牛河、肠粉等。

川菜与湘菜在深圳也很多。从地理位置上来看，历史上移民广东的人口中就有很多的川湘人，这两地的菜品风味较广东菜要浓重，人们的味觉习惯一时不容易改变，所以在深圳这类餐饮还是非常有市场的。有些深圳人开始吃不惯麻辣，但经过几十年的同化，竞争压力大，也使人们更容易接受这些重口味的菜品，包括夏天开着空调吃火锅、喝冰啤这样的饮食也受到深圳人的喜欢。

其他如北京菜、东北菜、淮扬菜、西北菜甚至国外的法餐、韩餐、日本料理等都在深圳有着各自的消费群体，并且与粤菜、川湘菜相互融合借鉴。所以如果要总结一下深圳的菜品构成，那么就是以粤菜为基础，各地各类型菜品百花齐放，正处于本地风味形成的初期。

二、相似风味的融合设计

相似风味的融合是从风味的角度来观察的，这种相似，既有上一节说到的相邻区域之间的风味相似，更多是观察地域不相邻但风味相似地区的菜品融合设计情况。风味特点相似，即使地理位置相隔较远，菜品融合借鉴也会比较容易。中餐的风味虽然非常丰富，但我们可以粗线条地将其分为清淡、浓厚、粗犷三大类来分析。

（一）清淡风味的融合设计

整体上来说，从山东到江苏再到浙江、福建、广东，菜品的风味都是以清淡为主的，但是风格上各有特点。

山东菜与淮扬菜在晚清民国时经常被人们放在一起比较，山东菜被认为比淮扬菜清淡一些。有这种认识是因为山东菜尤其是爆、炒类菜肴不像淮扬菜那样讲究亮油包芡，吃起来没那么油腻。但是山东菜多用浓汤，淮扬菜多用清汤，这又使淮扬菜看起来显得清淡一些。在具体的菜品上，山东菜与淮扬菜中都有“汤爆双脆”，制作方法及要点几乎完全一样，区别只在于山东的汤爆双脆要加酱油。山东菜的熗虾段与广东菜的干煎虾段制作方法及调味也是极其相似的，区别只在于广东的干煎虾段中煎的时间稍长一些，但这点差别并不影响菜品的风味。

在现代融合菜的发展中，这种情况更是常见。如新派杭州菜里的钱江肉丝是从山东风味的京酱肉丝变化而来，1988年还在第二届全国烹饪大赛中获得金牌。在这个过程中，杭州的厨师只是对配料及调味料作了一些适合杭州消费者的改动，将原来的山东大葱改成了江南的小香葱，将北方人爱用的黄豆酱改成了更适合南方人口味的甜面酱，菜品的颜色也符合江南人对浓油赤酱的色泽审美，但基本风味又与北方的京酱肉丝相似。

广东菜的大良炒鲜奶在江浙沪地区也经常被借用。炒鲜奶是用鲜奶与鸡蛋清调匀炒成，口味爽滑，奶香浓郁，名气很大，成本却不高。在近些年的江、浙、沪地区饮食消费市场上，人们对龙虾等高档食材有需求，但又却步于高昂的成本。于是厨师们将炒鲜奶与高档食材结合起来做成芙蓉小青龙等，菜肴价格大大降低，客人也有了面子。

（二）浓厚风味的融合设计

浓厚口味的表现方式不一样，四川菜是麻辣，辣得相对温和；湖南菜辣味超过四川，没有麻；贵州菜的辣味较重，以香辣、酸辣较为多见。其他如陕西菜、云南菜也以辣著称。但仅强调辣是不全面的，四川菜有一菜一格、百菜百味的说法，其他地方的菜品风味虽不如四川菜丰富，但也是有其地方特点的。总的来说，这些地区的菜品在辣以外还有酸、咸、重油、重色等特点。

湖南菜剁椒鱼头在传播过程中经历了剁椒鱼头、酱椒鱼头和剁椒鱼头配面几个阶段，前两个阶段还是与湖南的地方特色密切相关的，到了第三个阶段，新的元素加入了。鲤鱼焙面是河南的传统菜，其中鱼是红烧的，而面条是油炸的。当这种搭配传到广东一带时，被一些厨师将面条改成了水煮面。现在，这种搭配与剁椒鱼头结合在一起，于是就呈现了比较新的风味搭配。后来还有厨师将其中的面条改成了陕西的biangbiang面，如此一来，这道菜的元素就更加丰富了，其最初的面目已经模糊不清，已经不适合再把它当成是湖南菜品了。

（三）粗犷风味的融合设计

中国西北菜、满族和蒙古族菜、西南少数民族菜都属于粗犷风味一类，菜品没有过于精细的加工，口味粗放，不太注重对于菜品滋味细节的把控。尤其是西北满蒙都属于游牧民族，生活习惯与饮食结构也都相似，菜品的制作本来就是差不多的。西南地区的特点有两点，一是民族多，部分生活在较为闭塞的山区，菜品的制作技术较为原始；二是西南比西北一带的特产要丰富得多，菜品种类较为丰富。另外还有俗称江湖菜的一类菜品，大多没有非常专业的烹饪技艺，风格上也属于粗犷一类。由于青海、西藏、内蒙古及新疆等地域广阔，大中型城市较少，食物原料也相对固定，所以这些地区之间的菜品融合设计比较少见，但当这些地区的菜品到了内地及东南地区时，这种融合就产生了。

三、融合风味的市场影响力

（一）客户体验的新鲜感

融合风味的菜品对于各个区域的消费者来说都很新鲜，其形式与口味都不同于传统菜品，人们在每次品尝之前都会有一点期待。不同国家菜品的相互融合，使中餐呈现西餐的形式，也使西餐、日韩料理呈现中餐的形式，这样的新鲜感在传统的菜品中是少有的。

（二）丰富感

融合风味为餐饮市场增加了丰富感。在传统的餐馆里，菜品几十年不变，虽然厨师的技术精湛，菜品的品质无可挑剔，但现代社会的消费者由于在外用餐较为频繁，不变的菜品使人感到单调。融合菜品由于结合了多个地方风味特点，使餐饮菜品的形式与内容都变得丰富，因而会受到很多消费者的关注与追捧。

（三）接受度

正宗的地方风味菜品，除了淮扬菜与粤菜以外，大多特点鲜明，不容易得到全部消费者的喜欢。即使是淮扬菜与粤菜，咸甜适中，南北皆宜，但也有很多人觉得风味较平淡，滋味不够浓厚刺激。融合风味往往对于浓烈的地方特色进行了弱化，而又在平淡的风味中增加了一些浓厚的元素。

第三节　突破文化局限的菜品设计

一、发达地区与偏僻地区菜品交流

（一）发达地区对偏僻地区菜品的影响

发达地区的菜品无论是原材料的选用、烹饪技艺、餐具配置以及审美和营养理念对于欠发达地区菜品是有影响的，既有宏观的概念性的影响，也有具体的技术和品种层面的影响。

发达与欠发达是一个相对的概念。从全世界的角度看，北京、上海、巴黎、罗马、迪拜、东京、纽约、伦敦等属于时尚发达的城市；从全国的角度来看，北京、上海、香港、台北、深圳等城市以及东部沿海地区属于时尚发达地区；从全省的角度来看，省会城市及省辖市属于发达地区。发达地区对其他地区菜品的影响就是按照这样的等级梯次向下展开的。

在网络信息不发达的时候，时尚前沿的菜品往往很难传播，各地也因此能保持本地的菜品特点，但在技术上的提高也很慢。现代网络信息发达，时尚前沿的菜品可以在第一时间传播到偏远地区，只要消费者的消费能力与消费观念跟上，技术与品种的传播不是问题。

对于乡镇与小县城这样的地区来说，最先影响到这里的是原料的品种。虽然从经济能力上这些地区的消费者还不完全能承受高品质的食材的价格，但价格较低、味道相似的同类食材是可以接受的。比如用不了牛排，可以用牛仔骨；用不了大明虾，可以用沙虾。其次是菜品的形式，原本在大中城市流行的造型菜、工艺菜现在也出现在了小城镇以及乡村的餐饮市场上。甚至一些用于餐盘装饰的、没有食用性的盘饰也出现在一向讲究实惠的小城镇餐桌上，最近几年，连用于分子料理的一些胶囊式的仿制品也在小城镇的餐桌上出现了。虽然这些地区对于大城市菜品的模仿整体上水平较低，但这反映了一种饮食观念的传播。

（二）偏僻地区对发达地区菜品的影响

偏僻地区的菜品在人们的印象中是没有什么影响力的，但这些年由于发达地区菜品的高度同质化，人们为了追求菜品的个性，偏僻地区菜品的品种与方法就进入了设计者的视野。

第一是食材的选择。在优质食材被普遍使用后，设计者将目光放在了未被充分开发的食材上。如小米辽参这款菜流行了一段时间后，人们对其失去了新鲜感，于是厨师们找到很少被使用的野米、岩米、青麦仁等替代了黄小米，使菜品立刻呈现出一种新奇的观感与口感。其他如囊荷、草石蚕、苏子、薤、藠头、笋衣、树皮等，原来只是地方性特产，现在常常出现在大中城市的餐桌上。还有兰州百合、宁夏盐池滩羊、香格里拉的松茸、会泽黑山羊、昭通小草坝乌天麻、德宏小雀瓜、大理独头蒜、建水草芽等。

第二是加工食品的采用。前些年，时尚发达的大中城市在加工食品的使用上多倾向于著名产品，如火腿基本选择金华火腿或西式培根，香肠多用广式腊肠，豆豉与泡椒只用四川的。现在一些原本因地势偏僻而被忽视的优质加工食品也受到人们的重视。如云南诺顿的火腿、扬州邵伯镇的香肠、淮安楚州的豆豉、湖南的腊肉等。这类食品在菜品中的使用带来了全新的风味体验。

最多的还是小镇乡村菜品的品种与制作方法。人们在习惯了大中城市的精致菜品风味后，偏僻地区菜品的乡土风味带给消费者乡野质朴的美食气息，这种气息在城市化越来越严重的今天显得稀有和纯粹。近十多年来成功走进城市的乡土菜品有扬州的吴堡烧鹅、淮安的烧龙虾、徐州的地锅鸡等，在这类菜品中，香港的避风塘菜品是影响最大的，避风塘本是渔家躲避大风大浪的泊船场所，久而久之便形成独特的水上饮食文化。香港是个发达时尚的地区，而避风塘则是相对偏僻的区域，但水上食肆的新鲜以及烹调方法的简捷受到很多食客的青睐，后来随着粤菜的流行而传遍全国的大中城市。

二、日韩饮食对中国菜品设计的影响

日本与韩国在历史上学习了大量的中国饮食。日本学者将《居家必用事类全集》中的饮食部分与《饮膳正要》合编成一部《食经》，朝鲜的《山林经济》一书中也大量收录《居家必用事类全集》中肉类菜品的制作方法。其他如泡菜、纳豆、寿司、饺子、面条、馒头、鲊、鱁鮧酱、黑醋、豆腐等都是不同的时期从中国传过去的。近现代以来，日本和韩国在时尚文化与饮食文化的创意方面有很多独到之处，对中国菜品也产生了一些影响。

（一）菜品品种的影响

日本和韩国菜品的品种对中国菜品直接产生影响的不太多。有一些菜品被改造成了中式菜品了，但是要与餐具结合在一起。如日本的“土瓶蒸”，将海陆所产的鲜味食材放在陶壶中蒸，食用时像喝茶一样先喝汤，最后再吃壶里的食物，也有人只喝汤。这种吃法与中餐里的炖盅很像，而这种饮茶的方式与中国人的饮茶方式也一样，所以很容易就被改造成中式的菜品，但餐具换成了中式的紫砂壶杯组，名称也换成了“功夫汤”。日式的“土瓶蒸”多用海鲜，而改造成的中式功夫汤则多用一些传统的滋补品，当然普通食材炖汤也是可以的（图 8-1）。

日本食材中的和牛是在中国菜品设计里人气最高的。用来做菜时往往是用融合菜的手法，如“炭烤松茸配山葵芥末浸和牛”，就是中式和日式混搭的。浸和牛的做法是将和牛肉切成大大的薄片，放入烧沸的上汤中用小火煮 3 分钟，调味。这种做法与湖南菜中的汤泡鱼生和淮扬菜中的汤爆双脆相似。炭烤松茸与芥末调味则是日餐里常用的。

因为菜品的形式太过相似，韩国菜品对中国菜品设计的影响较小，但也有一些影响。韩餐在中国一直有较高的热度，某种程度上中式养生餐就受了这种热度的影响。此外还有北方地区有一种泡菜与韩国泡菜高度相似，区别在于中国厨师在做泡菜的时候要加糯米粉帮助发酵，酸甜味比韩国泡菜要重一些，这种做法应该是由韩国传来，中国厨师对其作了一些改动。

图 8–1 日本的“土瓶蒸”与中国的“功夫汤”

（二）餐具型制的影响

由于日本与韩国都保留着跪坐的生活习惯，在用餐时常用分餐，所以餐具的型制大多数偏小。而在民间，小规模的甚至个体的陶瓷一直都有，他们给餐具设计带来了很多个性的元素。这些餐具随着东方艺术在世界范围内的被重视也经常会出现在国际前沿的菜品设计中，也因此对中餐的餐具选择与设计带来较多的影响。

1. 餐具的色彩

日本餐具的色彩可以分为两类，一类是极其精致华丽的，另一类则是非常质朴的。前者源于唐朝文化的影响，后者则受到宋朝极简美学与禅宗文化的影响。日本的漆器餐具大多色彩华丽，以红、黑、金为基本色，辅以绿色和蓝色，总体说来，色彩的明度比较高，对比强烈。华丽的色彩当然需要有精美的图案来搭配，这些图案大多是用工笔的方法勾绘出来的。瓷器餐具大多比较素朴，以黑、白、灰、青花、酱釉等色彩较为常见，这类色彩受中国宋代天目盏的美学风格影响较多（图 8–2）。

韩国餐具比较喜欢用白色，据史书记载，早在两千年前，他们的祖先就以白色为尚，可以说这是韩国文化的基本色。青色是韩国餐具比较中意的颜色，这与韩国历史上的高丽青瓷有关。具体来说，韩国青瓷与中国青瓷非常相似，有天青、梅子青、粉青等，其中粉青瓷器用得较多，最有韩国青瓷的特点。酱色釉、黄色釉在韩国瓷餐具中使用的也比较多。用这些颜色主要是为了表达一种禅意的境界。出于同样的理由，在粉青釉上，韩国的艺术家经常喜欢在釉中加少许铁的成分，使烧出来的粉青釉上产生一些黑色斑点；或是在瓷器表面做出一些粗糙的质感。金属餐具是韩餐中用得比较多的，一般的金属餐具是不锈钢的，比较高级一些的会使用黄铜材质甚至是黄金餐具（图 8-3）。

受日韩餐具色彩的影响，现代中国餐具的色彩中也有了较多粗犷的黄色釉、酱色釉、黑色釉，还有很多会选择更有年轻感的精致的粉色釉。粗犷釉色在传统的中国瓷器中是低档瓷器，粉色系的釉则多是用于孩童的餐具上的。这是在色彩上带来的整体变化。

图 8–2　日本漆器餐具与瓷器餐具的色彩风格，华美与质朴并存

图 8–3　韩国陶瓷的色彩与质感与日本器具的禅意风格相似

2. 餐具的造型与纹饰

日本、韩国餐具在造型上的风格与其色彩质感的风格是一致的。色彩华美的餐具大多数在造型上也是十分精巧雅致的，色彩质朴的餐具在造型上大多也是朴拙的。

日韩餐具整体上与中国差不多，也是碟子、碗、盆、锅、壶等种类，但普遍器型偏小，这与日本分食制的用餐方式有关。盂、盖碗、盖盘等器型使用得较为普遍，盆型的漆餐具与中国汉代漆盆相似而简约，类似器型在现代中餐中已经不多见。

瓷器的图案非常丰富，有工笔的规整图案，也有写意的图案，更多是风格稚拙的图案。在具体的图案选择上，松、竹、梅、兰、菊花等较多见，日本餐具中樱花较为多见，在酒具上也常常绘有女子图像。与中国明清以来青花瓷上的缠枝纹饰不同，日本、韩国餐具图案多用各种植物的叶子；由于环境的影响，海浪纹也在餐具中经常见到。

古代日本与韩国经济不发达，很多高级瓷器需要从中国大陆进口，人们对瓷器非常珍惜，即使损坏，仍然会用较大的那部分来盛菜，后来有陶艺家据此设计了各种有破损瑕疵的餐具。15 世纪以后，由于受中国禅宗的影响，带有原始风格、造型稚拙的餐具在日本越来越被主流社会接受，于是开始了侘寂风在餐具设计中的流行。

（三）盛装手法的影响

日本和韩国菜品的盛装手法受餐具大小以及分餐食制的影响，完全不同于我国菜品。中国菜品传统的盛装都是以丰盛为美的，菜品在餐具中盛得比较满。日韩菜品每一份的量都不大，即使餐具较小时，也不一定要将餐具盛满，而当餐具稍大时，食物的数量也不会增加。日韩菜品在盛装时风格以简约为主，很少会采用非常复杂的造型，菜品的装饰多采用天然的树叶、花瓣，稍加染色的食材在餐具中也起到装饰效果。整体上会用不同的色彩来丰富菜品。

这样的盛装手法在近些年的融合菜、意境菜中应用得较多。如图 8-4 所示，（a）为意境菜中的日式装盘风格，（b）为日本茶怀石的一款菜品。两个菜的餐具虽有不同，但盛装的方式与菜品的空间感是非常相似的。

三、欧美饮食对中国菜品设计的影响

（一）食材应用的影响

欧美食材从清末就陆续进入中国。从最初的牛排、西式火腿、鹅肝、火鸡、黄油等到现在热度很高的松露、鱼子酱、松板肉、帝王蟹等。有些食材，如牛排，因为中国是传统的农业社会，历朝历代都有禁止宰杀耕牛的律令，所以在中餐里牛肉菜品数量少，牛排也就不容易普及，但随着农业现代化的发展，耕牛的地位下降，牛肉也就用得越来越多。黄油在中餐里，主要还是点心中应用得比较多，菜肴制作中应用得较少。火鸡之类的食物，从口感上相比中餐所用的鸡肉和鸭肉要粗老些，因此应用得也不多。松露、鱼子酱、帝王蟹作为高端食材对中餐的影响较大，在很多中式菜品中常有应用。西式火腿，尤其是可以生食的火腿，加上葡萄酒的影响，在中餐里也被认为是高端的食材，因而应用得也比较多。

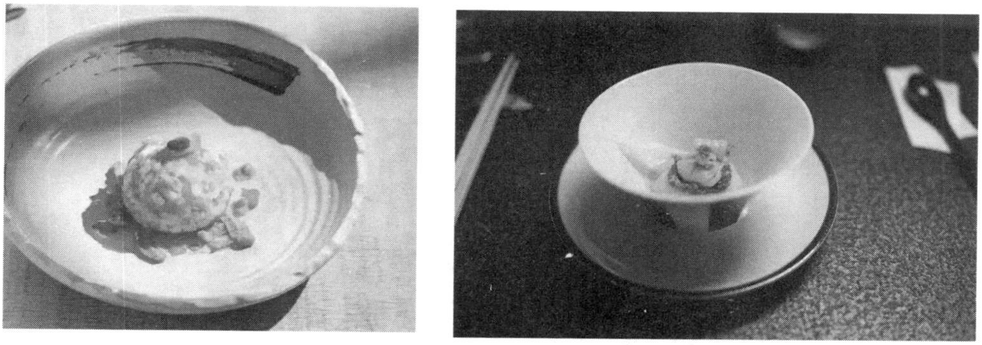

（a）意境菜中的日式装盘风格　　（b）日本茶怀石的一款菜品

图 8-4　盛装的方式与菜品的空间感

除了各种肉食，欧美的蔬菜在中餐里的应用也越来越多。如洋葱，晚清就传入中国，在中式菜品中也普遍应用，但仅限于个头较大的紫皮与红皮的洋葱。近些年来，小个头的红葱头在中餐中用得也比较多。虽然红葱头在中国西北地区原本也有应用，但普及到东南地区以及大都市，还是与欧美饮食的流行有关。

（二）菜品品种的影响

欧美菜品一般被笼统地称为西餐，但其中有法国菜、意大利菜、英国菜、德国菜、俄罗斯菜等区别，美洲大多是欧洲国家的移民，整体上与欧洲的差别并不是太大。这些国家的菜品中，法国菜和英国菜对我国南方地区的影响较大，德国菜对山东一带的影响较大，俄罗斯菜则对东北一带的影响较大。

具体品种中，牛排对中餐的影响可能是最大的。因为中国没有吃牛肉的传统，所以人们就用猪排、鸡排、鱼排、虾排替代了牛排，并且在制作时完全形成了中餐的风格。在西餐中，牛排煎好装盘时通常是不会改刀切成小块的，因为餐具中就有刀叉。这种做法在中餐中是行不通的，筷子夹不动大块的肉，所以无论是猪排、鸡排还是鱼排在装盘时都要切成小块。这类菜几十年前曾是大酒店里才会做的，现在则已经普及到快餐中，如猪排饭、鸡排饭等。

茄汁类的菜品对西餐的借鉴非常成功。原本中餐里酸甜味的菜品都是糖醋汁，当番茄汁传入中国后，很快就受到厨师与消费者的欢迎，于是人们把很多酸甜味的菜品都用番茄汁来做，其中最著名的是“咕咾肉”，关于这个菜的来历传说是与招待西方客人有关。

面包、酥皮等点心对于中餐菜品的影响也很大。面包在很多年前曾发展出一类“吐司菜”，如虾仁吐司、鸽蛋吐司、面包虾球等。这种做法现在仍然存在，上海有一款“蟹粉舒芙蕾”，结合法式甜品舒芙蕾的外形制作而成。舒芙蕾外表细腻绵密，内里包蟹粉和海胆，再佐心意大利黑醋（图 8-5）。把中国人常见的吃蟹的方式重设为西餐的甜品模式，这是典型的中西结合的烹饪手法。酥皮除了用来制作中式点心外，也拿来做各种酥皮汤，除了西式的酥皮奶油蘑菇汤，也可以做中式的酥皮炖盅，如酥皮佛跳墙。

图 8-5　蟹粉舒芙蕾

（三）餐具型制的影响

清朝以前，中国瓷器是重要的出口商品，当时西方的瓷器餐具有很多来自中国，当然具体的图案会针对不同国家有区别的设计。这一时期，西餐的餐具对于中餐几乎没什么影响。现代西方的餐具与百年前有了较大的不同，品质也大大提升，很多已经列入奢侈品的行列，在高端餐饮场所在有使用。受此影响，一些中式的高端餐饮会所中也会用到一些西方的餐具。

平盘在西餐中的应用较多，而在传统中餐里盘子都是有一点凹，可以储留少量的汤汁，盘子的尺寸也不大。受西餐的影响，现代中餐里平盘的用量也比较多，而平盘的使用直接对菜品的制作也产生了一些影响，很多汤汁较少甚至没有汤汁的菜品出现在现代中餐馆里。带盖的餐盘因为方便保温，近来在中餐里应用得较多，其中深一些的盘子称为鲍鱼盘等，从名称可以看出是用来盛一些较名贵的菜品的。

玻璃餐具对现代中餐影响较大。中餐里原本极少会用到一种琉璃餐具，这是玻璃餐具的前身，这在古代是皇家、权贵们才用得起的餐具。欧美的酒杯大多是玻璃的，还有一些盛冷食的餐具，如沙拉碗，也会用玻璃的。这一点在现代中餐里也是较为多见的。玻璃的通透感带来了菜品在色彩与造型上的新感觉，一些原本不易造型的料形细碎的菜品或是有很多液体的菜品也可以借助玻璃餐具来表现形象了。

餐刀餐叉本是西餐里的取食工具，可以在席上由客人自己分割食物，因此西餐的菜品才可以将块形做得比较大。现代中餐的一些菜品在设计时也会配上刀叉，呈现出中菜西吃的形式。

（四）法式菜品手法在中餐中的运用

第一是色彩的搭配，法式菜品重视色彩且色彩往往有季节特点，常用调味料与果蔬的自然颜色来衬托菜品，很少用染色的食材；第二是构图，法式菜品装盘构图受现代艺术流派的影响较大，菜品盛装留白较多，讲究构图与空间造型；也有些会把餐具装得很满，用蔬菜果品簇拥主菜，显得丰盛；第三是烹调方法，相比中餐，法国菜品烹调方法多用蒸煮煎烤，调味浓淡相宜，这种风格比较适合现代都市人群，因此类似的味型设计在中餐里也多有模仿；第四是用餐方式，用餐方式是消费者对菜品理解方式的体现，也是设计者对消费者品尝菜品时注意点的提醒，法餐进食方式保持着古典菜品的仪式感，讲究菜品与酒的搭配。

第四节　突破学科局限的菜品设计

一、现代哲学与美学思潮对菜品设计的影响

哲学是认识世界的方法，美学是理解世界的角度，每一派哲学的理论多少都会体现在相应的美学观念上。食物为人的生活带来快乐与满足，是人们理解美表达美的重要媒介，也是美在生活中的具体表现。因此不同的哲学理论最终多少也会体现在饮食中。在实际的菜品设计中，各种哲学与美学的思潮是交互体现的，

也经常是你中有我的关系，很多设计既可以用这种“主义”来解释，也可以用另一种“观念”来解释。下面结合具体菜品大略介绍一下影响现代菜品设计的几种哲学与美学思潮。

（一）古典主义与新古典主义

古典主义是17世纪至19世纪流行于欧洲各国的一种文化思潮和美术倾向。古典主义作为一种艺术思潮，它的美学原则是用古代的艺术理想与规范来表现现实的道德观念，以典型的历史事件表现当代的思想主题，也就是借古喻今。古典主义提倡庄重单纯的形式，追求构图的均衡与完整，追求一种宏大的风格、气魄。

传统的饮食理念中，无论是中餐还是西餐，都是以丰盛饱满为美的。所以，虽然中西餐的风味差别很大，但基本的美学风格在丰盛这一点上是相通的。而按这一美学风格来制作的菜品，大多属于古典主义的范畴。古典主义的菜品设计风格在烹饪上多采用传统的方法，餐具也以传统风格为古，也不拒绝精细的刀工与华丽的装饰，但这些都是为了衬托菜品而存在的。

18世纪，在法国大革命及其政治和社会改革之前，还有一场新古典主义美术运动，强调借古开今。反映到菜品上就是对传统菜品从烹饪工艺到餐具、装盘及装饰方法进行全面的改良，但整体风格与传统菜品还是一脉相承的。

（二）现代主义与后现代主义

19世纪末兴起至20世纪中期，具有前卫特色并与传统文艺分道扬镳的各种文艺流派和思潮，又称现代派。现代主义与现代工业的兴起是同步的，在造型上呈现更多的几何形状的组合，强调一种疏离感。现代主义的内容很多，如极简主义、印象主义、抽象主义、达达主义等。后现代主义在抽象层面有较多的发展，如硬边抽象、后绘画性的抽象是几何抽象主义等。在现代主义与后现代主义中，高雅与通俗、审美与反审美是艺术家们常常探讨的问题。

在菜品设计领域，现代主义主要表现在工业感方面，造型写实与抽象兼有，色彩明快、简洁，不受传统的雅俗概念的影响。

（三）极简主义

极简主义是20世纪60年代所兴起的一个艺术派系，作为对抽象表现主义的反动而走向极致，开放作品自身在艺术概念上的意象空间，让观者自主参与对作品的建构。极简主义是现代主义的一种，与中国的禅宗思想有着相通之处，事实上很多人也将其看作是禅宗思想在现代社会中的表现形式。

极简主义体现在菜品中表现为简化烦琐的制作工艺、装盘手法简约，尽量体现菜品本身的品质特点。在餐具设计上，极简主义更多强调一种原始的质感，而这样做出来的餐具与中日韩的禅意风格类似，土陶的材质、自然的釉色以及稚拙的器型是这类餐具的常见风格。

（四）自然主义与新自然主义

自然主义是一种受实用主义影响的哲学思想，强调人的自然本能和主观经验对于审美的作用。反映在美学里，强调真实、无虚构，没有抽象思想的表示。新自然主义美学受到实证主义和实用主义哲学影响，推崇感性经验，贬斥理性思辨，认为人类及其全部作品包括艺术在内，都是自然现象。美学也应是一门自然科学，认为美感来自自然的或日常生活的经验感受，主张运用生物进化论和科学实验的方法研究美学，把美学建立在对个体审美经验的精细描述之上，从大量经验描述中概括出科学的美学原则。

自然主义与新自然主义对于菜品的造型强调自然状态，不刻意追求造型的美感；烹饪方法上强调表现菜品的自然质感与自然风味；菜品的美化效果完全来自食材本身及餐具的衬托。

二、科学实验方法对菜品设计的影响

（一）分子料理

1988 年尼古拉斯·柯蒂（Nicholas Kurti）和艾维提斯（Herve This）开始他们之间的合作，并提出分子和物理美食学，1992 年尼古拉斯·柯蒂和艾维提斯发起国际分子美食交流会议，1998 年柯蒂去世后，改为分子美食学，俗称分子料理。结合前人的研究与实践，所谓分子料理，就是用物理、化学、生物学等学科的实验室方法结合部分烹饪技法，相对精确控制菜品制作过程的方法，是对传统烹饪的科学解构与重组，颠覆了传统菜品的外貌、口感与味道。 在传统的中餐里也有类似分子烹饪的食材加工，如豆腐、松花蛋。只是在古代，人们没有尝试过沿着这个路径继续研究下去。

分子烹饪的技术创意体现在四个方面：第一，分子烹饪突破了人们对于烹饪的认识，把实验室的化学、物理的方法引入菜品制作，给人以新奇的体验；第二，在采用化学、物理等科学方法的同时，把传统饮食的味道作为菜品风味的基础，使得设计出来的菜品让人容易接受；第三，分子烹饪把技术的重点放在对食物的口感与外形的设计上，使新奇体验延续；第四，新设备的使用也颠覆了人们对于厨房工作的认识，使得烹饪变成一个可以量化考察的科学工作。

现代分子烹饪在餐饮行业的实践中走得更远，甚至有很多经营分子料理的餐厅干脆把实验室的试管、锥形瓶等器材搬餐桌，使得烹饪这个行为本身带有很多后现代的、科幻的色彩。

（二）低温烹饪

1. 低温烹饪的原理

低温烹饪在传统中餐里早有类似的做法，如炖汤时所用的虾眼或蟹眼火加热出来的汤的温度只有 70 ℃左右，有人对这种汤的温度进行过测量，认为水温处于 50 ～ 90 ℃时水中的气泡都会呈现虾蟹眼大小状态。由于传统烹饪的温控不准确，所以较低温底的烹调方法也只有在炖与油浸等烹调方法中有应用，涉及菜品较少。

现代的低温烹饪基本是与真空技术结合的，将食材放入密封袋中抽真空，然后再置于水浴锅中加热。这种方法在国际上写作 sous vide，是法文词。原本真空密封食物是为了保藏食物，在 1940 年后，被用作烹调食物的方法，其最初也只是为了简便，到 1970 年以后，这种烹调方式变得更加细腻，科学家测试了水温与密封袋的关系，促使真空低温烹调成为新的美食烹调法，但直到 2000 年，随着可以准确控温的烹调设备的出现，这项技术才在被美国付诸实践。在分子烹饪出现时，低温烹饪也被作为分子烹饪的内容之一。但其实低温烹饪应用的仅止于物理的方法，通过较低温度结合较长的烹饪时间来改变传统的加热方法带来的蛋白质变性的状态，与分子烹饪相比，操作起来要简单得多。

低温烹调让人们发现了食物在低温成熟时的风味秘密，并由此开发出一系列的低温美食。以菲力牛排为例，通常以 149 ～ 260℃的温度快煎，但牛排的理想中心温度是 57 ℃，煎好的牛排外部过熟而中间是三分熟。在低温烹饪时，以精准的 57 ℃水温使其在一定时间内达到内外均为三分熟的状态，再放入高温的煎锅中短时间煎出富有香气的褐色外表。传统的高温烹调会使得肉中的水分流失而变得粗老，而低温烹调则可以锁住肉中的水分使其保持鲜嫩多汁的状态。

2. 低温烹饪菜品示例（来自《真空低温烹调——舒肥机料理百科》）

（1）低温煎烤猪里脊。低温烹调机预热至 60 ℃。将猪里脊加百里香、迷迭香、黑胡椒及干橙片擦匀调味，然后放入密封袋里抽真空密封，再将这个密封袋放入低温烹调机中加热 1 小时取出（这时的猪里脊是三分熟）。将密封袋中的猪里脊与汤汁一起取出。汤汁过滤后盛在碗里备用。猪里脊肉用纸巾吸干表面水分，撒上盐调味，再抹上植物油，然后用喷枪、烤架或平底锅煎烤猪里脊的两面呈焦黄色，大约煎 2 分钟。再取一个平底锅，将橙酒与过滤好的汤汁一起倒入锅中煮成浓稠光亮的汤汁，淋在猪里脊上。最后将猪里脊切成 0.75 厘米的厚片即可。

（2）低温油浸马铃薯。低温烹调机预热至 88 ℃。将小型红皮马铃薯对半切开，加盐、白胡椒和迷迭香调味，加奶油、玉米油拌匀，然后放入塑料袋中排成一层，密封。将密封袋放入低温烹调机中加热 1 小时，取出，将马铃薯及汤汁盛入盘中，可以直接作配菜上桌，也可放入平底锅中略煎出香味。

三、城市休闲与旅游业对菜品设计的影响

在地方经济中城市休闲与旅游业对菜品设计的影响比较大。虽然工农业发达也会促进饮食业的发展，但相对来说商业范畴的城市休闲与旅游业带来的消费需求更注重菜品在各个方面的设计感。

其一，经济发展催生了繁荣的饮食市场，使得菜品设计成为一个自发的市场行为。因工作繁忙无暇做饭，于是各种外卖菜品与在外用餐成为人们生活中的必需；商务活动使得相对高档的饮食场所成正比地发展。在这种情况下，饮食企业为争取消费者必然会有菜品设计的动力，没有经济的繁荣，即使人为主导各种菜品设计的比赛评奖等活动，也不会产生真正有生命力的菜品。

其二，经济发展聚集了大量财富，使菜品设计向精致、高端甚至奢华的方向发展。人们在解决了温饱问题后，不再满足于普通的菜品供应，有能力也有高端消费的需求。作为一个适应市场的行为，菜品也必然在食材上走向高端、在工艺上走向精致、在餐具及用餐环境上走向舒适甚至是奢华。

其三，经济发展带来文化艺术的发展，使菜品设计的文化元素更加丰富。文化产业中对菜品设计影响较大的文化产业是影视与传媒。影视产业在其工作过程中，设计了很多古代、现代以及未来社会中的饮食场景与品种，随着影视产品的流行，这些菜品设计也会成为现实生活中的时尚。影视作品中的菜品设计很多并不具有食用功能，但是从摄影、情景营造等美学角度已经对菜品的文化进行了很好的设计，这些是菜品设计可以借鉴使用的。传媒产业会让一些菜品迅速传播开来，他们的工作对于菜品在人群中的接受度所作的调研与推广工作很有用，是菜品设计应该借助的宣传平台。

其四，经济发展带动科技发展，使各行业的新技术、新成果得以在菜品设计中体现。农业技术的发展带来很多新的食材，生活科技的发展带来很多新的烹饪设备，营养学的发展带来更科学的饮食观念。分子烹饪、科学烹饪、新型素食、减肥餐、营养餐等都是这些发展的成果。

作业

1. 试论区域菜品同质化的局限。
2. 试论本地化与跨区域菜品的竞争力。
3. 简述狮子头在不同区域的做法的差异。
4. 简述葱烧海参在京鲁两地制作方法的差异。
5. 简述蛋炒饭在扬粤两地制作方法的差异。
6. 试比较佛跳墙、李鸿章杂烩与全家福的区别。

7. 试论古代扬州菜品风味的演变。
8. 试论近代上海菜品风味演变。
9. 试论相似风味融合设计的几种类型。
10. 简述整合风味的市场影响力。
11. 试论发达地区菜品对偏僻地区菜品的影响。
12. 试论偏僻地区菜品对发达地区菜品的影响。
13. 试论日韩菜品对于中国菜品设计的影响。
14. 试论欧美饮食对于中国菜品设计的影响。
15. 试论现代哲学与美学思潮对菜品设计的影响。
16. 试论现代科学实验方法对菜品设计的影响。
17. 试论休闲旅游业对菜品设计的影响。

第九章　菜品设计评价

本章内容： 菜品设计的评价指标、人员组织及目标的完成评价，以及对菜品评价本身的设计。

教学时间： 6 课时

教学目的： 使学生理解评价指标的类型及其重要性，基本掌握菜品设计方案的写作。

教学方式： 课堂讲授。

教学要求： 1. 使学生学会评价指标的制定。

2. 使学生了解评价活动的组织。

作业要求： 独立完成菜品设计方案。

菜品在设计完成后，必须要有一定的指标对其进行评价，以确定该菜品是否可以销售。传统的菜品大多是由厨师及饭店的领导来模糊评价的，推出后再根据客人的点菜情况来修正对该菜品的评价。这种评价模式的效率不高，现代餐饮业中对于菜品设计的评价应该更加科学、高效，应该有一套完整的评价体系。

第一节　评价指标的设定

对菜品的评价可以有多种指标，为了操作的简便，我们设定了三个指标：工艺指标、价格指标和文化指标。这三个指标分别代表了菜品设计的三个重要指向，工艺指标指向菜品的制作技术，价格指标指向菜品的目标客群，文化指标指向菜品的应用场所，这三个指标相互影响。

一、工艺指标的设定

工艺指标是菜肴品质指标，是指菜品的工艺质量标准，包括菜品的色、香、味、形、质等方面的质量标准。工艺指标的设定有不同层面，如老嫩度、新鲜度、美观度等，既与菜品制作的工艺水平有关，也与食材的品质有关。菜品的工艺指标并不是唯一的，根据销售场所、消费对象的不同，一个菜品会有多重工艺指标。在工艺层面，行业内习惯将其模糊地设定为达标、良好、优秀三个等级。达标就是基本达到该菜品的工艺要求，但这是一个很模糊的说法，良好与优秀的边界就更加模糊。从科学评价的角度来看，应该有更加可执行的指标。

（一）工艺参数细化

1. 初加工工艺

初加工工艺指标考察的是原材料在初加工时的精选度。菜品的应用档次越低，原材料的精选度也就越低。如果是蔬菜类，老叶会保留得多一些；如果是果品类，大小及成熟度也会不均匀；如果是干货涨发，则会损失一部分品质而采用出料率较高的涨发方法，反之亦然。因此初加工工艺的参数细化就是从老嫩、匀整、口感三个方面进行的。对于被评价菜品的初加工工艺应该从这三个方面给出明确的要求。

（1）老嫩。食材的老嫩不完全等同于菜品品质的高低。不同食材老嫩的表现是有区别的，再经过不同的烹调方法，老嫩的感觉就更不同，因此很难用一条普适的标准来衡量。有条件的餐饮企业可以针对本单位常用菜品的食材来逐条制定详细的文字标准，更多的单位则是在负责初加工的员工入职后的一段时间对其进行有针对性的培训。例如，大部分蔬菜以指甲能轻松掐动为嫩的标准，还有很多蔬菜可以通过外表纤维的粗细程度来分辨老嫩。不同菜品对原料老嫩度的要求是不一样的。动物原料的肌肉组织，用旺火速成的烹调方法时，需要选择肉质柔嫩的，用慢火小火的烹调方法时，则需要选择肉质较老且肉中带筋的；植物原料用来干制、腌制时可以选择稍老一点的食材，这些食材在加工以后一般用来炖汤或红烧，如果选择爆炒或氽汤则应该选择嫩度较高的菜心或嫩茎叶。

（2）匀整。匀整度包括食材自然形状的匀整与刀工处理后的匀整。匀整度与菜品的品质密切相关，是初加工品质的重要指标。匀整有比较可执行的指标，如刀工的形状、尺寸等在烹饪工艺上都有明确的数值范围。高端菜品的刀工处理以及自然形状的食材拣选都以均匀为重要指标。

（3）口感。初加工阶段对菜品口感的影响与原料的老嫩以及刀工处理的粗细匀整有关。从菜品的供应对象来说，口感也没有明确的标准，老人、孩童、女性可能需要食材软嫩一些，成年男性则可以接受稍老韧、有些硬度的食材。

2. 配色

不同厨师及不同地方风味的菜品配色习惯是不一样的，其中并无对错的标准。在符合菜品文化的前提下，对于菜品的配色要求有两个，一是干净，二是和谐。

（1）干净是大多数菜品的配色要求。一般来说，菜品色彩不干净，多数是因为锅没有洗干净，前一个菜留下来的锅灰、汤汁污染了后面的菜品，这是厨师工作中的卫生习惯问题；还有些是因为色彩调配不到位所致，菜品的色彩明度不高会显得菜品看起来灰蒙蒙的，或者汤汁的浓度透明度等没有到位，也会显得菜品脏兮兮的。

（2）和谐的色彩搭配有两种，一种是顺色搭配，另一种是花色搭配。两种配色理念不一样，但只要色彩看起来舒服，这样的配色就是可取的。花色搭配在菜品配色中较为常见，一个菜品的颜色控制在三色以内且色差较大形成鲜明的对比。顺色搭配不易掌握，在菜品配色较为少用，常见的有乳白配奶黄、奶白配橙红等。色彩和谐的菜品大多数色彩明度比较高。

3. 熟制

菜品熟制的方法很多，成熟的概念也不尽相同。除生食的菜品外，其他菜品的成熟度都有其相对固定的标准。如西餐中牛排的成熟度一般为：①近生牛排（blue）；②一成熟牛排（rare）；③三成熟牛排（medium rare）；④五成熟牛排（medium）；⑤七成熟牛排（medium well）；⑥全熟牛排（well done）。中餐里对于成熟度的描述没有比较清晰的说法，但在具体菜肴中还是有相对清楚的状态描述的。如白斩鸡在加热时要求肉已经断生而骨中带血；炒猪肝、炒腰花要求断生带血丝而不渗血，口感略带脆，等等。

4. 成形与装盘

（1）低档菜品对于菜品的成形要求不高，在不影响工作效率的情况下，可以尽量做一些造型上的设计。如小型鱼虾用竹扦串着，虾会穿成直条形，小鱼则会串成S形。常见的菜品也都以饱满的装盘效果为佳。

（2）中档菜品的消费者对菜品的成形有一定要求，但并不希望在这方面承担太多的成本，因此这一档次的菜品在装盘时稍讲究一些，但出于成本的考虑，造型时可用一些半成品的装饰食品来协助。各种刀工及手工造型的菜品在中档菜品中应用得也比较多。

（3）高档菜品的成型有两类，第一类是有奇妙构思的造型，第二类是天然去雕饰的朴素造型。前者会强调菜品造型的艺术感，只要不影响品尝美食，这类造型就是可以接受的；后者则是强调突出食材的天然美感，更强调用食器来突出菜品的品质。此外，也有对于复杂造型所带来的喧宾夺主及食品安全问题的担忧。

（二）一菜一指标

1. 普通饭店的菜品指标

一般的中式饭店菜品的种类与数量会多达几十种甚至百十种，这么多菜品每个都确定明确的质量指标显然不太现实，这种情况下，可以为饭店的品牌菜品与推荐菜品制定品质指标。每道推荐菜品在新推出时就同时在厨房里公布这道菜的品质指标。对于频繁换菜的饭店来说，每道新推出的菜品必须有专门的指标，不然无从评价其优缺点。

2. 高档饭店的菜品指标

高档饭店有人力资源的优势，它们一般各个岗位上的人员配备比较充足，甚至有专门的研发部门。这类饭店对于产品的品质要求比较高，几乎不能容许菜品出现品质问题。这样的饭店就可以有条件也有需要实行一菜一指标，也就是为每一道菜品都制定一份品质指标。表9–1是某饭店的标准菜单，对菜品“韭香蟹肉蟹味菇”原料及操作过程提出了较为明确的要求。

表9–1　某饭店的标准菜单

韭香蟹肉蟹味菇					
菜类	热菜	烹调方法	烩	成本	
份数	1	适合餐式		餐具	
原料	零点分量9~10人				
主料	蟹味菇150克				
配料	韭菜15克、母螃蟹1只（125克）、葱段5克、姜米3克				
调味料	淮字牌盐3克、家乐牌鸡粉4克、胡椒粉3克				

（续表）

韭香蟹肉蟹味菇	
制作过程	1. 蟹味菇汆水洗净，加浓汤小火煨 15 分钟
	2. 韭菜切成粒，螃蟹上笼蒸熟，剔出蟹黄、蟹肉
	3. 锅上火，将葱段、姜米、蟹黄、蟹肉煸香，放入蟹味菇小火煨 3 分钟，放入调料、韭菜出锅即可
操作要点	1. 蟹味菇用汤煨一下才能提出鲜味
	2. 螃蟹肉、黄要新鲜
成品特点	双鲜合璧，鲜美绝伦
营养成分	
菜品图片	

（三）指标类型化

一菜一指标是最理想的，但对于大多数饭店来说不现实，因为目前中国餐饮业更多的还是凭感觉来判断和评价。相对来说，类型化就比较容易操作，与厨师的工作习惯比较贴近。所谓类型化，就是根据饭店的特点，将菜品分成不同类型，然后制定不同类型菜品的品质指标。

1. 按烹饪方法分类

每一种烹饪方法都有其技术及品质要求，这些要求在烹饪工艺的课程中有明确讲解，只要是经过现代烹饪职业教育训练出来的厨师，对这种分类方法一定是比较熟悉的。这种分类方法的优点是比较系统化，行业认可度高。缺点是不能反映个性特点，对具体菜品以及具体饭店的要求不能准确反映。

2. 按菜品大类分

在饮食业的生产中，菜品一般是按冷菜、热菜、点心这样的大类来分的，三个大类的品质指标各有不同。

（1）冷菜。冷菜在大多数场合是餐桌上最先食用的，但使用的目的则不尽相同。有的是起着开胃的作用，有的是用来下酒的，有的是用来清口的。下酒的冷菜应该偏干香一些，开胃的冷菜应该偏酸辣或酸甜一些，清口的则应该偏清淡爽脆一些。

（2）热菜。热菜也分为三大类。第一类是下酒的热菜，通常是各类炒菜，味道不能太咸；第二类是饱腹的菜，通常是各类红烧油炸的菜，滋味浓厚；第三类是滋养肠胃的汤羹类菜品，味道宜醇厚或清鲜。

（3）点心。点心的品质指标可以按用途来分，如筵席点心、早餐点心、休闲点心。筵席点心如果是作为菜肴的补充，则块型不宜太大，味道也要以鲜香醇厚为主，如果是作为主食的替代，则不宜太过油腻黏滞；高档的早餐点心要满足客人品尝多种口味的需要，所以个头不宜太大，普通的早餐点心要满足客人在路上或办公室简单用餐的需要，不宜有太多汁水，不宜有太冲的气味；休闲点心的分量宜轻，风格宜清新，以不影响休闲活动为宜。

3. 按供应方式分

从供应方式上来说，有堂食菜品、大排档菜品、快餐外卖菜品等。

（1）堂食菜品虽然有不同档次的区分，但总的来说还是有共同的标准要求，菜品的装盘要相对清爽，口味不宜怪异，餐具也要完整，不能有破损。

（2）大排档菜品基本是在路边或类似环境中供应的，消费水平不高，但应符合食品安全的基本要求。大排档的用餐者多数是中低消费，菜品的风味特征要明显，口味也需要比堂食的要重一些，但对于菜品的造型要求不高，大多数情况下以丰盛为美。

（3）快餐、外卖菜品的品质指标要照顾到营养合理、色彩美观、包装简易结实等方面。这类菜品面向的是对口味没有特别需求的群体，因此在口味方面要求不高，但要保持稳定。

4. 按菜品的重要性分

餐馆的档次规模虽有大小高低之别，但不论哪种餐馆的在经营时都会将菜品分为推荐菜品、常销菜品、品牌菜品这三大类。

（1）推荐菜品。推荐菜品是餐馆暂时推出的菜品，这类菜品大多是在外地已经流行的，也有餐馆自己研发的菜品。如果是前者，外地已经流行的菜品会是一个标准，如果是后者，则是餐馆的厨师在本店客情特点的前提下研发而成的。推荐菜品的生存时间不确定，适应本店消费需求的存在时间会长一些，反之则很快会被替换。推荐菜品没有很好的客户认可，因此它的品质指标相对要模糊，很多是通过客户的点单来筛选。

（2）常销菜品。常销菜品往往不限于一个店，很可能在一个地方的大多数餐馆里都有销售。此类菜品在价位与风味上都比较适合该地的大多数消费者，其中很多品种也是当地此类居民的家常菜。此类菜品制作工艺只要基本达标就可以，味道适中，造型清爽，不需要有奇特的新创意。

（3）品牌菜品。品牌菜品也属于常销菜品，但对于风味品质的要求要高于其他菜品。品牌菜品大多数有着具体店家的特色，如以前北京全聚德的烤鸭、东来顺的涮羊肉、南京马祥兴的蛋烧卖、淮安文楼的汤包、扬州法海寺的烧猪头等。这些菜品虽然其他店家也制作和售卖，但制作水平与品牌影响力就稍逊一筹。店家对于品牌菜品应该有自己本店的专属标准，这些标准往往与行业的技术秘密有关。

二、价格指标的设定

对于菜品质量指标的评价必须建立在价格的基础之上，反过来价格指标也与质量指标相关。通常菜品的定价是通过毛利的计算来进行的。所谓毛利是指价格中扣除菜品直接成本以后的剩余部分，所以，在菜品成本一定的情况下，毛利越高，菜品的价格就越高。一味地高价格不利于餐馆产品的销售，一味地低价竞争又会降低餐馆的层次，因此在定价时要有合理的设定。

（一）针对竞争对手的定价

这是中低档餐馆的定价，参照竞争对手同类型菜品的价格来制定本店的价格，一般会选择比对手略低一点以表示实惠。这样的定价会将餐馆之间的竞争引向价格战，最终影响到菜品的品质。因此，在采用这种定价策略时，要认真调整产品的制作方案以降低不必要的成本，要在保证品质的前提下实现价格指标。

（二）针对目标客户的定价

每个餐馆都会有自己的目标客户，只要适合目标客户的需要就是比较合理的价格。这类定价与目标客户的行动半径有关。定价较低的菜品，目标客户与餐馆之间的距离不会太远，如果距离远，客户来消费的可能性就会大大降低。定价较高的菜品，目标客户与餐馆的距离则可以稍远一些，因为这部分客户会通过自驾或出租车使自己的行动半径变长。因此，如果餐馆位于低消费生活圈，菜品的毛利空间会被压缩得很低，相应地对于菜品质量指标的要求也会降低；如果餐馆位于高消费生活圈，菜品的毛利空间也会比较大，而对于菜品质量的要求也会相应提高。

（三）针对餐馆品牌形象的定价

品牌形象决定了餐馆菜品的价格高低。如定位在旅游用餐的菜品，其消费者都是快来快走，且很少有回头客，价格也就很难定高；定位在高档商务餐的菜品，无论是餐具、菜品工艺、用餐环境都比较好，这些都会体现在菜品的价格中，所以同类菜品的价格应该略高于普通的社会餐饮；定位在文化餐饮的菜品，其客户都会有一些菜品以外的附加的文化消费需求，这样的需求将菜品变成了一种文化产品，当然就有一部分文化附加值包含在其价格中。如果不顾餐馆的品牌形象，一味地强调菜品走亲民路线或高档路线都是不可取的。

三、文化指标的设定

餐馆都会有自己隐性或显性的文化定位，相应的菜品也就会有对应的文化指标，大致可以分为大众消费、小众消费与特定消费三大类。

（一）大众消费的社会餐馆菜品

大众消费的社会餐馆是饮食市场上最为常见的，这类餐馆菜品的文化指标以朴素、实惠、体现民俗文化为主。

1. 朴素

这类餐馆的菜品是以饱腹为主要目的的，消费者对其既没有太多的艺术欣赏需求，也没有太多的炫富性质的面子消费需求。所以，菜品朴素所表现出来的就是食材普通、工艺普通、餐具普通。但是这种朴素并不意味着这些菜品是没有文化内涵的，正相反，绝大多数地方名菜名点都出自这类菜品，如四川的麻婆豆腐、山东的九转肥肠、江苏的软兜长鱼、湖南的腊味合蒸、浙江的西湖醋鱼、广东的大良炒鲜奶等，不胜枚举。

2. 实惠

这类菜品的价格与其消费阶层的消费能力和消费习惯关系密切，只有实惠才能被大部分目标客户的接受。在这个消费层次里，实惠包含价廉、物美、丰盛三个方面，因此在菜品制作及装盘时都要体现出这个特点。

3. 民俗习惯

这个层次的菜品应该是人们的日常生活中经常出现的菜品，也就是所谓的家常菜。正因为家常，这类菜肴有着深厚的群众基础，基本上每道菜都会有一大批支持者，如杂烩、炒猪肝、炒鸡丁、红烧肉、红烧鱼等菜品几乎在中国大部分餐馆里都有供应。

（二）作为文化产品的菜品

仿宋菜、红楼菜、仿唐菜以及其他文化菜品在其研发之初就不是为了作为餐饮市场的普通产品来供应的，而是作为文化产品，在某些文化活动中出现。但一段时间以后，这些菜品也会出现在饮食市场上，其消费者不仅是认可这些菜品，更主要的是其背后对文化的爱好者。

1. 文化符号准确

文化菜品特别需要其中的文化符号的准确性，菜品要有明显的文化辨识度，这主要体现在餐具、食材、菜名与菜式四个方面。

（1）餐具。餐具是文化符号最明显的。先秦时期的餐具应以青铜器的材质与器型为主，汉代餐具要以漆器、陶器与一些著名器型为主，唐代金器餐具上的西域风格以及几个著名窑口的瓷器应该有使用，宋代五大名窑的瓷器以及器型上的极简审美风格，元明的青花及粉彩瓷器等。这些餐具要与相应时代背景的菜品相匹配。

（2）食材。食材有很明显的时代性。在前面的章节中有过关于不同时期传入中国的食材的介绍，在设计文化类菜品时，一定要注意食材的准确性。例如，明朝以前的菜品中不应出现辣椒，汉朝以前的菜品中不应出现豆腐。

（3）菜名。菜名是文化符号比较容易掌握的，因为在不同时期的饮食资料中，在各相关的文学作品中都记载着很多菜名。在使用时，应注意前朝的菜品不能使用后代的菜名，但后代是可以使用前朝菜名的。

（4）菜式。菜式在古代的文字资料中描述的比较少，在部分绘画作品中有一定的表现。总的来说，用青铜器盛装的菜品体量会略大一些，游牧民族的菜品体量会略大一些，宋明时期尤其是江南的菜品会精致一些，宫廷菜、官府菜以及盐商菜品中装饰性的元素会多一些。

2. 体现时代需求

菜品毕竟是为现代消费者服务的，所以在兼顾文化符号准确的同时，也应考虑到在现代餐饮业中的供应方式。例如，大型餐具符号化，并不真的作为实体餐具出现在餐桌上；复杂菜品简单化，又如仿古菜品原本在设计时会考虑到餐具与菜品的结合，还会考虑到用餐现场的服装、环境等问题，但在非正式场合这些内容都是可以简省的，这样更利于文化菜品的推广。

第二节　评价人员的组织

对菜品进行评价的目的是找出菜品与目标人群之间的差别。常见的菜品的评价来自两方面，一方面是消费者的评价，这样的评价在各个美食平台上经常看到；另一方面是设计者的自我评价，这在各类烹饪书籍中经常看到。应该说，这两种评价都是不客观的。泛消费者的评价不能反映目标客户的要求，而不以目标客户为中心的自我评价也不能提升菜品的满意度。评价人员的组织要注意三点：一是以消费者为主体，二是以烹饪专家为指导，三是以安全时尚为方向。

一、以消费者为主体

消费者是最终为菜品买单的人，所以他们的评价决定了菜品的市场接受度。菜品是由具体的个人来品尝的，对其评价受到品尝者的身体状况、文化修养及口味偏好的影响，因此要根据餐馆的市场定位来给消费者进行分类，然后挑选适合本餐馆的一批消费者来作为评价人员。

（一）按设定的消费能力来挑选评价人员

不同餐馆都会有自己的餐标，隐性的餐标会以人均消费额的形式出现，显性的餐标则会以最低消费标准的形式出现。习惯上，人们会以餐标为依据，把餐饮分为高、中、低三个档次，事实上这样的分法并不合理，但因为简单明白而被人们普遍接受。

低档饭店的人均消费金额一般在当地月最低工资的 3.8% 以下，中档饭店的人均消费金额在当地月最低工资的 4.8% ～ 14.5%，高档饭店的人均消费金额在这之上。但在确定消费人群时并不能完全按照收入来推导，因为出于“面子”的消费有可能会拉高人均消费金额。简单来说，大众菜的评价应选择工薪上班族，高档菜品的评价应选择商务人士、公司高管，大排档所用的菜品应该以经常加夜班的人群为主。

对本地区的消费能力进行估算后，我们也就大概可以根据菜品设计的预设来挑选合适的评价人员了，为了评价结果的准确性，所选参与评价者的人数不宜太少。

（二）按设定的文化修养来挑选评价人员

要评价菜品的文化指标当然需要文化修养相当的评价人员。例如，要对“红楼菜”进行评价，入选人员就应该对《红楼梦》小说以及其中相关的菜品文化有所了解；要评价仿宋菜，入选人员应该对宋代的菜品风格、餐具等有所了解。这样的文化修养方面的设定并不是要求入选人员必须是相关方面的专家，但有一些相应的文化修养更容易理解菜品中的文化设计。

菜品的文化指标也是有层次的，对于受众广泛的文化类型，普通文化程度就可以。比如以武侠小说为底本的“武侠菜”并不需要参评者有太高的文化程度；以《红楼梦》《金瓶梅》《西游记》为底本设计的菜品就需要参评者的文化程度稍高一些；仿唐菜、仿宋菜之类的仿古菜品则需要有比较多的古代文化知识才可以评价。

（三）按设定的年龄层次来挑选评价人员

菜品在设定消费对象时是会把年龄层次考虑进去的。时尚菜品的消费对象通常是大学生或比较年轻的城市白领；滋补养生菜品的消费对象通常是年龄偏大的消费者；高热量、口味偏重的菜品通常面向的是 20 ～ 60 岁的体力劳动者或年轻的男性；可爱型、易消化的儿童餐自然是为低龄儿童设计的。

二、以烹饪专家为指导

烹饪专家是评价人员中的技术核心，他们对原料、烹饪工艺、营养卫生等方面有专业的意见，在评价过程中，他们既负责对菜品的工艺品质进行鉴定，也有为其他评价人员进行专业知识纠偏的作用。当然他们的工作都是建立在充分了解菜品定位与客户需求的基础之上的。

（一）对原材料的评价

1. 新鲜与老嫩

原料本身有新鲜度与老嫩度的问题，这个问题既要结合菜品适用的档次来考量，也要结合菜品本身的品质特点来考量。从档次来说，中低档的菜品为了降低菜品的原料成本，在不影响食用的前提下，可能会选用嫩度或新鲜度稍差的原料。如中低档餐馆的滑炒肉片可能选用的是猪的后腿肉，而中高档餐馆的滑炒肉片则可能选用猪的通脊肉。从嫩度来说，通脊肉比后腿肉更适合滑炒，但从成本的角度，中低档餐馆的选料却是完全正确的。再如，在中国菜里，萝卜缨大多数情况是不用来做菜的，而在中国南方的一些地方却有用萝卜缨来加式霉干菜的传统，在韩国菜里也有将萝卜缨晒干后煮汤的做法。这是从菜品本身的特点来考量的，也是正确的用法。

2. 原料选择的合法性

部分食材原本是人们餐桌上常见的，但现在已经被列入动植物保护的名录，还有近些年江河水面的禁捕休渔，很多水产食材也不可以使用。由于受传统饮食观念的影响，很多厨师及消费者对这些情况并不了解。保护动植物如果子狸、大雁、绿头鸭、锦鸡、熊掌、飞龙等，这些过去在很多菜谱中甚至是烹饪的教材中都是常见的，但现在用来做菜就是违法的。还有一些食材，如燕窝、鲍鱼、海参等高级食材，虽然是可以使用的，但如果菜品的供应对象是国家公职人员，这些食材制作成的菜品也就不合适了。

3. 原料的等级评价

现代菜品的原材料来源远比传统菜品要广泛，大部分普通消费者对原料的生产状况不太了解，往往会将一些等级不高的食材误认为是高级食材，一些供应商也会为了利润将低等级的合成食材当成高级食材销售，这方面就需要专家给出专业的评价。

（二）对基本烹调工艺的评价

1. 对菜品烹调技术的评价

客户定位决定了菜品的品质。低档餐馆的客户用餐以饱腹为目的，菜品的味道和口感基本达标就可以，具体口味以浓厚为主，在不影响效率与利润的基础上尽可能做得好一点；中档餐饮的客户要求菜品有一定的审美韵味，在刀工、火候等技术上要标准完善；高档餐馆的菜品口味要求比较细致，以能够突出食材本味为佳，不需要有过于复杂的烹饪方式。

2. 对菜品成熟度的评价

低档菜品由于用料的新鲜度不高，出于安全的考虑，菜品以充分加热成熟为宜，但不能将所有菜品都煮得烂熟；中高档菜品对原料的品质要求比较高，在烹饪时会比较精细的控制菜品的成熟度，最典型的如西餐中的牛排。专家在对菜品的成熟度进行评价时，虽然要考虑到菜品的供应层次，但主要还是要看具体菜品的工艺指标，如炖煮的菜品以熟烂为好，爆炒的菜品应该略脆一些，特别新鲜嫩度高且卫生可靠的食材则可以带点生。

（三）对菜品装饰的评价

菜品的色、香、味、形、器五个方面中有三个方面与艺术感有关。所有菜品都有其艺术感，本身并无高下的区别，但对应的消费者却有不同。

1. 装饰的必要性

菜品装饰需要消耗人力与原材料，所以也会产生成本。如果这个成本是消费者不愿意买单的，就属于无效成本，这样的装饰也就是不必要的。如果装饰提升了菜品的档次，而消费者也愿意为此买单，就属于必要的装饰。因此评价装饰是否必要，是看两方面，一是看菜品与消费者的期望，二是从审美角度看是否美化了菜肴。

2. 装饰的风格

时尚前沿的艺术手法只适合用在消费能力较高的客户群里，这类客户并不是都能理解、欣赏这类艺术手法，但他们是有学习或包容的能力的。相比较而言，中低档菜品比较适合传统的艺术感，这样更容易得到消费者的认可。从年龄的角度来说，年轻人更容易接受时尚的菜品形式，中老年人更容易接受朴实传统的菜品形式。

三、以安全时尚为方向

食品安全是菜品质量永恒的底线，而时尚则是每个时代不变的方向。无论菜品设计的初衷是什么，都会把安全作为底线，都会力求在风格风味上贴近流行。

1. 美食评论员

在评价人员当中，应当有媒体背景的美食评论员的加入。一方面，他们可以从时尚消费的角度来评判菜品的品质；另一方面，也可借媒体的影响力来宣传推广菜品。对于具体人员的选择，要看他们在美食评论方面的专业度与影响力的大小。

在对于时尚度的把握方面，一般来说应该向比所在地高一个等级的城市看齐，比如说一个四线城市的菜品应该向三线或二线城市看齐，二、三线城市的菜品则应该对标一线城市的流行，而一线城市的菜品设计则应该跟上国际流行的趋势。

2. 营养卫生专家

菜品的营养价值的判断有三个维度，分别是传统的养生食疗学、现代营养学与民间的养生观念。这三个维度之间无疑是不能兼容的，但又都有各自的受众，相关的专家应该对此有深入的了解。

（1）养生食疗的维度。中国饮食素来有食疗食养的理论。从专业角度来评论解读的话，需要有中医中药方面比较系统的理论知识，不能采用一些似是而非自相矛盾的说法。

（2）现代营养学维度。现代营养学与传统的养生食疗学在理论基础上相差甚远，很多说法表面相似，实质不同，如酸碱平衡与阴阳平衡等。营养学与现代科学的关系密切，在年轻消费者中的影响力较大。

（3）民间养生习俗。既然是民间习俗，就有着地方的特色，符合当地的风土人情与习惯，不能归为传统养生学，也不属于现代营养学的范畴。

第三节　菜品设计目标达成

一、价格定位准确

没有价格定位的菜品设计只是一种空洞的计划，除了非商业用途的菜品，几乎所有的菜品在设计时都应该将价格定位考虑进去，而且是优先考虑。价格定位有两种情况，一是菜品的价格，二是菜品的档次。

（一）菜品的价格

菜品的价格由成本加上毛利构成。其中成本是指原材料的成本，毛利中则包含着各种费用。在一道菜品中，原材料的成本可当成本相对固定时，菜品价格的升降就与毛利中的各项费用的高低有关。

1. 菜品用料符合价格定位

菜品的档次不同，价格定位不同，同类菜品的原材料质量一定会有区别。如红烧肉，在不同档次的餐馆中都有售，但价格不同，所用原料的品质也不同；再如扬州炒饭，一份从几块钱到几十元不等，价格不同，原料的配方也不同。所以，在设计菜品时不能一味追求菜品的质量，而要结合价格定位来选择合适的原材料和合适的原料配比。

2. 菜品工艺符合价格定位

菜品的工艺难度与原材料的成本关系不大，但与厨师的工资关系很密切。厨师技术高，工资大多数情况下也比较高；厨师花时间做一些工艺复杂的菜品，使得单位时间里的菜品的生产量下降。当菜品的价格定位较低时，复杂工艺会使得菜品毛利中的人工费用上涨，进而影响到菜品的利润。有些菜品，如“文思豆腐”，在必须靠厨师精湛刀工来切的时候就不适合当作低价位的菜品，而当厨师的刀工被一些工具所替代的时候，这个菜在一些低档的旅游餐中也可以出现了。因此，菜品的工艺难度与复杂度要与其价格定位成正比，中低档次的菜品工艺也比较简单，中高档次的菜品因价位较高，工艺也可以复杂一些。

（二）菜品的档次

菜品的档次与价格不能完全重叠，主要与菜品应用的场合有关。完全从价格来看，中低档的餐馆中也会有一些高价格的菜品，中高档的餐馆中也会有一些低价格的菜品。但中高档餐馆中低价格菜品的呈现效果还是远远优于中低档餐馆中同等价格菜品的。档次是菜品的整体平台，在低档次的平台上，菜品的价格是很难提升的，而在高档次的平台上，菜品就可以通过调整配方、改进工艺等方法来提升价格。

评价一个菜品是否符合预设的价格档次的定位，要看用料、工艺这两个方面。低档菜品的用料与工艺都不会太考究，高档菜品则一定要考究。比如“毛血旺”这类菜品，如果用于大排档或中小餐馆应该是很合适的，如果用于星级酒店等高档消费场所就不太合适。也有些菜肴本是中档餐馆的名菜，但在调整了制作工艺以后，还是可以提升档次的。如“拆烩鲢鱼头”，按原来的做法用在高档餐馆里是比较少人问津的，因为它的原料太过普通，客人在品尝时既不会觉得它很美味，而分量又太大，影响品尝其他的菜肴。将“拆烩鲢鱼头”改进一下做法，只选取鱼云、鱼眼部分来做菜，菜品的口感立刻得到提升，菜品的档次也随之得到提升。

二、工艺质量达标

（一）刀工

不是所有的菜品都需要讲究刀工，但刀工无疑是体现菜品精致度的重要技法。刀工是一个操作过程，而不是结果，要从适合度与精细度两个方面来考量。

1. 适合度

菜品在组配时对于原料刀工处理是有比较明确要求的，在形状上大多数时候要求同形相配，而在厚薄粗细方面则要求适合菜品的烹调方法。

（1）同形相配。同形相配的要求比较高，需要根据主料的形状来加工配料与小料的形状。如果主料是菱形片，那么配料也应该是菱形片，相应的小料也应切成相似的形状。原材料的自然形状不可能都符合规整的几何形，为了不浪费原料，不需要将所有的食材切成一种形状，这样一来，在主配料搭配时可以选相近的形状。例如，月牙片、柳叶片、菱形片是可以互相搭配的，方形块、球形块、滚料块是可以互相搭配的，粗丝与细条也是可以互相搭配的，稍厚的菱形片根据大小可以搭配块状、丁状的食材，等等。

（2）料形与烹饪方法的适合度。刀工处理不只是将原料切成小块那么简单，它还会改变原料的质感。料形较小的原料比较适合短时间加热或不加热的菜品，如凉拌、炝、炒、氽汤等菜品的料形大多是比较细小的。但在具体菜品中还是有区别，如炒菜的料形应该比氽汤、凉拌等菜肴的料形要粗厚些，因为太细、太薄的原料在炒的时候会沾在锅壁上。易烂易碎的原料要切得大一些，如鱼片就要比肉片切得大，冬瓜、土豆等食材在炖煮的菜品中也要切得大些，否则在烹调时稍有破碎就会显得菜品不整齐，看上去像剩菜。

2. 美观度

料形本身尺寸比例也很重要，它关系到料形的美观度。以长方片（块）形来说，其长宽比例符合黄金分割比或中国传统绘画“三七停”的时候会比较美观。正常情况下，料形以整齐为美，配料的料形应小于主料。切得比较细和薄的原料不光有着美观的效果，本身也会改变食材的口感，原本脆性的食材会增加柔软的质感，原本韧性的食材会增加绵软的质感。

（二）预处理

食材预处理的目的与方法各异，不论采用何种方法进行预处理，最后都要看是否达到目的。

1. 腌渍

腌渍的目的是入味、改变质感、去除异味，目的不同，腌渍的方法和调配料也不同。以入味为目的的有滑炒菜品的上浆、清蒸和煎炸烧烤菜品的腌渍等，这类腌渍要求咸味在人的味觉能接受的正常域值以内；有些腌渍是为了改变质感，如腌过的鱼肉质会变紧，在烹调后会呈块状；腌制上浆后的肉在加热时更容易保持嫩度；腌制去水后的蔬菜会保持较脆的口感；有些食材会有一些不太好的气味或滋味，如蔬菜中可以通过腌渍的方法去除涩味、苦味。

2. 焯水

焯水的目的有四个，一是通过焯水使食材预先成熟，以缩短后面的加热时间；二是去除动物类食材的血水、黏液和异味；三是去掉植物类食材中的草酸并使颜色固定；四是焯水后食材的外形基本固定，如八宝鸭焯水就是为了使鸭皮绷紧，利于后面的上色定型。

3. 调色

调色可分为固色与上色。所谓固色是固定食材原有的颜色，上色是给原来颜色较淡的食材增加颜色。不论哪种，其目的都是使被调色的食材能够增加菜品的美感。这方面并无统一的做法，日本和韩国菜品的色调与东南亚菜品的色调与南美洲菜品的色调一定是不同的，所以对于调色的评价一定要从菜品设定的风格特点的角度来评判。

（三）烹调

笼统地说，烹调方法的使用是为了使菜品显得更美味，如果从菜品的使用目的来仔细考量，烹调质量的评价就不会这么简单。

1. 高档菜品的烹调

高档菜品所用原材料等级比较高，新鲜度也高，这类食材应该用简单的烹调方法来烹制，以突出其自有的鲜味。这是中国烹饪在发展之初就有的认识，所谓大味必淡就是这个道理。如果优质食材被拿来用过于复杂的方法烹制，明显是对食材的品质不了解，也是对高档菜品的消费需求不了解。

如新鲜的螃蟹最佳做法是清蒸，在宋代称为洗手蟹，意思是蒸熟后自己剥着吃的。相比较而言，宋代名菜“蟹酿橙”的长处在于有趣味，但在风味上就略输一筹了。有一些高档原材料自身没有味道，如燕窝等，这样的食材在烹调时大多适宜用清淡的味道；还有一些自身除了一些腥臭味也没有其他好的味道，如鲍鱼、哈士蟆（养殖）等，这些食材在除去了腥臭味以后，大多适宜用浓厚的味道。

高档菜品的品尝要求比较精致，带皮带壳带骨头的菜品会影响用餐时的形象，带刺的鱼类在吃的时候容易卡着，所以这类菜品是不适合的，除少数菜品如“鲥鱼”，大多数高档菜品在烹调时应选用无骨无刺的做法。

2. 中低档菜品的烹调

中低档菜品在烹调时要特别强调丰盛感与热闹感，也要兼顾一点格调，因为所有的消费者都希望自己的消费形象比实际要高一些。

中低档菜品的原材料不算太高级，新鲜度也可能不会很高，甚至有些食材已经不新鲜，这样的食材在烹调时可以选用一些滋味浓厚的方法。如新鲜的河虾可以做炒虾仁、盐水虾等菜品，但中低档菜品所用的虾品质没那么好，适宜拿来做油爆虾、椒盐虾等。

中低档菜品的品尝要求不高，用餐时讲究气氛，所以菜品中皮壳骨头都附在上面，而且店家为了营造出丰盛的感觉，很多时候是有意保留这些皮壳的，甚至还会添加多量的客人不会去吃的配料，如辣子鸡块里经常被添加了很多的辣椒，看着很丰盛、也很有气氛，但真正的成本并不高。

3. 养生菜品的烹调

养生菜品是现代餐饮业中很重要的一类，在内涵上已经突破了原有的养生概念，包括一些瘦身、健身、养颜美容的客户需求。

（1）养生菜品的烹调应该有比较学术性的理论支撑。传统的养生学与现代的营养学都可以作为理论支撑，算是两种不同的风格。如果是关系到食疗的内容，需要有中医的方子，不可任由厨师或客人根据自己的理解在菜品中添加药材。瘦身健身或养颜美容的营养餐最好也能有专业的营养师的建议。

（2）养生菜品也要有滋味与口感的品质要求。养生食疗的菜品由于其中添加的中药材，往往会有一些令人不愉快的气味，因此在配伍时要尽量用食材来替代药材，不得不用时，也要注意药材的用量不宜过大，不要把菜品做成药品。营养餐也同样要注意美味的要求，过于素淡的味道会影响人的食欲，甚至引起轻度的厌食症状。

三、风味定位恰当

菜品的风味类型有两类，一类是具体对应某一地方风味，另一类是模糊地方风味特色的融合风味，无论是哪一种，都必须有准确的符号标识。一个菜品应该设计成哪种风味，要看具体的应用需求，更准确地说，是消费场所决定了菜品的风味定位。

（一）大排档菜品的风味定位

在每一个城市的餐饮行业中，大排档都是最低层次的。在风味类型上，中小城市的大排档以本地风味为主，大城市由于外来人口多，大排档的菜品风味也就比较丰富，基本一个排档会有一个排档的特点。现在由于网络发达，信息传播很快，没有很多外来人口的中小城市也很容易接触到外地的流行菜品，但人们的口味还是以本地风味为主。

大排档的菜品基本要求风味浓厚，不需要讲究菜品的造型，只要装盘清爽即可。除了当主食使用的如米线、米粉、面条、炒饭等，其他的菜品在风味上要适宜下酒。因为大多数大排档的消费额度不高，所以原材料也都是日常生活中的常见食材，适合大多数工薪阶层。

（二）明确风味类型的餐馆菜品的定位

风味明确的餐馆里要开发设计新的菜品，应该以主体风味为主，当然也可以用其他风味的菜品，但必须与主打风味相协调。如四川餐馆需要的当然是四川风味的菜品，风味相近的菜品如湖南菜、贵州菜也是可以相融的。再如淮扬菜餐馆里的菜除了淮扬风味外，广东风味、浙江风味也是可以穿插的，如果在淮扬餐馆里用到川菜，则应该降低原有的麻辣味，以适应淮扬地区的清淡口味。

消费者熟悉的风味类型应该有明确的符号特点，如淮扬菜的精湛刀工、清汤、炖焖菜品；安徽菜对山珍、发酵食品的利用；广东菜的山珍海味与老火靓汤等。消费者不太熟悉的菜品则有一些大类的区别就可以，如设计一款西餐菜品，对于中国消费者来说就不必要强调是法式、意式还是德式；设计一款日式菜品，对中国消费者来说也不必强调是关西、还是京都风味；对江浙一带的消费者来说，西北地区新疆、甘肃的菜品与内蒙古的差别也不是很明显；对京津地区的消费者来说，江浙沪地区的菜品也是一大类的。这样的认识为融合菜的产生奠定了基础。

（三）融合菜的设计

融合菜是这些年受到很多厨师追捧的菜品类别，但这类菜并不是适合所有的城市。一般来说，融合菜的产生与该地区大量的外来人口有关系。外来人口给一个城市带来新鲜的口味需求，但在一个城市里不可能有世界各地的风味餐馆，在这种情况下，融合各地口味特点，照顾不同地区口味需求的菜品就会成批地出现。城市越大，外来人口就越多，不仅有国内的，也有国外的。以美食著名的城市有很多都是融合菜的集聚地，如京津地区的菜品是以山东、河北、淮扬、河南等地方风味为骨架发展起来的；扬州、南京的菜品是以苏北、河南、陕西、山西、徽州、苏州、杭州等地风味融合而成；上海地区的菜品是淮扬、苏州、徽州、四川、西餐等融合而成。食材、调味品以及各地的烹调方法在这个城市里互相交流，融合菜也就出现了。因此，融合菜的设计一定是面向大城市的消费群体的。

四、文化符号合适

菜品在设计之初所设定的文化符号常见的有：市肆菜品（中低档菜品）、私房菜品（个性化的高端菜品）、酒店菜品（格式化的中高端菜品）、文化菜品（仿古菜或其他文化菜品，面向某个小众文化消费群体）、素菜（主要指佛教、道教文化的菜品），等等。考量菜品设计的文化符号是否准确，主要看两点：一是符号的应用是否准确，二是菜品与使用场所的文化符号是否适合。

（一）符号的准确性

饮食行业的从业人员很多对于文化方面的知识准备不够，导致在菜品设计中符号应用有误。

1. 素食符号

素食不能简单地等同于不用动物原料。中国的素食主要提供给信奉佛教与道教的人士，还有一部分是供应给没有宗教信仰的消费者，可以将前者称为宗教素食，后者称为习惯素食。宗教素食需要戒大部分动物食材与小五荤。具体还要看消费者的背景，部分宗教素食者有食三净肉的传统。习惯素食是指饮食习惯或减肥等健康原因的素食，这一类则不一定要戒小五荤。

2. 高端符号

原料层面把高端菜品简单地等同于用料的高级与浪费，技术层面把高端菜品等同于精细的刀工与复杂的烹调，这都是对高端符号的误解。在菜品中，高端主要通过几个方面来表现：一是菜品应用的场所与目的，如用于比较高级的接待或用于比较高级的餐馆，这是通过有品位的餐具来体现的；二是菜品的原材料新鲜、无公害，并且选料精良，这往往是体现在原材料的性状上；三是菜品的烹制手法，不追求简单或复杂，只追求制作出理想的风味；四是菜品的装盘形式，这也是最明显的符号，装盘形式或前卫或古典，都能表现出得体的艺术感。

3. 文化符号

仿唐菜、仿宋菜、红楼菜等都需要用相应的文化符号来表达，这是文化菜品在设计时必须解决的问题。我们生活中的一切都属于文化范畴，因此，关联到菜品时，这文化符号也就比较庞杂，需要设计者有比较宽广的文化视野。

首先，仿古菜不能出现与时代特征不符的原料、菜名、烹饪方法与餐具。不能出现设定时代之后才出现的原料、菜名、烹饪方法与餐具，如果能够有明确的出处，更能增加仿古的可信度。

其次，文学菜品应该与相关的小说有关联。红楼菜当然应该出自《红楼梦》小说，如果是以诗词为主题设计的菜品，最好能够在菜品的风味及装盘形式上表现出诗的意境。

最后，以旅游文化为符号的菜品关联的应该是当地的民俗、民间传说、名人典故、风景名胜以及风土物产。

（二）符号的适合度

菜品文化符号应该自然而然，不要过度解读，不要强行赋予。例如，某城市历史上盐商文化发达，在这个背景下，在菜品中设计一些盐商文化符号是很正常的，也是很自然的。可是，如果菜品所应用的酒店完全是现代建筑，室内是现代装修，餐具是现代餐具，这时要在菜品中设计盐商文化符号就是不合适的，是牵强的。

宫廷文化作为研究用在菜品中是可以的，但作为正常经营的企业设计宫廷菜往往会因过度符号化解读，使得餐馆以及菜品透出一种陈旧的味道。国外也有些餐馆的菜品原料用山珍海味、形式上雕龙画凤、餐具上金玉迭出，空间则是金碧辉煌，这个不是餐饮行业的常态。毕竟在现代文明中，宣扬宫廷饮食的奢华也是不符合现代社会饮食伦理的。

菜肴命名的不当是菜品文化符号应用中常见的问题。命名者不了解名称背后的意思、不了解名词在流行文化中的含义，或者生硬地使用谐音来命名菜品，都会使文化菜品显得没有文化，因而拉低了菜品的格调。

第四节　菜品评价的设计

一、表格设计

（一）菜品工艺评价表

这份表格是针对菜品的技术层面的评价表，表中详细列出该菜品需要评价的技术项目。但不是每一道菜品都需要有同样地评价项目，因为每道菜品的工艺流程及技术构成是不同的。为了使评价表格简洁可用，可以将菜品按档次进行分类，同样地，不同餐馆菜品风格有区别，这样的表格也不可能是适用于所有餐馆的。

1. 中低档菜品工艺评价表

中低档菜品为了降低成本，餐馆厨师自己对原料进行初加工，这也是决定菜肴品质的重要环节，因此在评价时分值设计比较高。刀工在这个档次菜品中要求不高，客人也不太愿意为刀工技术买单。搭配决定了菜品是否实惠，这也是中低档菜品消费者所关心的内容。烹调的分值评价的是菜品的美味程度，对于这个档次的菜品来说，美味值更多是调味的深厚程度（表 9-2）。

表 9-2　中低档菜品工艺评价表

菜名：

项目	评价内容	分值	得分
初加工	选料恰当、物尽其用、能满足菜品的品质要求	10	
刀工	刀工均匀熟练、料形与大小符合菜品要求	15	
搭配	主配料形例恰当、料形协调、色彩协调、风味协调	25	
预制	方法正确、预调味或预熟程度恰当	15	
烹调	烹调方法符合菜品品质要求、有时尚感、无不恰当烹调方法	25	
装盘	菜品分量与餐具大小协调、有时尚感、符合消费需求	10	
总评与总分			

评价人：　　　　　　　　技术等级：　　　　　　　　日期：

2. 中高档菜品工艺评价表

中高档菜品在进货时常常选择一些净料，所以对其加工评价分值不高。刀工是能够体现菜品精致程度的重要内容，所以分值高一些。中高档菜品中，尤其是高档菜品中，食材成本所占比较低，因此在搭配方面分配的分值略少。中高档菜品更强调清鲜，但在评价时的分值比重是一样的。装盘效果是这个档次菜品质量比较重要的部分，要求美观、清爽，其创意与技术远远高于中低档菜品，因此所占分值也略高一些（表 9-3）。

表 9-3　中高档菜品工艺评价表

菜名：

项目	评价内容	分值	得分
初加工	选料恰当、废料少、能满足菜品的品质要求	5	
刀工	刀工精细恰当、料型与大小符合菜品要求、利于菜品造型	20	
搭配	主配料比例恰当、料型协调、色彩协调、风味协调	20	
预制	方法正确、预调味或预熟程度恰当	15	
烹调	烹调方法符合用餐要求、有时尚感、无不恰当烹调方法	25	
装盘	菜品分量与餐具大小协调、有时尚感、符合消费需求	15	
总评与总分			

评价人：　　　　　　　　技术等级：　　　　　　　　日期：

（二）消费者评价表

消费者评价的要点是寻找相应的目标客户来评价菜品。如果让高收入阶层去评价路边店、小吃店的菜品，或是让低收入阶层去评高档会所的菜品，肯定都不会得到真实的结论。前者会认为那些中低档菜品品质不高、不符合健康观念，后者会认为中高档菜品不实惠或太花哨。

1. 中低档菜品消费者评价表

从消费者的角度来看，中低档菜品满足的是最普通的日常饮食消费，要足量也要新鲜，因此在这两点上分配的分值比较高一些。加工精度与装盘美感相对不太重要，所以分值较低。味道与口感永远是美食中最受关注的，因此这两点分配的分值也最高（表 9–4）。

表 9–4　中低档菜品消费者评价表

菜名：

项 目	评 价 内 容	分值	得分
分量	分量充足、餐具大、装盘饱满	15	
新鲜度	原料新鲜、时令原料、老嫩恰当	15	
加工精度	选料恰当、刀工精确、初加工恰当	10	
味道	咸淡适口、味道时尚	25	
口感	老嫩软烂适当，符合烹调方法特点	25	
美感	色彩协调、品相干净、光泽度好	10	
总评与总分			

评价人：　　　　　　　　工作类别：　　　　　　　　日期：

2. 中高档菜品消费者评价表

中高档菜品的消费者一般来说不太关注菜品的分量是否充足，而且餐盘装得太满会影响美观，因此在分量上要求不是太高。这个层次的消费者对新鲜度尤其关注，因为这一点决定了菜品的口感高低，所以分值略高于中低档菜品。味道与口感的分值分配与中低档菜品相同，但评价的内容有区别，味道是清淡的时尚，这是相对中高收入群体的口味要求，口感要不影响用餐时的形象，口感太有韧性或太过酥脆的菜品会让人觉得吃起来不是很优雅，所以如果有类似口感的菜品，应该配上辅助的工具，如刀叉等（表 9–5）。

表 9–5　中高档菜品消费者评价表

菜名：

项 目	评 价 内 容	分值	得分
分量	分量适中、餐具大小适当、装盘注意留白	10	
新鲜度	原料新鲜、时令原料、老嫩恰当	20	
加工精度	选料精细、刀工精细、初加工恰当	10	

（续表）

项目	评价内容	分值	得分
味道	清淡适口、味道时尚	25	
口感	老嫩软烂适当、影响用餐时的形象	25	
美感	色彩协调、品相干净、美学概念前沿	10	
总评与总分			

评价人： 工作类别： 日期：

（三）传播影响力评价表

媒体评价的是菜品在对应客户群中的接受度，接受度高的自然传播影响力也就比较大。如同消费者评价一样，不同档次菜品的媒体评价标准也不相同。在中低档菜品中，菜品的分量是很重要的评分项，容易吸引消费者注意，在媒体那里当然也是重要的评分项。不同客户群对时尚的理解也是不一样的，作为参与评价的媒体应该对此有了解。

1. 中低档菜品媒体评价表

一道菜品是否会成为某个区域或某个圈层的名菜，一定有适合这个圈层的重要的优点。中低档菜品分量足一直是重要加分项，所以分值的分配比较高。新鲜度、工艺水平以及美味度只要达到一般水平就可以，所以分配分值稍低一点。客户精准很重要，如果一个餐馆的菜品定位在中低档，而它所处的位置却在一个中高档消费区域，就很难拥有很好的客户群体。因此客户定位方面分配的分值也是比较高的。中低档菜品的消费者也会关心时尚，当然这样的时尚并不用关联得太紧，有一些时尚元素就可以，如品种、名称等（表 9–6）。

表 9–6 中低档菜品媒体评价表

菜名：

项目	评价内容	分值	得分
分量	分量充足、餐具大、装盘饱满	20	
新鲜度	原料新鲜、时令原料、老嫩恰当	15	
工艺水平	工艺独特、新奇	15	
美味度	美味有特点	15	
客户精准	有准确的客户定位、方便推送	20	
时尚	与流行文化有关联、与一线城市有关联	15	
总评与总分			

评价人： 媒体名称： 日期：

2. 中高档菜品媒体评价表

中高档菜品的关注度大多数不在分量上，因此，这一项的分值较低。新鲜度是这个档次菜品中最受关注的，因此分值也高。尤其是高档菜品中，由于食材的品质较好，通常不会用非常复杂的工艺去烹调，只要用恰当的工艺就可以，分值与中低档菜品相同。对于美味度要求是个性化的，而非大众化的或流行化的美味，因此分值分配较高。对于时尚的要求更高一些，要求符合现代美学观念，有高级感，这是区别于流行的时尚要求，因此分值较高（表 9–7）。

表 9–7　中高档菜品媒体评价表

菜名：

项 目	评 价 内 容	分值	得分
分量	分量适中、不浪费	10	
新鲜度	原料新鲜、时令原料、老嫩恰当	20	
工艺水平	工艺精湛、合乎技术标准	15	
美味度	美味有特点、不同于大众市场流行口味	20	
客户精准	有准确的客户定位、方便推送	15	
时尚	美学观念前沿、有高级感	20	
总评与总分			

评价人：　　　　　　媒体名称：　　　　　　日期：

二、调查设计

社会调查有两个阶段，各有其必要性。第一是设计之前，社会调查可以帮助设计人员找到设计灵感，找到可行的方向；第二是设计完成之后，调查客户的满意度，可以对设计成品进行调整。

（一）同类产品调查

现代餐饮行业信息交流非常活跃，每个类型的菜品都有人在做且都有其相对固定的客源，我们的设计其实基本上是在同类产品的基础上进行的，因此对同类产品调查就显得非常重要。

1. 制作工艺调查

同类产品在不同店不同厨师的手中做出的效果会有一些差异，尤其是名店名师以及各种网红店的作品，往往会有其制作工工艺上的特点。这部分的调查主要是两个方面。

（1）传统技术及其改良。了解一下市场上同类产品坚持传统工艺的以及对传统工艺进行改良的情况，并对其市场接受度进行调查。由于菜品应用的城市不同，调查的结论也会不同，所以当菜品应用地有改变时，这样的调查还是要重新再做一下。在传统技术中，产品的配方常常是决定其质量的重要因素，经典的配方也是赢得客户信任的重要原因。由于时代及菜品所在地区的不同，原配方不一定适用，这时就会有人对其进行改良以适应新的市场需要。对于这一类情况，在调查时也要做出仔细的分析以判断菜品流行的趋势。

（2）新工工艺的使用情况。新工艺能给消费者带来新鲜的味觉及审美感受，一个地区新工艺使用得多，也说明这个区的行业竞争激烈，菜品更新换代的速度也比较快。新工艺也有两大类，一是用传统方法重新设计工艺流程，这些方法可能是中国国内某个地区的方法，也可能是国外某个地区的方法，例如，叉烤鸭与挂炉烤鸭、炸猪排与猪排饭的关系等；二是用全新概念的方法，如冰箱出现后的冰块快速降温的方法和现代的分子料理的方法等。尤其是新概念的烹饪方法会带来菜品制作的概念上的革新，在一线城市有着较强的市场影响力。

2. 消费层次调查

消费层次调查的是不同阶层的消费需求与消费观念。对于消费层次的调查需要了解的是菜品的服务对象。

（1）消费需求。消费需求包括有商务宴请、婚事毕业等礼仪宴请、朋友社交宴请、文化体验宴请等。一般来说，大城市的商务宴请及文化体验消费的需求较高，而中小城市的朋友社交的消费需求较高；婚事礼仪的饮食消费需求是共同的，但不同等级城市的要求不同；文化体验的饮食需求中历史文化名城和旅游地的需求较多，在一般的中小城市需求较少。

（2）消费观念。消费观念主要有两类，一类是强调菜品的性价比，也就是通常所说的价廉物美；另一类是注重菜品的文化感与美感，对于“实惠”不是很关注。这样的观念上的差别既存在于不同城市之间，也存在于不同年龄、不同职业的消费者之间。

（3）风味需求是对各个层次消费者调查中都需要关注的。一般情况下，中低收入阶层的口味会略偏浓烈，中上收入阶层的口味会偏清淡。从历史上来看，宋代及明清时期菜品会偏甜一些；从地区来看，江南地区的菜品偏甜一些。现代社会人口流动较大，大城市人口来源复杂，各种风味需求都有，所以找准消费对象，也就确定了菜品的风味格调。

（二）客户满意度调查

餐饮企业是菜品的使用者，顾客是菜品的消费者，两者关注的内容不一样。所以，客户满意度调查的是企业与顾客两方面。

1. 企业满意度

餐饮企业关注两个方面，一方面是菜品的口碑，另一方面是菜品的利润。

（1）菜品的口碑。菜品的口碑来自消费者、同行专家以及有关部门的评价。菜品是否在有关部门的宣传中经常出现、是否在行业的厨艺比赛中获得奖项、是否在相关的网络平台上得到客户好评，这三个方面是决定菜品口碑的重要因素。作为一个新设计的作品，其口碑的重要来源其实只有同行专家及有关部门这两个方面，涉及同行专家的与前面的工艺评价有关，涉及有关部门的则与媒体影响力有关，但也不完全重叠。新设计的菜品如果先被拿去参加厨艺比赛并获了奖项，自然就有了包含同行专家与有关部门的最基础的口碑。

（2）菜品的利润。菜品的利润虽然来自企业的经营，但在设计时就应该被考虑进去。比如在一个中低消费的餐馆中售卖“鲍参翅肚”之类的高档菜品，是不可能以正常利润售卖出去的；在一个中高档餐饮中售卖一些低品质的菜品，虽然会有较高的利润，但也会因得不到顾客的认可而难以实现。

2. 顾客满意度

具体消费者关注的是菜品的性价比与消费的体面感。这两方面同时达到顾客预期时，顾客的满意度也就最高。

（1）菜品的性价比是大多数消费者所关注的。性价比不能等同于价廉物美。在菜品成本限定的范围内，将菜品的品质做到最好，这样的菜品也就是性价比最好的。价廉物美则有可能是为了经营需要作出了不可持续的超高成本或超低价格的营销策略。在正常经营中，高性价比是可以通过设计来实现的，而所谓的价廉物美则很难实现。

（2）消费的体面感对于每个层次的消费者都很需要。消费的体面感常常是因为消费的内容与场景略高于消费者所处的阶层，或是略高于消费者的熟人圈的阶层而产生的。对于中低层消费者来说，菜肴分量足且食材略高级就是体面的；对于年轻人或白领阶层，菜品跟得上时尚显得高级就是体面的；对中高收入阶层来说，菜品的精致奢华就是体面的。如扬州蛋炒饭，这本是一款极其平常的平民食物，但其中的配料有叉烧、海参、虾仁，是较高档的，所以这种体面感也就出来了。为避免售价太高而抑制消费，这种体面感的设计不能大幅提升菜品的成本，所以扬州蛋炒饭里的海参是品质较低的，或者是其他菜品制作时修下来的边角料，虾仁也是价格较低的小虾仁。

三、菜品设计报告撰写

设计者可能并不是最终执行的厨师，所以菜品设计完成后，需要提交一份文案给具体的执行者。而由于执行者很可能并没有参与设计的全过程，对于设计的理念、产品的应用、制作工艺、餐具及成菜效果等没有非常明确的概念，所以文本的写作要尽可能详细并做到图文并茂。

（一）文本内容

①名称解释（完整解释设计菜品名称的意义与文化定位）。

②应用范围（应用范围包括国宴、家宴、农家菜、社会餐饮、酒店餐饮、文化餐饮等）。

③目标人群（目标人群包括职业、年龄、性别、身份等）。

④原料单（包括主料、配料、调料及装饰材料）。

⑤制作工艺（工艺流程完整合理，有明显的技术设计点）。

⑥餐具选择（餐具选择恰当，并附照片）。

⑦成菜效果（成菜效果符合菜品的设计定位，无明显技术问题，并附角度全面的成菜效果图）。

⑧菜品评价（付上专家鉴定意见及目标消费者的评价意见，如有参赛获奖，也一并付上）。

（二）写作要求

菜品名称解释的内容既是给使用单位看的，更是在用餐时由服务人员向客人解释的，所以用词要准确明了，尽可能不使用方言、文言与外语，保证在向客人解释菜品时大家更容易听懂。

原料单与制作工艺、餐具选择、成菜效果主要是写给具体执行的厨师看的，所用的名称要准确，食材、餐具等要附上购买建议，详细到季节、价格、型号，并附上图片。制作工艺中的每一环节要精准，要有准确的配方及详细的工艺参数，要让执行者很容易地复制该菜品。成菜效果以照片为主，文字说明为辅。照片拍摄时要有四个侧视与一个俯视的角度的照片，背景用单色，黑色、灰色、蓝色、黄色均可，尽量贴近餐馆的环境颜色。

菜品评价是由专家或消费者做出的，在选择具体评价人员时，尽可能选择语言表达能力好的，评价用语要客观、平实。

作业

1. 菜品评价的工艺指包含哪些内容？
2. 高中低三个档次菜品的成型与装盘有什么区别？
3. 一菜一指标在菜品评价中有什么作用？
4. 简述菜品工艺指标的类型化。
5. 如何设计菜品的价格指标？

6. 如何设定菜品的文化指标?
7. 如何组织菜品的评价人员团队? 他们的分工有什么不同?
8. 菜品设计目标达成需要做到哪几点?
9. 如何设定菜品的价格?
10. 菜品工艺质量的达标包括哪些内容?
11. 大排档菜品应如何进行风味定位?
12. 风味类型明确的餐馆应如何定位菜品的风味?
13. 融合菜的设计应如何进行风味定位?
14. 如何评价菜品中文化符号的应用?
15. 了解菜品评价表格的设计。
16. 了解菜品评价的调查问卷设计。
17. 了解菜品设计报告的撰写格式。
18. 设计一个菜品，并写出详细的设计报告。

参考文献

[1] 郑玄，孔颖达 . 礼记注疏 [M]. 上海：上海古籍出版社，2016.

[2] 石声汉 . 齐民要术今释 [M]. 北京：中华书局，2009.

[3] 孟元老，等 . 东京梦华录 · 都城纪胜 · 西湖老人繁胜录 · 梦粱录 · 武林旧事 [M]. 北京：中国商业出版社，1982.

[4] 邱庞同 . 中国菜肴史 [M]. 青岛：青岛出版社，2001.

[5] 邱庞同 . 中国面点史 [M]. 青岛：青岛出版社，2010.

[6] 丁章华，李维冰 . 红楼食经 [M]. 南京：江苏人民出版社，2019.

[7]《中国菜谱》编写组 . 中国菜谱（浙江）[M]. 北京：中国财经出版社，1977.

[8]《中国菜谱》编写组 . 中国菜谱（广东）[M]. 北京：中国财经出版社，1976.

[9]《中国菜谱》编写组 . 中国菜谱（北京）[M]. 北京：中国财经出版社，1975.

[10]《中国菜谱》编写组 . 中国菜谱（山东）[M]. 北京：中国财经出版社，1978.

[11]《中国菜谱》编写组 . 中国菜谱（四川）[M]. 北京：中国财经出版社，1981.

[12]《中国菜谱》编写组 . 中国菜谱（安徽）[M]. 北京：中国财经出版社，1978.

[13] 江苏省饮食服务公司 . 中国名菜谱·江苏风味 [M]. 北京：中国财经出版社，1990.

[14] 中国硅酸盐学会 . 中国陶瓷史 [M]. 北京：文物出版社，1982.

[15] 周忠民 . 饮食消费心理学 [M]. 北京：中国轻工业出版社，2007.

[16] 中国烹饪百科全书编委会 . 中国烹饪百科全书 [M]. 北京：中国大百科全书出版社，1995.

[17] 辻嘉一 . 茶怀石 [M]. 日本：妇人画报社，1960.10.

[18] 哈洛德 · 马基 . 食物与厨艺：奶 · 蛋 · 肉 · 鱼 [M]. 邱文宝，林慧珍，译 . 北京：北京美术摄影出版社，2013.

[19] 哈洛德 · 马基 . 食物与厨艺：面食 · 酱料 · 甜点 · 饮料 [M]. 蔡承志，译 . 北京：北京美术摄影出版社，2013.

[20] 哈洛德·马基 . 食物与厨艺：蔬·果·香料·谷物 [M]. 蔡承志，译 . 北京：北京美术摄影出版社，2013.

[21] 内森·梅尔沃德 , 克里斯·杨 , 马克西姆·比莱 . 现代主义烹调 [M]. 北京：北京美术摄影出版社，2015.

[22]J. Kenji L ó pez-Alt. 料理实验室 [M]. 吴宣仪，罗婉瑄，龚嘉华，译 . 青岛 : 青岛出版社，2021.

[23] 查尔斯·史宾斯 . 美味的科学 [M]. 陆维浓，译 . 台北：商周出版，2018.

后 记

这本教材从动笔到完稿经过了三年，但早在第一次讲这门课时我就许诺学生教材很快会出版，如今终于完稿，没有兴奋也没有轻松，却有很多忐忑，总觉得在表述与资料方面有很多不完善之处。在内容上，有讲得不清楚之处、讲得不详细之处应该就是这本书有待改进和提高的地方。教材里的图片量较少，尤其是没有专门为教材内容拍摄的照片，这对于设计类的教材来说也应该是个遗憾。作为烹饪高等教育的第一本《菜品设计》教材就这样要带着很多忐忑出版了，希望教材的使用者能不吝赐教，也希望有更多专业的老师可以加入我们的编者队伍中，期待再版时能更加完善。

编 者

2023 年国庆节

彩图

图 2-1　齐家文化彩陶罐

图 2-2　薄胎黑陶高柄杯罐

图 2-3　仰韶文化彩陶盆

图 2-4　红山文化彩陶碗

图 2-5　新石器时期陶簋

图 2-6　西周早期蚕纹方鼎

图 2-7　西周晚期环带纹鼎

图 2-8　西周早期凤鸟纹方座簋

图 2-9　西周晚期太师小子簋

图 2-10　妇好三联甗

图 2-11　曾侯乙青铜炉盘

图 2-12　蔡昭侯时期的豆

图 2-13　战国蟠龙纹提梁铜盉

图 2-14　西周早期蝉纹俎

图 2-15　西汉铜染炉

图 2-16　西汉分格鼎

图 2-17　汉代龙首青铜灶

图 2-18　西汉云纹漆案

图 2-19　西汉云纹漆耳杯

图 2-20　西汉彩绘漆盂

图 2-21　西汉漆鼎

图 2-22　东汉白瓷豆

图 2-23　东汉白瓷鍑

图 2-24　唐代托果盘侍女图

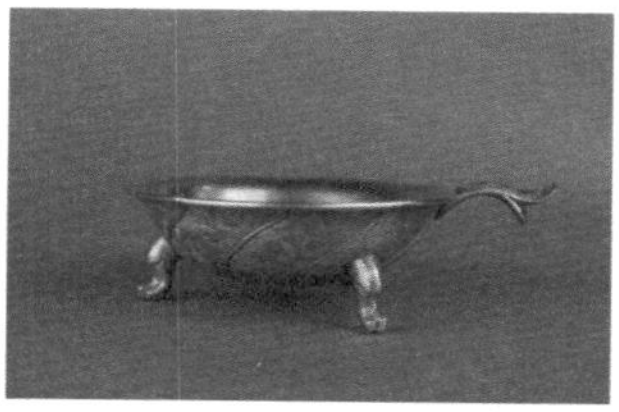

图 2-25　唐代双狮纹金铛

图 2-26　唐代鸳鸯莲瓣纹金碗

图 2-27　唐青釉褐彩“岭上平看月”诗文碗

图 2-28　法门寺出土唐代琉璃茶盏托

图 2-29　唐青釉花口碟

图 2-30　金筐宝钿团花纹金杯

图 2-31　宋定窑白釉“官”字款碗

图 2-32　宋汝窑三足洗

图 2-33　宋代钧窑钵

图 2-34　黑釉油滴碗

图 2-35　宋龙泉窑青釉莲瓣纹瓷碗

图 2-36　宋湖田窑影青台盏

图 2-37　宋磁州窑白釉龙纹盘

图 2-38　江苏吕师孟墓出土元代金盘

图 2-39　明宣德青花缠枝花卉纹斗笠碗

图 3-1　淮安蒲菜

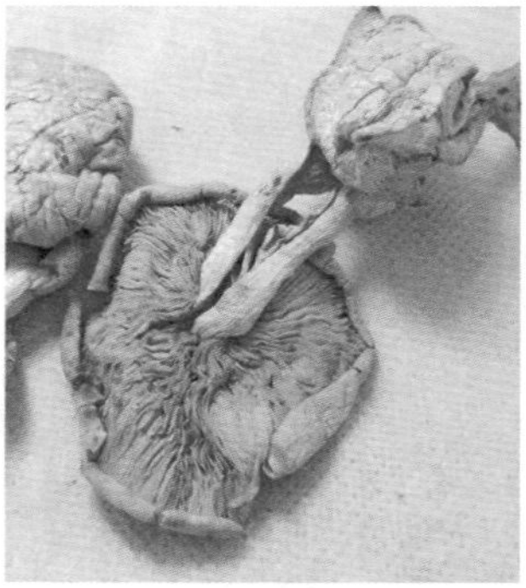
图 3-2　台蘑——秋露白

图 3-3　口蘑干货

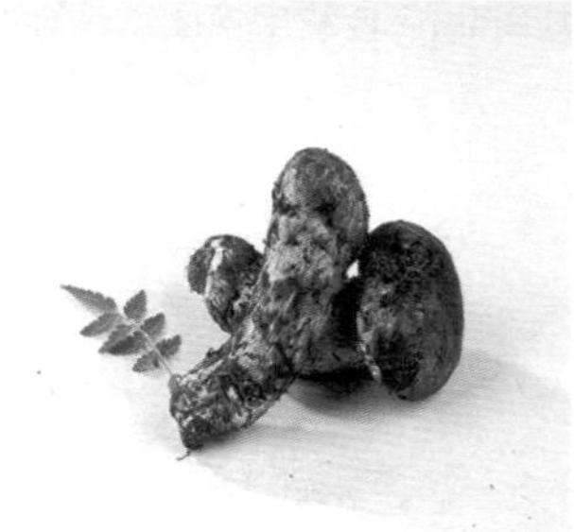
图 3-4　松茸

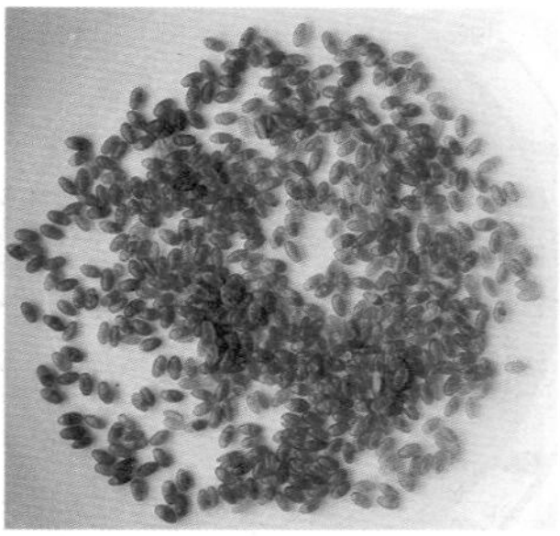
图 3-5　岩米

图 3-6　野米

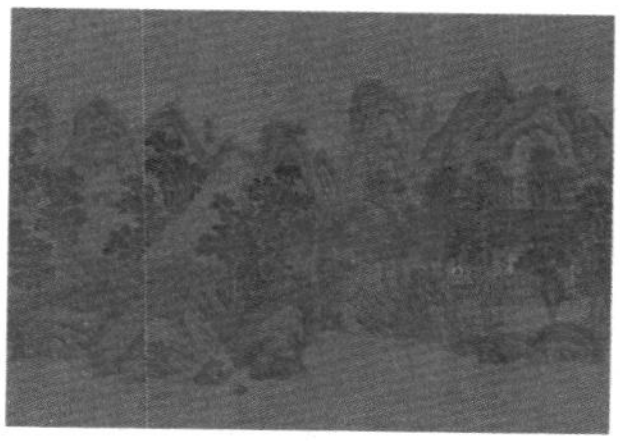

图 4-1 北宋郭忠恕临王维《辋川图》

图 4-2 汽锅鸡

图 4-3 醋珠胶囊

图 4-4 冰球营造的空间感

图 5-1 广陵服食官鼎

图 5-2 兮甲盘

图 5-3 赵佶《文会图》中的饾饤

图 5-4 西餐中的现代主义的摆盘

图 5-5 自然主义的摆盘

图 5-11 鸟笼菜

图 5-12 地雷菜

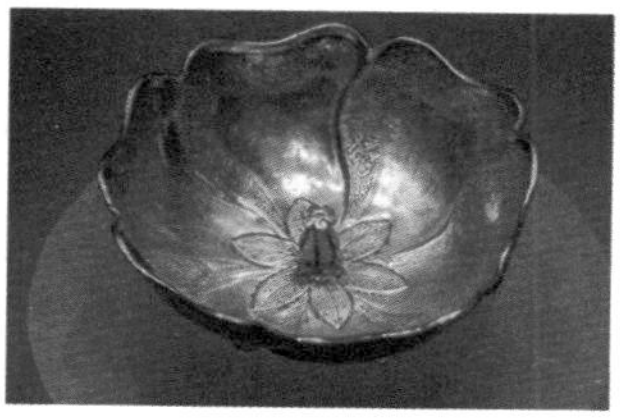

图 6-1 南宋朱晞颜墓金葵花盏

图 6–2　清代粉彩开光蝶恋花碗

图 8–1　日本的“土瓶蒸”与中国的“功夫汤”

图 8–2　日本漆器餐具与瓷器餐具的色彩风格，华美与质朴并存

图 8–3　韩国陶瓷的色彩与质感与日本器具的禅意风格相似

（a）意境菜中的日式装盘风格

（b）日本茶怀石的一款菜品

图 8-4 盛装的方式与菜品的空间感

图 8-5 蟹粉舒芙蕾